U0292679

高新技术在特色杂粮加工中的应用

张美莉　马萨日娜　张　晶　张亚琨　白　雪　阿　荣　著

中国轻工业出版社

图书在版编目（CIP）数据

高新技术在特色杂粮加工中的应用 / 张美莉等著 .

北京：中国轻工业出版社, 2024. 12. -- ISBN 978-7

-5184-5243-9

Ⅰ . TS210. 4

中国国家版本馆 CIP 数据核字第 2024JH2952 号

责任编辑：贾 磊

文字编辑：王彩缘　　责任终审：白 洁　　　　设计制作：锋尚设计

策划编辑：贾 磊　　责任校对：刘小透 晋 洁　　责任监印：张 可

出版发行：中国轻工业出版社（北京鲁谷东街 5 号，邮编：100040）

印　　刷：北京君升印刷有限公司

经　　销：各地新华书店

版　　次：2024 年 12 月第 1 版第 1 次印刷

开　　本：787×1092　1/16　印张：15.5

字　　数：370 千字　插页：2

书　　号：ISBN 978-7-5184-5243-9　定价：88.00 元

邮购电话：010-85119873

发行电话：010-85119832　010-85119912

网　　址：http://www.chlip.com.cn

Email: club@ chlip.com.cn

前　言

　　食品工业日新月异的飞速发展离不开高新技术。现代食品加工高新技术如超高压技术、超微粉碎技术、挤压膨化技术、生物发酵技术、微胶囊技术、真空冷冻干燥技术、超临界萃取技术、膜分离技术及酶工程技术等的应用已渗透到农产品加工的各个方面。在当前国家倡导的健康中国、膳食平衡的大健康环境下，杂粮食品加工中高新技术的应用显得尤为重要。

　　燕麦、荞麦等杂粮是目前公认的兼具营养和保健功能的食品，燕麦富含功能因子膳食纤维、β-葡聚糖等。燕麦米与大米一样，因其淀粉糊化后具有老化回生的特性而限制其在食品加工中的应用。采用超高压技术对淀粉改性，能够改善燕麦米的老化回生，对于解决普通食品与军需食品中方便米饭的抗老化问题，以及提升燕麦与大米混合米饭的营养价值，提供了实际的应用价值。超微粉碎燕麦麸皮后，颗粒的比表面积增加，吸附力和溶解性均提升。这一技术不仅改善了燕麦纤维的口感和溶解性，而且提高了人体对其营养素的吸收率。采用发酵技术制备燕麦醪糟，提高了醪糟的营养和功能价值。植物源蛋白活性肽不仅有比蛋白质更好的消化吸收性能，还具有促进免疫、调节激素、抗菌、抗病毒、降血压和降血脂等生理机能。酶水解技术由于高效、对蛋白质营养价值破坏小、无异味而被广泛采用。

　　本书由内蒙古农业大学张美莉、马萨日娜、张晶、张亚琨、白雪、阿荣共同撰写，是内蒙古农业大学粮油与植物蛋白研究团队十余年倾心研究的部分成果，共五章十七节，内容包括特色杂粮抗氧化肽及其生物活性、预处理技术在燕麦麸皮健康效应中的应用、超微粉碎技术在燕麦麸皮健康效应中的应用、超高压处理与β-葡聚糖协同作用下的燕麦淀粉结构和性质优化、燕麦醪糟多糖的分离鉴定与功能活性。

　　本书聚焦食品新技术在杂粮原料及副产品加工中的应用，具有理论性、实用性和超前性，可作为高等院校、科研院所的相关科研人员以及从事杂粮食品生产加工相关的企业人员的实用参考书籍。

　　由于著者水平有限，不妥或疏漏之处敬请专家与读者批评指正。

张美莉

2024 年 3 月于呼和浩特

目录

第一章

特色杂粮抗氧化肽及其生物活性

裸燕麦、甜荞麦是内蒙古自治区的特色粮食资源（张辉等，2010），不仅含有丰富的碳水化合物、蛋白质和脂肪等，还含有多种矿物质元素。燕麦是禾本科燕麦属的一年生草本植物，主要分为裸粒型（裸燕麦）和带稃型（皮燕麦）两种。我国是裸燕麦的起源地，每年裸燕麦的实际种植面积约为 70 万 hm^2。其中内蒙古自治区是我国种植裸燕麦面积最大的省份，其种植面积占全国种植面积的 35% 以上（林汝法等，2002）。燕麦含有丰富的天然营养素，如可溶性纤维、蛋白质、不饱和脂肪酸、维生素、矿物质和抗氧化剂。尤其在蛋白质方面，燕麦含有 18 种氨基酸，包括人体必需的 8 种氨基酸，配比合理、人体利用率高。燕麦籽粒中必需氨基酸的平均总量在全氨基酸平均总量中占的比例为 43.05%，必需氨基酸与非必需氨基酸的平均比值是 0.76，这契合联合国粮农组织/世界卫生组织（FAO/WHO）建议的参考蛋白模式，对改善人们的营养状况及提升健康水平具有重要作用。尤其是有益于促进智力和骨骼发育的赖氨酸，其在燕麦中的含量是在小麦粉和大米中的两倍以上，能够防止毛发脱落和预防贫血的色氨酸，其在燕麦中的含量也高于小麦粉和大米中的含量。

荞麦（buckwheat）属蓼科（Polygonaceae）荞麦属（*Fagopyrum* Mill）双子叶植物。主要栽培种包括甜荞（*Fagopyrum esculentum* Moench）和苦荞［*Fagopyrum tataricum*（L.）Gaertn］。我国是甜荞生产大国，内蒙古自治区是全国甜荞播种面积最大的地区，常年种植面积达 16 万~20 万 hm^2，产量可达 30 万吨（张美莉，2007）。荞麦蛋白质含量丰富，达 15%~17%，其所含氨基酸种类齐全，构成比例适宜人体需求，尤其富含赖氨酸和色氨酸（张美莉等，2005），是高质量蛋白质的潜在来源。近年来研究发现，荞麦蛋白有助于降低血液胆固醇，抑制脂肪蓄积和预防大肠癌的发生，改善便秘（Kayashita et al.，1999），且对生物体有较好的抗氧化及延缓衰老作用（张美莉等，2005）。

荞麦的营养成分全面，富含蛋白质、淀粉、脂肪、粗纤维、维生素、矿物质元素等。与其他的大宗粮食作物相比，荞麦具有许多独特的优势。其种子中的蛋白质、脂肪的含量高于大米和小麦，蛋白质含量也高于玉米；维生素 B_2 含量是其他粮食作物的 4~24 倍，且含有多数大宗粮食所没有的叶绿素、芦丁（维生素 P）；荞麦中的维生素、脂肪以及各种矿质营养元素含量充足，还含有多种对人体有益的微量元素，具有促进人体生长发育、养血健身的功效。

具备特殊生理功能的肽类称为生物活性肽（bioactive peptides），其除易消化吸收外，还具有调节人体代谢和生理功能的作用，如提高免疫、调节激素、降血压、降血脂、抗疲劳、抗病毒、抗氧化等，使其成为国际医药界及食品界热门的研究课题和发展前景广阔的功能因子（树华等，2004）。与蛋白质相比，活性肽可能在很多食品加工中的利用率更高。它除具有分子质量小和二级结构更少、在等电点附近溶解性增加、黏性降低等优点外，其起泡性、胶凝性及乳化性等也有显著变化。活性肽是蛋白质经酶、酸、碱水解后的产物。碱水解产物有异味，食品工业中通常不采用。酸水解易使蛋白质变性，甚至可能生成有毒物质，所以也较少使用。酶水解由于高效、对蛋白质营养价值破坏小、无异味而被广泛采用（张美莉等，2010）。

近些年，伴随生物活性肽作用机制、生理功能及其制备方法的深入研究，已有大批通过对食物蛋白进行酶解或加工而获得的具备生物活性的肽类，产物既安全，又具有较高的生物活性，容易工业化生产，因此，受到科学家和各国政府的广泛关注（Vercruysse et al.，2005）。目前，研究者们已从各种大豆蛋白、杏仁蛋白、荞麦蛋白（付媛等，2009）、鱼贝类蛋白（Kim et al.，2013）等食物蛋白的水解产物或发酵产品中分离出多种生物活性肽。

第一节　裸燕麦总蛋白与谷蛋白抗氧化肽的分离纯化及生物活性

该研究以裸燕麦总蛋白与谷蛋白为主要原料，通过可控酶解技术制备抗氧化活性肽，利用离子交换分离技术、半制备型和分析型 RP-HPLC 等手段对目标肽进行分离纯化，借助质谱技术 ESI-MS/MS 对目标肽段的氨基酸进行鉴定。制备具有抗氧化、降血压功效的天然肽段并开发系列保健品，既提高了燕麦资源利用率，又为裸燕麦的深加工提供了一条新途径，对于发展燕麦保健食品具有非常重要的意义。

一、裸燕麦总蛋白与谷蛋白的提取及酶解制备抗氧化肽工艺

燕麦中的蛋白质约为 16%，在大米、小麦和高粱等众多谷物中排名靠前。燕麦蛋白是一种营养价值较高的优质谷物蛋白质，主要由球蛋白，醇溶蛋白，清蛋白和谷蛋白组成。利用蛋白酶、酸或碱水解蛋白质后可得到具备不同生物活性的肽类物质。通过酶解法水解蛋白质，不仅水解度（DH）易控制，而且氨基酸的构成不易发生损坏；此外，蛋白酶的底物具有一定的特殊性，不同蛋白酶水解蛋白质释放出的酶解物活性也不同。

一般情况下，通过控制水解时间、水解温度、酸碱度（pH）、酶底比（E/S）等水解参数掌控酶法水解的进度。水解度与水解时间有关，水解度的测定在碱性和中性条件下，一般用 pH-stat 法（stat，稳态的意思）。蛋白质由氨基酸组成，氨基酸含有氨基和羧基，水解蛋白质的过程实质上是蛋白质肽键的断裂，即氨基和羧基的释放过程，羧基的解离和氨基的质子化程度受 pH 和温度条件的严格限制。

（一）裸燕麦总蛋白及谷蛋白电泳分析

SDS 聚丙烯酰胺凝胶电泳（SDS-PAGE）分析主要是依据蛋白质分子质量的不同而进行的分离。图 1-1 展示了在 14~97ku 的条带上，裸燕麦总蛋白粗提物都有条带分布；谷蛋白粗提物在 14~97ku 上都有条带分布，主要分布在 29~66ku。

（二）裸燕麦总蛋白最佳酶解条件选择

1. 最适作用酶的筛选

利用碱性蛋白酶水解裸燕麦总蛋白，可以使得水解度达到 35.09%，对羟自由基（·OH）清除率可达 53.43%；相比之下胰蛋白酶的水解度与清除·OH 能力均较低，最高值分别为 24.05% 和 37.85%。故选择碱性蛋白酶进行下一步的研究。不同蛋白质来源的酶对相同蛋白质的水解作用有所不同。碱性蛋白酶较适于水解植物蛋白，尤其是碱提酸沉法提取的植物蛋白，这种酶对酸解羧端疏水性氨基酸有较强的专一性。来源于地衣芽孢杆菌的碱性蛋

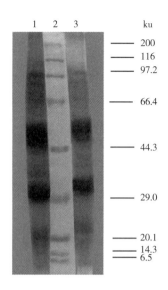

1—总蛋白；2—标准蛋白；3—谷蛋白。

图 1-1　裸燕麦总蛋白与谷蛋白的 SDS-PAGE 图谱

白酶（Alcalase FG 2.4L），可裂解蛋白中相对大的氨基酸侧链及其 Met、Glu、Tyr、Gln、Leu 和 Lys 的羧端肽键，碱性蛋白酶更容易作用于肽键。

2. 裸燕麦总蛋白酶解条件优化试验结果

对水解度而言，最优水平组合为底物浓度 10g/L、酶用量 5%、pH 为 9、温度 50℃。各因素的影响程度大小：底物浓度>温度>pH>酶用量。对于·OH 清除率而言，最优水平组合为底物浓度 10g/L、酶用量 10%、pH 为 8.5、温度 60℃。影响主次顺序：底物浓度>酶用量>pH 值>温度。考虑到两个组合水解度都相对较高，且酶用量对清除率的影响大于水解度，因而以清除率为主要指标。综合各因素影响大小，确定最佳酶解条件是底物浓度 10g/L、酶用量 10%、pH 为 8.5、温度 60℃。对上述的最佳试验条件进行多次重复实验，结果表明其酶解条件稳定，重现性良好，水解度达到 40%，·OH 清除率超过 50%。

（三）裸燕麦谷蛋白最佳酶解条件的研究

1. 最适作用酶的选择

采用碱性蛋白酶水解裸燕麦谷蛋白时，水解度最大可达 30%，·OH 清除率可达 47.70%；而采用复合蛋白酶水解时水解度与清除率均较低，最高分别为 25.07% 和 26.64%。因此，碱性蛋白酶优于复合蛋白酶。

2. 裸燕麦谷蛋白酶解条件优化试验结果

由表 1-1 可以看出，从水解度的角度出发，最优水平的组合为底物浓度 10g/L、酶用量 10%、pH 为 9、温度 50℃。各因素主次顺序：底物浓度>pH>温度>酶用量。对于·OH 清除率而言，最优水平组合为底物浓度 10g/L、酶用量 10%、pH 为 8.5、温度 55℃。各因素主次顺序：温度>pH>底物浓度>酶用量。考虑到两个组合水解度都相对较高，因此以清除率为主要指标，且温度对清除率的影响大于其对水解度的影响，pH 对两者的影响相当。

综合各因素影响大小，确定最佳酶解条件是底物浓度 10g/L、酶用量 10%、pH 为 8.5、温度 55℃，并对此结果进行多次重复实验。结果表明，此酶解条件稳定，重现性好，水解度接近 40%，·OH 清除率超过 60%。

表 1-1　　　　　　　　　　裸燕麦谷蛋白酶解条件正交试验结果及分析

试验号		A 底物/（g/L）	B 酶用量/%	C pH	D 温度/℃	水解度值/%	清除率/%
1		1	1	1	1	36.33	49.42
2		1	2	2	2	33.55	64.69
3		1	3	3	3	39.68	45.33
4		2	1	2	3	31.47	42.28
5		2	2	3	1	35.66	52.12
6		2	3	1	2	30.25	53.31
7		3	1	3	2	28.14	56.20
8		3	2	1	3	26.47	36.33
9		3	3	2	1	29.66	60.78
水解度	k_1	36.52	31.98	31.02	33.88		
	k_2	32.46	31.89	31.56	30.65		
	k_3	28.09	33.20	34.49	32.54		
	R	8.43	1.31	3.47	3.23		
清除率	K_1	53.15	49.30	46.35	54.11		
	K_2	49.24	51.05	55.92	58.07		
	K_3	51.10	53.14	51.22	41.31		
	R'	3.91	3.84	9.01	16.76		

　　从表 1-2 可知，模型对水解度值和清除率的 P 值都小于 0.01，表明此模型有效。因素 A、C、D 对水解度值和清除率的 P 值都小于 0.01，表明 A、C、D 的三个水平对水解度值和清除率的影响存在极其显著的差异；同理可知，因素 B 的三个水平对清除率的影响有极其显著的差异，而对水解度值的 P 值为 0.099，大于 0.05，表明 B 的三个水平对水解度值的影响无显著差异。

表 1-2　　　　　　　　　　　模型的显著性分析表

方差来源	因变量	平方和	自由度	均方差	F 值	P 值
模型	水解度值	28707.807	9	3189.756	1756.818	0.000
	清除率	72601.523	9	8066.836	4674.409	0.000

续表

方差来源	因变量	平方和	自由度	均方差	F 值	P 值
A	水解度值	319.936	2	159.968	88.105	0.000
	清除率	68.843	2	34.422	19.946	0.000
B	水解度值	9.559	2	4.780	2.633	0.099
	清除率	66.535	2	33.268	19.277	0.000
C	水解度值	62.961	2	31.480	17.338	0.000
	清除率	411.598	2	205.799	119.252	0.000
D	水解度值	47.596	2	23.798	13.107	0.000
	清除率	1380.075	2	690.038	399.849	0.000
误差	水解度值	32.682	18	1.816	—	—
	清除率	31.063	18	1.726	—	—
总和	水解度值	28740.488	27	—	—	—
	清除率	72632.586	27	—	—	—

二、裸燕麦总蛋白与谷蛋白酶解物体外抗氧化活性研究

自由基能引起多种疾病，心血管疾病、糖尿病、关节炎及老化等均与氧化损伤有关。除了在食品系统中引发脂质过氧化外，自由基还会介导如癌症、冠心病、阿尔茨海默病等疾病（Martinez-Cayuela et al.，1995）。可通过补充具有抗氧化活性的物质来降低自由基对人体带来的氧化损伤。

抗氧化剂以缓解自由基的形成（预防性抗氧化剂）或从反应介质清除自由基（断链抗氧化剂）途径对抗自由基（Park et al.，2001）。目前，天然抗氧化剂 α-生育酚（即维生素 E）和合成抗氧化剂，如二丁基羟基甲苯、叔丁基羟基茴香醚、没食子酸丙酯等，作为清除自由基被广泛应用于食品和生物系统中。然而，合成抗氧化剂由于其潜在的健康危害，在食品生产应用中受严格限制（Hettiaraehchy et al.，1996）。因此，探索天然抗氧化剂成为研究的热点领域。很多学者报道天然抗氧化剂大多来源于化合物，如黄酮类化合物、α-生育酚、抗坏血酸和 β-胡萝卜素（Shahidi et al.，2006）。

（一）裸燕麦总蛋白与谷蛋白酶解物清除超氧自由基的能力

本研究采用邻苯三酚自氧化法，研究裸燕麦总蛋白与谷蛋白酶解物对超氧自由基（$O_2^-\cdot$）的清除能力。从图 1-2 可以看出，裸燕麦两种酶解物在一定浓度范围内有效抑制了邻苯三酚的自氧化，且抑制效果随浓度的增加而增强，具有明显的量效关系。当裸燕麦总蛋白酶解物的质量浓度达到 14mg/mL 时，对 $O_2^-\cdot$的清除率高达 70%左右，与质量浓度为 10mg/mL 的裸燕麦谷蛋白酶解物的清除率相当，表明其具备较强的 $O_2^-\cdot$清除活性。

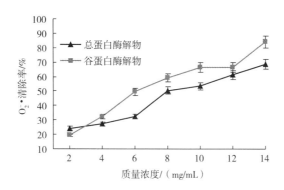

图1-2 裸燕麦总蛋白酶解物与谷蛋白酶解物对$O_2^-\cdot$的清除能力

（二）裸燕麦总蛋白与谷蛋白酶解物清除羟自由基的能力

羟自由基（·OH）氧化性极强，几乎能与所有的生物大分子发生不同反应，导致膜脂、核酸和蛋白质的氧化损伤，加快人体衰老，并可能引发各种疾病。从图1-3可以看出，裸燕麦总蛋白酶解物和谷蛋白酶解物对·OH的清除能力随着浓度升高而增强。其中总蛋白酶解物对·OH的清除能力比谷蛋白酶解物强，当质量浓度达到3.5mg/mL时，总蛋白酶解物对·OH的清除率超过50%，而谷蛋白酶解物在相同浓度下对·OH的清除率接近50%。

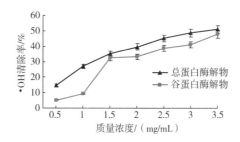

图1-3 裸燕麦总蛋白酶解物与谷蛋白酶解物对·OH的清除能力

（三）裸燕麦总蛋白与谷蛋白酶解物清除DPPH·能力的结果

1,1-二苯基-2-三硝基苯肼自由基（DPPH·）是广泛使用的自由基之一，在有机溶剂中稳定性强，呈紫色，在波长517nm处有一特征吸收峰。当自由基清除剂与DPPH·作用，配对DPPH·的孤对电子，导致其吸光值在最大吸收波长处降低。因而，可根据吸光度的变化，评估对DPPH·的清除能力。此方法既简便实用，重现性又好，常用于植物提取物和天然有机化合物的抗氧化活性检验。

从图1-4可以看出，裸燕麦总蛋白酶解物和谷蛋白酶解物对DPPH·的清除能力随浓度的上升而呈现增强趋势。当总蛋白酶解物与谷蛋白酶解物的浓度增加到2.5mg/mL时，对DPPH·的清除率可达50%左右，表明两种蛋白酶解物对DPPH·有良好的清除作用。

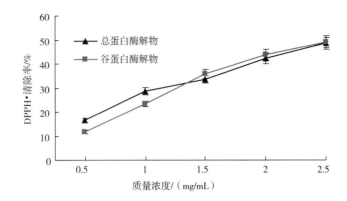

图1-4　裸燕麦总蛋白酶解物与谷蛋白酶解物对DPPH·的清除能力

（四）裸燕麦总蛋白与谷蛋白酶解物清除过氧化氢能力的测定

过氧化氢自由基虽本身没有活性，但能引发细胞膜中不饱和脂肪酸的脂质过氧化反应，造成细胞膜结构破坏，甚至导致细胞凋亡和DNA断裂。图1-5显示，裸燕麦总蛋白酶解物对H_2O_2的清除能力随着浓度的升高而增强，具有明显的量效关系。当质量浓度为2.5mg/mL时，裸燕麦总蛋白酶解物对H_2O_2清除率接近60%，而谷蛋白酶解物的H_2O_2清除率接近65%，两种酶解物均显示出较强的H_2O_2清除活性。

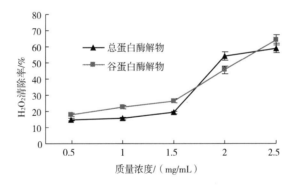

图1-5　裸燕麦总蛋白酶解物与谷蛋白酶解物对H_2O_2的清除能力

（五）裸燕麦总蛋白与谷蛋白酶解物还原力的结果

物质的还原能力通常与抗氧化能力呈正相关，通过测定还原力，可检验被测物是否为良好的电子供体。Fe^{3+}被待测物提供的电子还原为Fe^{2+}，体系溶液颜色随之改变，即能反应氧化还原状态的变化。吸光值大小与待测物的还原性有关，吸光值越大，其还原能力越强。还原力测定被视为一种较简单而快速的方法，常用在抗氧化物质的初步筛选中。从图1-6可以看出，裸燕麦总蛋白酶解物和谷蛋白酶解物的浓度增加时，还原能力随之增强，具有明显的量效关系。当裸燕麦总蛋白酶解物和谷蛋白酶解物的浓度达到14mg/mL时，吸光值A_{700}分别接近0.7和0.8，表现出较强的还原能力。

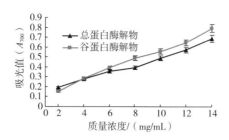

图 1-6 裸燕麦总蛋白酶解物与谷蛋白酶解物的还原能力

三、裸燕麦总蛋白与谷蛋白抗氧化肽的分离纯化与结构鉴定

裸燕麦蛋白酶解物在体外抗氧化模型中具有较高抗氧化性。蛋白酶对蛋白质分子中特定位点的肽键具有专一性。然而，考虑到蛋白质分子在组成、大小和结构方面具有较为复杂与多样的特征，酶解物也会呈现出相应的复杂性。为获取所需活性组分，利用不同的分离技术对酶解物进行分离与纯化至关重要。同时，为确定肽段结构和活性之间的关系，需对获取的活性组分进行结构鉴定。

生物活性肽一般包含 3~20 个氨基酸，在原蛋白被消化酶（体内和体外）或微生物酶水解时释放出来，甚至在食品加工过程中也会被释放。酶解蛋白作为释放活性肽的常用方法，被广泛应用在提高蛋白功能和营养性能方面。肽的生物活性主要取决于其氨基酸组成。在蛋白质酶解成肽的过程中，蛋白质的分子质量急剧降低，大量研究表明生物活性肽的活性与其相对分子量之间存在较强相关性。

离子交换分离法因具有分离效率高、适用范围广、操作简单、成本低等优点，笔者采用离子交换层析法和反相高效液相色谱（RP-HPLC）技术，对具有抗氧化活性的肽进行分离纯化，并通过质谱方法和氨基酸组成分析技术，解析抗氧化肽的氨基酸序列。

（一）离子交换层析纯化裸燕麦总蛋白酶解物

732 强酸型阳离子树脂吸附率为 89.26%，说明裸燕麦多肽的吸附性较强。将总蛋白酶解物用醋酸氨（pH=4.5）溶解后，上样到 732 强酸型阳离子柱进行分离，结果如图 1-7 所示，酶解物被分离成 A、B、C、D、E 五个组分。其中组分 A 的保留时间最短，不易被阳离子树脂吸附，表明这部分肽段组成是酸性氨基酸；而组分 E 的保留时间最长，易被阳离子树脂吸附，这说明组分 E 是碱性氨基酸。

（二）离子交换层析纯化后各组分清除自由基能力比较

离子交换层析纯化裸燕麦总蛋白酶解物后，各组分清除·OH 活性的结果如图 1-8 所示，各组分对·OH 的清除率随其终质量浓度的增加呈二次曲线上升趋势。组分 A 和组分 E 的浓度与清除率之间的拟合方程分别为：

组分 A：$y=-0.5944x^2+11.574x+21.287$（$R^2=0.9936$）

组分 E：$y=0.049x^2+6.1919x+38.75$（$R^2=0.9855$）

通过计算 IC_{50} 值（清除率达到 50% 时的样品浓度），发现组分 E 的清除率最强。具体而言，组分 E 清除·OH 的 IC$_{50}$ 值为 1.79mg/mL，而组分 A 为 2.92mg/mL，说明组分 E 在相同条件下清除·OH 的能力更强。

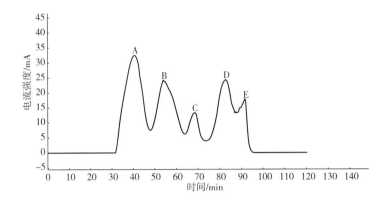

图 1-7　裸燕麦总蛋白酶解物离子交换层析分离纯化的结果

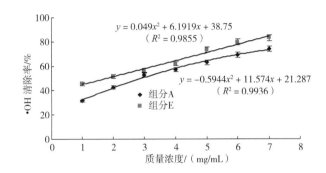

图 1-8　裸燕麦总蛋白酶解物离子交换纯化后各组分的·OH 清除能力

各组分浓度与 DPPH·清除率之间符合二次曲线方程，结果见图 1-9。组分 B、组分 C、组分 D 清除能力相对较弱，组分 A 和组分 E 的拟合方程分别为：

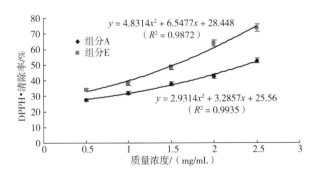

图 1-9　裸燕麦总蛋白酶解物离子交换纯化后各组分的 DPPH·清除能力

组分 A：$y = 2.9314x^2 + 3.2857x + 25.56$（$R^2 = 0.9935$）

组分 E：$y = 4.8314x^2 + 6.5477x + 28.448$（$R^2 = 0.9872$）

经计算，组分 E 清除 DPPH·的 IC$_{50}$ 值为 1.54mg/mL，而组分 A 清除 DPPH·的 IC$_{50}$ 值

为 2.38mg/mL，组分 E 的清除活性仍比组分 A 强。

（三）裸燕麦总蛋白酶解物、离子交换各分离组分清除自由基能力比较

表 1-3　　　　　　　　裸燕麦总蛋白酶解物及其分离组分的 IC_{50} 值比较

组分	IC_{50}/（mg/mL）	
	·OH	DPPH·
酶解物	3.29	2.65
组分 A	2.92	2.38
组分 E	1.79	1.54

由表 1-3 可知，各分离组分对·OH 和 DPPH·的清除作用顺序均表现为：分离组分 E>分离组分 A>总蛋白酶解物。通过离子交换层析纯化获得的碱性组分 E 清除·OH 与 DPPH·能力较裸燕麦总蛋白酶解粗提物的清除作用都有一定程度的提高。

（四）离子交换层析纯化裸燕麦谷蛋白酶解物

将谷蛋白酶解物用醋酸氨（pH=4.5）溶解后，上样到 732 强酸型阳离子柱进行分离，结果如图 1-10 所示，酶解物被分离成 A、B、C、D 四个组分。其中组分 A 的保留时间最短，不易被阳离子树脂吸附，表明这部分肽段组成是酸性氨基酸。而组分 D 的保留时间最长，易被阳离子树脂吸附，这说明组分 D 是碱性氨基酸。

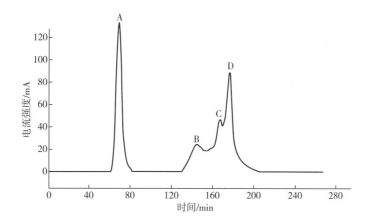

图 1-10　谷蛋白酶解物离子交换层析分离纯化的结果

（五）离子交换层析纯化后各组分清除自由基能力比较

离子交换层析纯化谷蛋白酶解物后的各组分清除·OH 活性的结果如图 1-11 所示，各组分对·OH 的清除率随其终质量浓度的增加呈二次曲线上升趋势，组分 B 和组分 C 清除能力不强。组分 A 和组分 D 拟合方程分别为：

组分 A：$y=-0.673x^2+12.548x+23.775$（$R^2=0.977$）

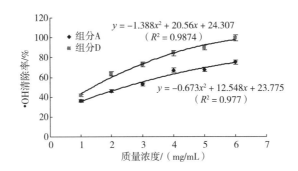

图1-11　谷蛋白酶解物离子交换纯化后各组分的·OH清除能力

组分D：$y = -1.388x^2 + 20.56x + 24.307$（$R^2 = 0.9874$）

结果显示组分D的清除率最强，其清除·OH的IC_{50}值为1.53mg/mL，而组分A清除·OH的IC_{50}值为2.40mg/mL。

各组分对DPPH·的清除率随其终质量浓度的增加呈二次曲线上升趋势，如图1-12所示，组分B和组分C清除能力相对较弱。组分A和组分D拟合方程分别为：

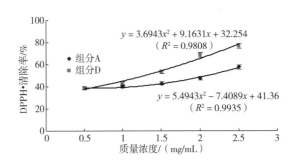

图1-12　谷蛋白酶解物离子交换纯化后各组分的DPPH·清除能力

组分A：$y = 5.4943x^2 - 7.4089x + 41.46$（$R^2 = 0.9935$）

组分D：$y = 3.6943x^2 + 9.1631x + 32.254$（$R^2 = 0.9808$）

具体而言，组分D清除DPPH·的IC_{50}值为1.28mg/mL，而组分A的IC_{50}值为2.10mg/mL，这表明组分D的清除活性仍比组分A强。通过离子交换层析推测组分D是碱性氨基酸，一般认为，碱性氨基酸比中性和酸性氨基酸具有更强的抗氧化性。

（六）半制备反相高效液相色谱分离纯化裸燕麦谷蛋白肽

采用离子交换层析法分离所得的目标抗氧化肽段D，随后通过两步反相高效液相色谱法（RP-HPLC）进一步分离。第一步选用半制备型的色谱柱Waters symmetry prep C18（直径10μm，尺寸7.8mm×300mm）进行分离，如图1-13所示，得到2个组分，分别命名为D-1和D-2。通过测量各组分清除·OH的能力（图1-14），结果显示组分D-1的IC_{50}值为0.82mg/mL，比组分D-2清除能力强。

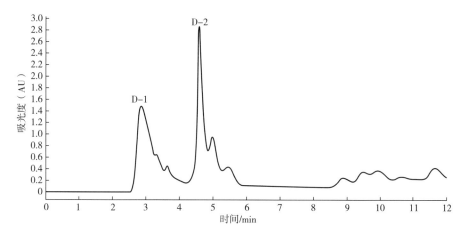

图1-13　制备型高效液相色谱法分离纯化组分D

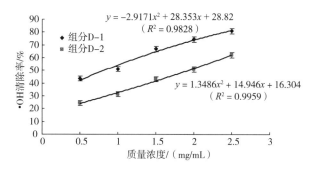

图1-14　谷蛋白酶解物RP-HPLC纯化后各组分的·OH清除能力

（七）反相高效液相色谱分离裸燕麦谷蛋白肽

通过半制备反相高效液相色谱分离所得的目标抗氧化肽段D-1进一步通过分析型的柱子C18（5μm，4.0mm×250mm）进行分离，如图1-15所示，得到1个主要组分，命名为D-1a。通过测量清除·OH的能力（图1-16），结果显示其IC_{50}值为0.68mg/mL。

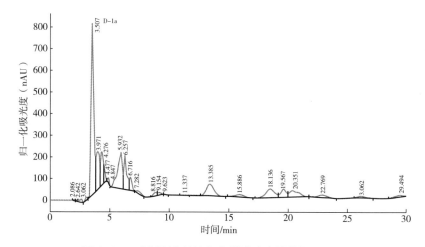

图1-15　分析型高效液相色谱法分离纯化组分D-1

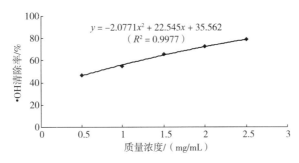

图 1-16　分析型 RP-HPLC 纯化后组分 D-1a 的·OH 清除能力

（八）裸燕麦谷蛋白酶解物、分离纯化组分清除自由基能力比较

表 1-4　　　　　　　　　裸燕麦谷蛋白酶解物及其分离组分的 IC_{50} 值比较

组分	IC_{50}/ (mg/mL)	
	·OH	DPPH·
酶解物	3.93	2.32
阳离子层析	1.53	1.28
半制备反相高效液相色谱	0.82	—
分析反相高效液相色谱	0.68	—

由表 1-4 可知，裸燕麦酶解物清除·OH 和 DPPH·的 IC_{50} 值分别为 3.93mg/mL、2.32mg/mL。经阳离子交换层析纯化后，碱性组分 D 的清除·OH 和 DPPH·的 IC_{50} 值降低至 1.53mg/mL、1.28mg/mL。通过反相高效液相色谱进一步分离纯化的组分对清除·OH 能力又有一定程度的提高，最终其 IC_{50} 值降低至 0.68mg/mL。这说明裸燕麦谷蛋白酶解物经阳离子交换层析、半制备及分析反相高效液相色谱分离纯化后，其对·OH 和 DPPH·的清除作用大幅度提高。

（九）裸燕麦谷蛋白酶解抗氧化肽的鉴定

1. 裸燕麦谷蛋白酶解抗氧化肽的纯度鉴定

利用分析型反相高效液相色谱对裸燕麦谷蛋白酶解抗氧化肽进行纯度鉴定，如图 1-17 所示，组分 D-1a 呈现为单一峰，说明该组分可能只含有一个肽段。

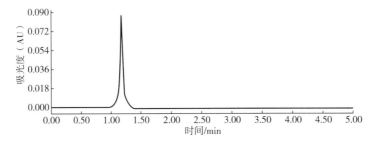

图 1-17　组分 D-1a 的分析 RP-HPLC 图谱

2. 组分 D-1a 的氨基酸组成及序列鉴定

经分离纯化后的组分 D-1a 采用 ESI⁺ 源电喷雾质谱仪进行测序。一级质谱（MS）的分析结果如图 1-18 所示，测得值为母离子。从各母离子中选择丰度值最高者（双电荷 m/z 393.19）进行 MS/MS 分析，测得其相对分子质量为 784.38，这与氨基酸组成所估算的相对分子质量相符，结果见图 1-19。本实验借助手动计算和 BioLynx 分析，得出组分 D-1a 的氨基酸序列为 His–Tyr–Asn–Ala–Pro–Ala–Leu。

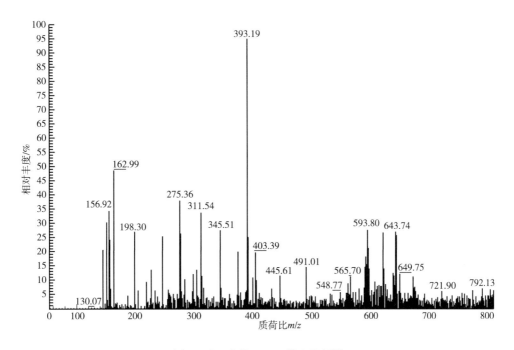

图 1-18　主峰 D-1a 的 MS 图谱

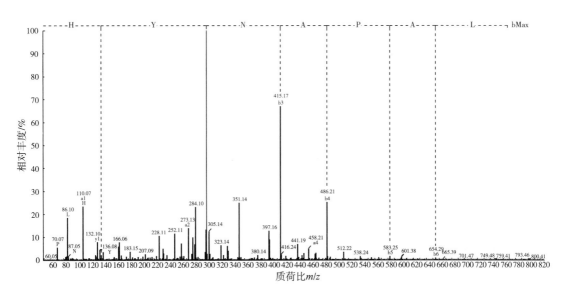

图 1-19　主峰 D-1a 的 MS/MS 图谱

　　一般而言，肽分子质量越小，其抗氧化性越强。生物活性肽分子中一般含不多于 20 个氨基酸残基。低分子肽更易穿过肠屏障，从而更有效地发挥生物学效应。有研究报道，酶解物的抗氧化活性取决于分子质量分布（Moure et al.，2006）。大多数研究指出，食物源提取的抗氧化肽分子质量通常在 500~1500u 范围内。

　　此外，除了肽分子质量，不同氨基酸残基的种类及其序列对于抑制和清除自由基有着重要作用。一般来说，在自由基能量高的环境中，蛋白质中的 20 种氨基酸均能与自由基发生相互作用。当前研究认为活性强的氨基酸主要包含含硫氨基酸（Cys 和 Met）、芳香性氨基酸（Trp、Tyr 和 Phe）以及含咪唑氨基酸（His）。也有研究报道，肽段中存在一个或多个疏水性氨基酸残基（如 Pro、His、Tyr、Trp、Met 和 Cys）能够增强肽段的抗氧化能力（Elias et al.，2008）。抗氧化肽的活性比游离氨基酸高，这归因于氨基酸序列所赋予的独特的物理和化学性能，尤其是合成基团的稳定性能够有效抑制氧化反应。此外，His 和 Pro 的独特结构对肽的清除自由基能力至关重要。例如肽段 Pro-His-His 具有良好的抗氧化活性，包含 PHH 序列的肽段与脂溶性抗氧化剂（如生育酚和丁基羟）有着良好的协同作用。芳香族氨基酸能够给自由基提供质子，它们的存在可影响肽段的抗氧化活性。含 His 肽段的结构与活性之间的关系尚未明确，可能涉及向自由基提供质子、捕获脂质过氧化自由基以及咪唑基团与金属离子的螯合能力。然而，纯化的肽段中若含疏水基团，通过增加脂肽的溶解性，可以提升其抑制脂质过氧化的能力，从而促进与自由基的相互作用。非极性脂肪族氨基酸，如 Ala，显示出与疏水性多不饱和脂肪酸（PUFA）的高度反应性，这是抑制自由基介导的过氧化链反应的一种机制。综上所述，氨基酸的组成、序列和分子质量是决定肽抗氧化能力的关键因素。

　　本研究中，被鉴定的肽段 His-Tyr-Asn-Ala-Pro-Ala-Leu 包含以下氨基酸，这些氨基酸对肽段表现出的抗氧化活性起着至关重要的作用：疏水性氨基酸 His 和 Pro，芳香性氨基酸 Tyr，以及非极性脂肪族氨基酸 Ala。裸燕麦谷蛋白肽的抗氧化活性可能与其特殊结构有关，特别是富含疏水性氨基酸残基，以及具有芳香族侧链的氨基酸，这些成分可作为质子供体和直接的自由基清除剂。目标抗氧化肽由七肽组成，这进一步验证了 2~10 个氨基酸组成的短肽比原蛋白和更长的多肽具有更强的抗氧化性能。裸燕麦谷蛋白肽的这一特性展示了其作为食品和药品中天然抗氧化剂成分的潜在价值（Ma et al.，2017；马萨日娜等，2015、2016）。

第二节　裸燕麦球蛋白抗氧化肽的生物活性

　　多肽是由天然氨基酸以不同组成和排列方式构成的从二肽到复杂的线性、环形结构的不同肽类的总称，其中可调节生物体生理功能的多肽称为生物活性肽。与蛋白质相比，活性肽不仅有比蛋白质更好的消化吸收性能，还具有促进免疫、调节激素、抗菌、抗病毒、降血压和降血脂等生理机能。活性肽是蛋白质经酶、酸、碱的水解产物。碱水解产物有异味，食品工业中通常不采用。酸水解易使蛋白质变性，生成有毒物质。酶水解由于效率高、对蛋白质营养价值破坏小、无异味而被广泛采用（张美莉等，2010）。

一、裸燕麦球蛋白的提取及抗氧化肽的分离纯化

燕麦蛋白是一种优质的谷物蛋白，主要由球蛋白组成。提取裸燕麦中的球蛋白，筛选最适蛋白酶对其水解，以获得最佳酶解条件下的酶解物。继而采用离子交换树脂对酶解物进行分离纯化，从中选取清除自由基活性最强的组分进行质谱鉴定，为进一步开发利用裸燕麦球蛋白和活性肽资源提供理论依据和工艺参数。

（一）裸燕麦球蛋白电泳结果分析

裸燕麦球蛋白聚丙烯酰胺凝胶电泳（SDS-PAGE）分析结果如图 1-20 所示，裸燕麦球蛋白在 18.4ku～66.2ku 上均可见条带分布，这说明本研究提取的裸燕麦球蛋白的分子质量主要分布在 18.4ku～45.0ku。

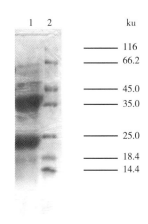

1—球蛋白；2—标准蛋白。

图 1-20　裸燕麦球蛋白的 SDS-PAGE 电泳图谱

（二）裸燕麦球蛋白酶水解物的清除自由基能力比较

对裸燕麦球蛋白使用不同蛋白酶进行水解后，比较各酶解产物的自由基清除能力。·OH 清除率的结果为，碱性蛋白酶水解物的 IC_{50} 值是 2.52mg/mL，胃蛋白酶水解物的 IC_{50} 值是 3.14mg/mL，胰蛋白酶水解物的 IC_{50} 值是 2.55mg/mL。这些数据表明碱性蛋白酶水解物对·OH 的清除能力强于胃蛋白酶和胰蛋白酶水解物。DPPH·清除率的结果为，碱性蛋白酶水解物 IC_{50} 值是 5.85mg/mL，胃蛋白酶水解物 IC_{50} 值是 7.34mg/mL，胰蛋白酶水解物的 IC_{50} 值是 7.17mg/mL。从结果看出，碱性蛋白酶水解物对 DPPH·的清除能力比胃蛋白酶和胰蛋白酶水解物强。

（三）裸燕麦球蛋白酶解工艺优化结果

对水解度而言，最优水平组合是酶用量5%、底物浓度10%、温度45℃、pH 8.0。各因素的影响程度大小：温度＞底物浓度＞pH＞酶用量。对于·OH 清除率而言，最优水平组合

为酶用量5%、底物浓度15%、温度45℃、pH 8.0。各因素的影响程度大小：酶用量>底物浓度>温度>pH。综合以上结果，确定最佳酶解条件为酶用量5%、底物浓度15%、温度45℃、pH 8.0。对此结果进行多次重复实验，结果表明其酶解条件稳定，水解度达75.65%，·OH清除率为60.86%。

（四）裸燕麦球蛋白抗氧化肽的分离纯化

1. 离子交换层析法分离裸燕麦蛋白酶解物

图1-21表示用0.6mol/L氨水等速（1.0mL/min）洗脱时，通过紫外检测仪记录的吸光度图谱。图谱呈现出三个峰，表明裸燕麦蛋白酶解产物的初步分离。其中第一个峰对应的是酸性氨基酸，第三个峰代表碱性氨基酸。

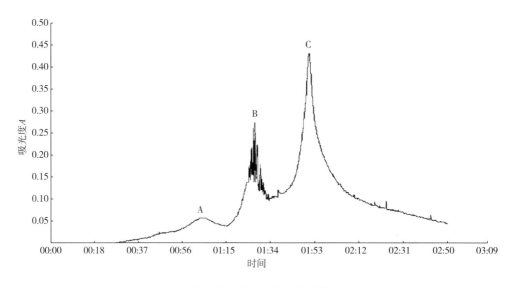

图1-21　离子交换层析图谱

2. 裸燕麦球蛋白肽清除自由基活性的分析

表1-5列出了经过阳离子交换树脂分离后，裸燕麦球蛋白肽在不同浓度下对·OH的清除率。

表1-5　　　　　　　　　　　　裸燕麦球蛋白肽·OH清除率

组分	·OH清除率/%				
	0.5mg/mL	1mg/mL	1.5mg/mL	2mg/mL	2.5mg/mL
组分A	15.08	22.73	35.98	47.35	59.59
组分B	21.27	29.86	33.39	38.57	42.99
组分C	18.75	29.01	42.69	53.99	68.02

由图1-22可以看出A、B、C三个组分都是随着样品的质量浓度升高，·OH的清除率逐渐增强。质量浓度为2.5mg/mL时A组分、B组分、C组分的清除率分别为59.59%、42.99%、68.02%，IC_{50}值分别为2.12mg/mL，4.23mg/mL，1.83mg/mL。由此可以得出

C 组分的·OH 清除率最好。

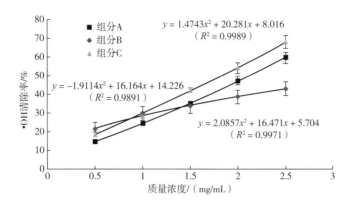

图 1-22　裸燕麦球蛋白肽·OH 清除率

表 1-6　　　　　　　　　　裸燕麦球蛋白肽 DPPH·清除率

组分	DPPH·清除率/%				
	1mg/mL	2mg/mL	3mg/mL	4mg/mL	5mg/mL
组分 A	19.36	27.24	33.71	47.4	53.46
组分 B	8.58	12.41	17.21	21.44	34.06
组分 C	13.12	21.98	37.14	48.64	61.80

由表 1-6 和图 1-23 可以看出 A、B、C 三个组分都是样品的质量浓度越高，DPPH·清除率越好。质量浓度为 5mg/mL 时 A、B、C 三个组分的清除率分别为 53.46%、34.06%、61.8%，IC_{50} 值分别为 4.54、6.35、4.11mg/mL。从而得出 C 组分的 DPPH·清除率最好。

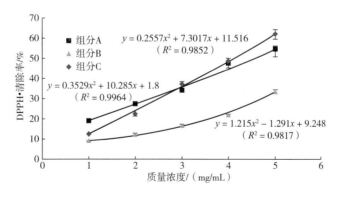

图 1-23　裸燕麦球蛋白肽DPPH·清除率

3. 质谱鉴定裸燕麦球蛋白肽的结构

选取离子交换层析分离得到的清除自由基活性最强的组分 C，浓缩干燥后进行质谱鉴定。经鉴定组分 C 中有多个不同分子质量的球蛋白肽，选取其中响应值较高的五个肽，它们的相对分子量分别为 723.5007、735.3989、919.4763、943.5855 和 1343.7643。为了解这些球蛋白肽的结构特征，对这些母离子进行了质谱分析，获得了它们的二级结构谱图，见图 1-24 至 1-28 所示。

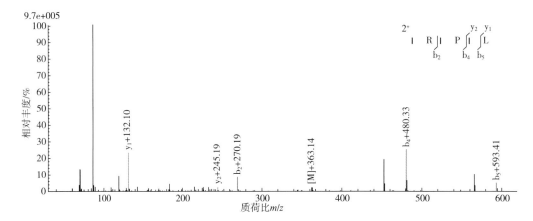

图 1-24　IRIPIL 的二级结构图谱

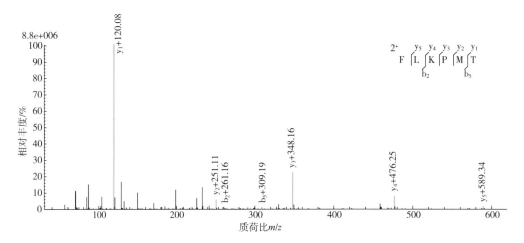

图 1-25　FLKPMT 的二级结构图谱

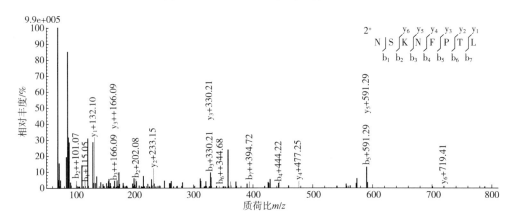

图 1-26　NSKNFPTL 的二级结构图谱

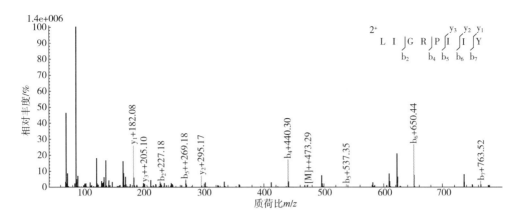

图 1-27　LIGRPIIY 的二级结构图谱

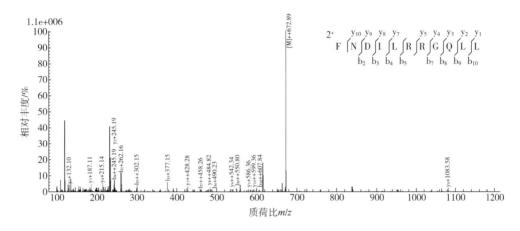

图 1-28　FNDILRRGQLL 的二级结构图谱

二、裸燕麦球蛋白多肽对 D-半乳糖致衰老小鼠抗氧化能力的影响

衰老是一个复杂的自然过程，是所有生物的共同特征。关于衰老的自由基学说最初由美国科学家 Denham Harman 于 1956 年提出。该学说认为，自由基对生物体内的大分子产生破坏作用。随着年龄的增长，体内抗氧化酶类活性下降，导致自由基消除能力下降，进而引起脂质过氧化、生物膜损伤，细胞代谢紊乱，最终导致机体多器官、多系统的功能减退，加速疾病和衰老进程（Qu et al.，2015）。目前，清除生物体内过量的自由基已成为抗氧化研究的核心，而天然抗氧化剂以其安全、高效的特点，正引起广大学者的关注。通过建立 D-半乳糖（D-gal）诱导的衰老小鼠模型，评估裸燕麦球蛋白多肽对衰老小鼠生理状态的潜在改善作用。

（一）小鼠的一般行为学观察

衰老模型组连续皮下注射 D-半乳糖（D-gal，被广泛用作建立小鼠加速衰老模型的试剂）3 周后，毛色逐渐变得没有光泽且易脱落，皮肤变粗糙、没有弹性，尾部出现斑点，精神状态变得倦怠，体型变瘦，体质量增加缓慢，呈现出明显衰老体征。由表 1-7 可见，各组小鼠初始体质量基本一致，无统计学差异。而最终体质量中，衰老模型组小鼠体质量极显著低于正常对照组（$P<0.01$）。从体质量增加量也可以看出，衰老模型组体质量增长极显著低于正常对照组（$P<0.01$），表明建模成功。灌胃裸燕麦球蛋白多肽后，与衰老模型组相比，不同剂量组小鼠体质量增加都明显加快，中、高剂量组呈现出极显著差异（$P<0.01$），低剂量组呈现出显著差异（$P<0.05$）。维生素 C 阳性对照组与衰老模型组相比，体质量增加量也极显著提高（$P<0.01$）。这说明灌胃裸燕麦球蛋白多肽可提高衰老小鼠体质量。

表 1-7　　　　　　　　裸燕麦球蛋白多肽对小鼠体质量的影响　（$n=10$）

组别	初始体质量/g	最终体质量/g	体质量增加量/g
正常对照组	19.14±0.78	31.67±1.64	12.52±0.63
衰老模型组	18.75±0.56	29.13±2.24[ΔΔ]	10.39±0.70[ΔΔ]
低剂量组	19.79±1.08	31.46±2.49[*]	11.68±1.31[*]
中剂量组	19.50±1.26	32.33±2.54[**]	12.87±1.20[**]
高剂量组	18.48±0.47	32.28±1.53[**]	13.76±1.02[**]
维生素 C 阳性对照组	19.20±1.30	30.80±1.95[*]	12.45±0.99[**]

注：ΔΔ 表示与正常对照组相比，差异极显著（$P<0.01$）；＊表示与衰老模型组相比，差异显著（$P<0.05$）；＊＊表示与衰老模型组相比，差异极显著（$P<0.01$）。下表中统计学标记含义一致。

（二）小鼠脏器指数测定结果

脏器指数是衡量脏器健康状况的重要指标，通常计算为脏器重量与体重的比值，反映脏器的相对大小和功能状态。从表 1-8 可以看出，衰老模型组的肝、脑组织脏器指数明显低于正常对照组，呈极显著差异（$P<0.01$）。这表明随着衰老过程的进展，小鼠的肝和脑组织出现了萎缩现象，与自然衰老过程中的脏器功能减退相吻合。

维生素 C 阳性对照组的肝、脑组织脏器指数也显著提高（$P<0.05$）。这一结果表明裸燕麦球蛋白多肽具有较好的拮抗肝萎缩和脑萎缩的潜力。

表 1-8　　　　　　　　裸燕麦球蛋白多肽对小鼠脏器指数的影响　（$n=10$）

组别	肝组织脏器指数/（mg/g）	脑组织脏器指数/（mg/g）
正常对照组	40.98±3.71	16.81±2.26
衰老模型组	36.45±3.76[ΔΔ]	14.00±1.87[ΔΔ]
低剂量组	38.41±3.37	15.20±2.21
中剂量组	40.27±3.46[*]	16.24±2.00[*]
高剂量组	41.01±3.23[**]	16.89±2.16[**]
维生素 C 阳性对照组	41.07±3.73[**]	16.70±1.83[**]

（三）裸燕麦球蛋白多肽对小鼠血清中 SOD、GSH-Px 及 CAT 活力的影响

研究表明，人体内存在一套清除自由基的防御系统，包括超氧化物歧化酶（SOD）、谷

胱甘肽过氧化物酶（GSH-Px）、过氧化氢酶（CAT）等抗氧化酶系。SOD 通过催化 $O_2^-\cdot$ 歧化为 H_2O 和 O_2，来抑制和阻断自由基反应，降低自由基代谢产物的生成（Kong et al.，2017）。GSH-Px 能特异地催化还原型谷胱甘肽（L-glutathione，GSH）过氧化物的还原反应，它虽不直接清除自由基，但可减轻由氧化物引发的自由基对机体的损害，保护细胞膜免受过氧化物的损伤（Kong et al.，2017）。CAT 虽不能直接清除·OH，但可以降低·OH 的前体——H_2O_2 的浓度，从而起到延缓衰老的作用（Yue et al.，2017）。SOD 和 GSH-Px 联合作用可有效防止组织细胞过氧化损伤。GSH-Px 也可以与 CAT 协同作用，催化对生物体有害的 H_2O_2 的分解，共同减少自由基和过氧化脂质的形成。

由表 1-9 可知，与正常对照组相比，衰老模型组小鼠血清中 SOD、GSH-Px 及 CAT 活力均极显著降低（$P<0.01$）。灌胃裸燕麦球蛋白多肽后，血清中 SOD、GSH-Px 及 CAT 活力均显著提高，与衰老模型组相比，中、高剂量组呈现出极显著差异（$P<0.01$）。维生素 C 阳性对照组血清中 SOD、GSH-Px 及 CAT 活力与衰老模型组相比也极显著升高（$P<0.01$）。这表明裸燕麦球蛋白多肽可有效提高衰老小鼠血清中 SOD、GSH-Px 及 CAT 的活力，从而增强小鼠的抗氧化能力。研究证实，当机体遭受自由基攻击而被氧化时，补充外源性抗氧化剂可显著提升机体内抗氧化酶类的活性（Kaviani et al.，2017）。

表 1-9　裸燕麦球蛋白多肽对小鼠血清中 SOD、GSH-Px 及 CAT 活力的影响（$n=10$）

组别	SOD 活力/（U/mL）	GSH-Px 活力/（U/mL）	CAT 活力/（U/mL）
正常对照组	99.96±11.20	178.41±13.97	15.65±1.98
衰老模型组	79.58±4.29$^{\triangle\triangle}$	90.36±7.01$^{\triangle\triangle}$	9.23±0.84$^{\triangle\triangle}$
低剂量组	85.14±6.53*	99.33±10.23*	10.01±0.81*
中剂量组	98.56±11.50**	133.22±12.63**	13.99±2.27**
高剂量组	105.25±10.64**	179.99±11.58**	18.17±1.61**
维生素 C 阳性对照组	109.29±8.10**	184.39±14.53**	16.84±2.13**

（四）裸燕麦球蛋白多肽对小鼠肝组织中 GSH-Px、MAO-B 活力以及 MDA 含量的影响

B 型单胺氧化酶（MAO-B）是一种主要存在于神经胶质细胞内的酶，负责催化单胺类物质的氧化脱氨反应。随着年龄增长，MAO-B 的活力逐渐增强，因此，MAO-B 活力的升高被认为是衰老进程中的一个关键指标（范红艳等，2015）。丙二醛（MDA）含量可直接反映组织细胞中脂质过氧化的速率和程度，间接反映细胞的损伤程度，MDA 含量越高，表明生物膜遭受的破坏越严重（Cui et al.，2010）。

从表 1-10 可以看出，与正常对照组相比，衰老模型组小鼠肝组织中 GSH-Px 活力极显著降低，而 MAO-B 活力及 MDA 含量极显著升高（$P<0.01$）。灌胃裸燕麦球蛋白多肽后，各剂量组小鼠肝组织中 GSH-Px 活力显著升高，与衰老模型组相比，中、高剂量组呈现出极显著差异；同时，各剂量组的 MAO-B 活力均极显著降低；MDA 含量在高剂量组中

呈现出极显著降低（$P<0.01$）。维生素 C 阳性对照组与衰老模型组比较，肝组织中 GSH-Px 活力极显著升高，MAO-B 活力及 MDA 含量极显著降低（$P<0.01$）。这些结果表明裸燕麦球蛋白多肽可提高衰老小鼠肝组织中 GSH-Px 活力，同时降低 MAO-B 活力及 MDA 含量，从而增强小鼠的抗氧化能力。

表 1-10　裸燕麦球蛋白多肽对小鼠肝组织中 GSH-Px、MAO-B
活力及 MDA 含量的影响（$n=10$）

组别	GSH-Px 活力/（U/mg）	MAO-B 活力/（U/mg）	MDA 含量/（nmol/mg）
正常对照组	554.015±42.120	6.785±0.360	1.389±0.100
衰老模型组	410.456±25.160[ΔΔ]	9.539±0.570[ΔΔ]	1.787±0.170[ΔΔ]
低剂量组	435.208±22.190[*]	8.183±0.270[**]	1.672±0.150
中剂量组	475.654±34.550[**]	6.056±0.660[**]	1.624±0.130[*]
高剂量组	536.633±36.270[**]	2.514±0.380[**]	1.182±0.090[**]
维生素 C 阳性对照组	576.625±46.940[**]	4.659±0.570[**]	1.312±0.100[**]

（五）裸燕麦球蛋白多肽对小鼠脑组织中 GSH-Px、MAO-B 活性及 MDA 含量的影响

由表 1-11 可以看出，与正常对照组相比，衰老模型组脑组织中 GSH-Px 活力极显著降低，而 MAO-B 活力及 MDA 含量极显著升高（$P<0.01$）。灌胃裸燕麦球蛋白多肽后，小鼠脑组织中 GSH-Px 活力显著升高，与衰老模型组相比，中、高剂量组呈现出极显著差异（$P<0.01$），低剂量组则呈现出显著差异（$P<0.05$）。同时 MAO-B 活力极显著降低（$P<0.01$），并且随着灌胃剂量的增加，MAO-B 活力与衰老模型组差异逐渐增大。MDA 含量也呈下降趋势，高剂量组呈现出极显著差异（$P<0.01$），中剂量组呈现出显著差异（$P<0.05$）。维生素 C 阳性对照组中 GSH-Px 活力显著升高、MAO-B 活力及 MDA 含量显著降低，与衰老模型组比较，差异均呈极显著水平（$P<0.01$）。这些结果表明裸燕麦球蛋白多肽可提高衰老小鼠脑组织的 GSH-Px 活力，同时降低 MAO-B 活力及 MDA 含量，增强小鼠的抗氧化能力。

表 1-11　裸燕麦球蛋白源多肽对小鼠脑组织中 GSH-Px、 MAO-B 活力
及 MDA 含量的影响（$n=10$）

组别	GSH-Px 活力/（U/mg）	MAO-B 活力/（U/mg）	MDA 含量/（nmol/mg）
正常对照组	68.650±7.180	7.279±0.830	1.931±0.140
衰老模型组	30.697±2.620[ΔΔ]	9.366±0.790[ΔΔ]	2.309±0.110[ΔΔ]
低剂量组	35.214±5.450[*]	8.187±1.040[**]	2.226±0.120
中剂量组	50.633±4.040[**]	7.384±1.060[**]	2.194±0.090[*]
高剂量组	76.465±6.290[**]	5.068±0.670[**]	1.605±0.120[**]
维生素 C 阳性对照组	78.808±5.480[**]	6.815±0.960[**]	1.744±0.150[**]

三、裸燕麦球蛋白多肽作用于 D-半乳糖致衰老小鼠的代谢组学研究

（一）裸燕麦球蛋白多肽结构鉴定结果

通过超高效液相色谱-串联质谱（UPLC-MS/MS）技术分析裸燕麦球蛋白多肽结构，其结果如图 1-29 所示。将质谱图结果提交 Uniprot 数据库，经鉴定，裸燕麦球蛋白多肽的氨基酸序列为：苯丙氨酸-亮氨酸-色氨酸-甘氨酸-苏氨酸-亮氨酸（Phe-Leu-Trp-Gly-Thr-Leu，FLWGTL）。

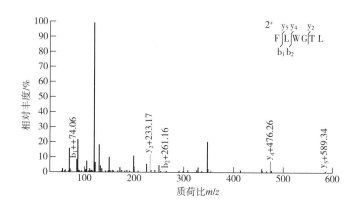

图 1-29 裸燕麦球蛋白多肽的二级质谱图

国内外很多研究发现，抗氧化肽中 Leu（亮氨酸）残基出现的频率比较高（李汉洋等，2018），本实验中测得裸燕麦球蛋白多肽的氨基酸序列为 Phe-Leu-Trp-Gly-Thr-Leu，其中 Leu 残基出现频率也非常高，推测该多肽的抗氧化性与 Leu 残基的高频率出现有关。Leu 是一种调节因子，杨力源（2014）的研究表明，Leu 可通过抑制促炎细胞因子的表达，发挥抗氧化、延缓机体衰老的作用。Rojas-Ronquillo 等人（2012）研究发现，Phe（苯丙氨酸）等芳香族氨基酸暴露在多肽的两端时，表现出更好的抗氧化性。Babini 等人（2017）的研究进一步揭示，Trp（色氨酸）是抗氧化肽中常见的关键氨基酸之一，这一特性可能是由于苯丙氨酸和色氨酸均具有苯环结构，该结构赋予了它们供氢能力，从而有效抑制自由基引发的链式反应。

（二）小鼠脑组织 UPLC-Q-TOF MS 分析结果

超高效液相串联四极杆飞行时间质谱（UPLC-Q-TOF MS）具有高分辨率、高灵敏度的特点，能够对化学成分进行定性分析。采用 UPLC-Q-TOF MS 在正离子模式下采集并分析了小鼠脑组织样本的代谢信息。图 1-30（4）为质控样本在正离子模式下的总离子流图，分析显示，各色谱峰的响应强度一致，保留时间精确对齐，这表明实验误差小、数据可靠。从图 1-30（1）至（3）总离子流图上可以看出，各组色谱峰保留时间基本一致，同一时间色谱峰高度有差别，表明正常对照组、衰老模型组与裸燕麦球蛋白多肽治疗组小鼠脑组织中内源性代谢物含量不同，即表示代谢模式发生了变化。

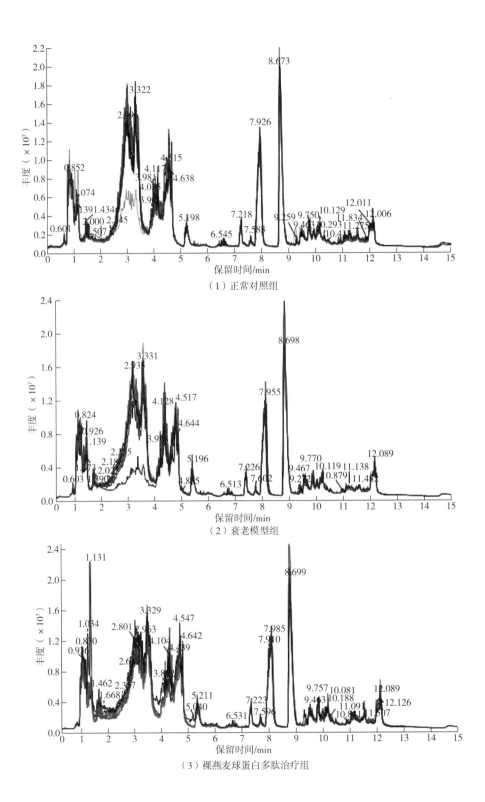

（1）正常对照组

（2）衰老模型组

（3）裸燕麦球蛋白多肽治疗组

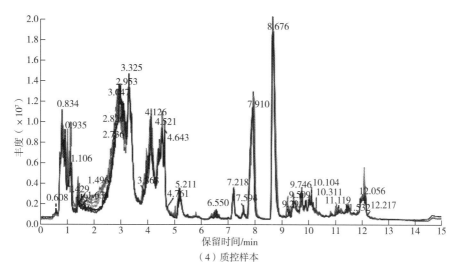

（4）质控样本

图 1-30 UPLC-Q-TOF MS 采集的小鼠脑样品典型总离子流色谱图

将经过预处理的 UPLC-Q-TOF MS 数据进行主成分分析（PCA），以揭示小鼠脑样本在空间中的分布特征。由图 1-31 可知，质控样本较为紧密地聚集在一起，表明本实验的重复性良好，实验数据稳定可靠，在实验中获得的代谢谱差异能反映样本间固有的生物学差异。正常对照组与衰老模型组以及衰老模型组与裸燕麦球蛋白多肽治疗组的各样本明显分离，显示出显著差异，说明小鼠经过连续 6 周每天颈背部皮下注射 120mg/kg 体质量 D-半乳糖（D-gal）造模后，脑组织中内源性代谢物发生了明显变化，出现了代谢紊乱。此外，裸燕麦球蛋白多肽治疗组各样本点显示出不同程度的向正常对照组靠近的趋势，说明灌胃裸燕麦球蛋白多肽可有效调节衰老小鼠体内的代谢紊乱，发挥抗氧化作用。

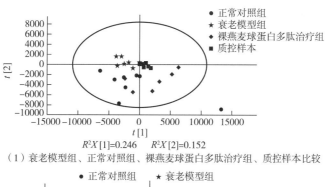

$R^2X[1]=0.246$ $R^2X[2]=0.152$

（1）衰老模型组、正常对照组、裸燕麦球蛋白多肽治疗组、质控样本比较

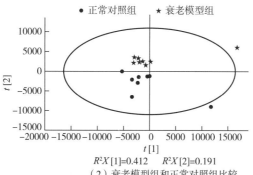

$R^2X[1]=0.412$ $R^2X[2]=0.191$

（2）衰老模型组和正常对照组比较

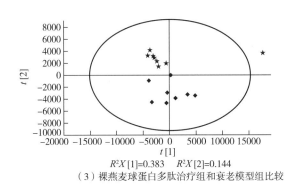

$R^2X[1]=0.383$　$R^2X[2]=0.144$

（3）裸燕麦球蛋白多肽治疗组和衰老模型组比较

图1-31　小鼠脑样本的PCA得分图

为了进一步验证正常对照组、衰老模型组和裸燕麦球蛋白多肽治疗组小鼠脑样本的分离情况，并从中识别出标志代谢物，本研究采用正交偏最小二乘判别分析（OPLS-DA）工具，对脑组织样本的代谢全谱进行了区分，其得分图及置换检验见图1-32和图1-33。其中，由图1-32（2）可知，R^2X（cum）= 0.7、R^2Y（cum）= 0.998、Q^2（cum）= 0.894，即表明可以用70%的变量解释99.8%的组间差异，预测能力为89.4%；由图1-33（2）可知，R^2X（cum）= 0.452、R^2Y（cum）= 0.934、Q^2（cum）= 0.681，显示出较高的解释率和预测率，表明该模型是可靠的。

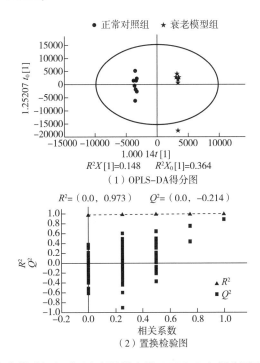

图1-32　衰老模型组和对照小鼠脑样本的OPLS-DA得分图及置换检验图

在进行两组样本间的差异代谢物分析时，火山图是常用的单变量分析方法。图1-34为衰老模型组与裸燕麦球蛋白多肽治疗组在正离子模式下的数据火山图，图中蓝色点（图中为浅灰

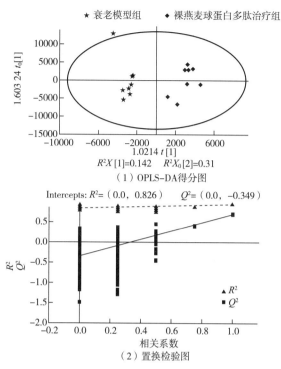

（1）OPLS-DA得分图

（2）置换检验图

图1-33 裸燕麦球蛋白多肽治疗组和衰老模型组小鼠脑样本的 OPLS-DA 得分图及置换检验图

色）为变异倍数（fold change，FC）>2 或 FC<0.5 且 $P<0.05$ 的代谢物，即筛选出的差异代谢物。

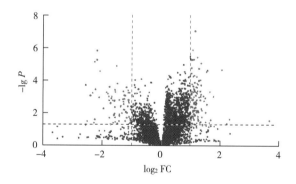

图1-34 裸燕麦球蛋白多肽治疗组对比衰老模型组小鼠脑样本正离子模式下的火山图

（三）小鼠脑样本显著性差异代谢物的层次聚类分析结果

对各组样本进行层次聚类分析，可更直观地显示样本之间的关系以及代谢物在不同样本中表达模式的差异性。图1-35（彩插）显示了裸燕麦球蛋白多肽治疗组小鼠与衰老模型组之间显著性差异代谢物的层次聚类结果。可以看出，衰老模型组与裸燕麦球蛋白多肽治疗组的样本明显分为两簇，表明两组间存在显著的差异代谢物，主要涉及磷脂、脂肪酸、氨基酸、嘌呤代谢物等，同时也暗示裸燕麦球蛋白多肽抗氧化的机制可能会涉及甘油磷脂代谢、脂肪酸代谢、嘌呤代谢、氨基酸代谢等代谢途径。

（四）显著差异代谢物筛选及相关通路分析结果

我们利用 OPLS-DA 模型的 VIP 值（衡量变量在模型中重要性的指标之一，一般认为 VIP 值>1 的变量为显著差异变量）分析，结合火山图及聚类分析法，筛选出显著差异代谢物并进行 KEGG ID 映射，并提交到 KEGG 网站进行相关通路分析，结果如表 1-12 所示。

表 1-12　　衰老模型组、正常对照组及裸燕麦球蛋白多肽组显著差异代谢物筛选

显著差异代谢物	m/z	保留时间/s	VIP	P 值	衰老模型组/正常对照组	裸燕麦球蛋白多肽治疗组/衰老模型组	代谢通路
乙酰胆碱	204.12	456.22	7.11	0.001	0.78	1.32	甘油磷脂代谢
甘油磷酸胆碱	258.11	585.91	5.91	0.002	0.60	2.41	甘油磷脂代谢
CDP-胆碱	489.11	685.03	2.68	0.002	—	1.31	甘油磷脂代谢
溶血磷脂酰胆碱	522.35	269.29	7.03	0.045	0.87	1.13	甘油磷脂代谢
sn-甘油 3-磷酸乙醇胺	216.06	601.87	1.57	0.008	0.07	1.95	甘油磷脂代谢
L-棕榈酰肉碱	400.30	240.71	6.01	0.038	0.77	1.46	脂肪酸代谢
L-肉碱	162.11	533.57	6.06	$2×10^{-4}$	0.68	1.12	脂肪酸代谢
二十碳五烯酸	301.21	57.83	1.21	0.001	0.71	1.47	不饱和脂肪酸的生物合成
腺嘌呤	134.04	250.52	11.17	$2.8×10^{-5}$	4.61	0.34	嘌呤代谢
腺苷	266.09	251.02	2.86	$6×10^{-4}$	4.36	0.28	嘌呤代谢
尿酸	167.02	251.03	7.15	0.008	—	0.64	嘌呤代谢
一磷酸腺苷	346.05	663.80	11.15	0.014	—	1.41	嘌呤代谢
腺苷 5′-二磷酸	428.04	721.17	1.85	0.006	—	1.35	嘌呤代谢
次黄嘌呤核苷酸	349.05	690.81	2.22	0.022	—	1.32	嘌呤代谢
S-腺苷-L-同型半胱氨酸	383.11	607.96	0.72	0.050	1.41	0.72	半胱氨酸和蛋氨酸代谢
3-甲基硫代丙酸盐	162.06	252.62	1.36	0.011	0.70	1.36	半胱氨酸和蛋氨酸代谢
N-乙酰天冬氨酰氨基甲酸	305.10	691.36	11.35	$8.2×10^{-5}$	0.47	1.98	神经活性配体-受体

与衰老模型组相比，裸燕麦球蛋白多肽治疗组小鼠脑组织中13种物质的含量显著升高，包括乙酰胆碱、甘油磷酸胆碱、胞苷5′-二磷酸（cytidine 5′-diphosphocholine，CDP）-胆碱、溶血磷脂酰胆碱、sn-甘油3-磷酸乙醇胺、L-肉碱、L-棕榈酰肉碱、二十碳五烯酸（eicosapentaenoic acid，EPA）、腺苷一磷酸（adenosine monophosphate，AMP）、腺苷5′-二磷酸（adenosine 5′-diphosphate，ADP）、肌苷一磷酸（inosine 5′-monophosphate，IMP）、3-甲基硫代丙酸盐和 N-乙酰天冬氨酰氨基甲酸（N-acetylaspartyl-glutamate，NAAG）。同时腺嘌呤、腺苷、尿酸、S-腺苷-L-同型半胱氨酸这4种物质含量降低。而与正常对照组相比，衰老模型组小鼠脑样本的显著差异代谢物含量的变化趋势恰好相反。结果显示，这17种显著差异代谢物涉及了甘油磷脂代谢、脂肪酸代谢、不饱和脂肪酸的生物合成、嘌呤代谢、半胱氨酸和蛋氨酸代谢以及神经活性配体-受体相互作用等关键代谢途径。

乙酰胆碱是脑组织中重要的神经递质，发挥着调节学习与记忆功能的作用（周玲等，2016）。随着衰老的发生，体内产生的大量自由基会对胆碱乙酰化转移酶等蛋白质进行攻击，影响乙酰胆碱的合成，导致乙酰胆碱含量的降低，进而引起学习和记忆能力的减退。本实验结果表明，与正常对照组相比，衰老模型组小鼠脑组织中的乙酰胆碱含量显著降低（$FC=0.78$，且 $P<0.01$），说明 D-gal 致衰老小鼠胆碱系统功能减退。长期灌胃一定量的裸燕麦球蛋白多肽可显著提高衰老小鼠脑组织中乙酰胆碱含量（$FC=1.32$，且 $P<0.01$），说明裸燕麦球蛋白多肽可清除体内大量活性氧，减缓胆碱乙酰化转移酶等的氧化损伤，提高小鼠体内的抗氧化能力。

甘油磷酸胆碱是生物合成乙酰胆碱的重要前体（Kawamura et al.，2012）；CDP-胆碱是生物合成磷脂酰胆碱时的中间体；磷脂酰胆碱是构成生物细胞膜的主要成分，在脑神经细胞中约占17%~20%（Zhang et al.，2017）。大脑可直接从血液中摄取磷脂酰胆碱及胆碱，并将其迅速转化为乙酰胆碱，从而提高脑细胞的活性、改善脑功能（吕雪幼等，2016）。本实验结果表明，灌胃裸燕麦球蛋白多肽后，可明显改善甘油磷脂代谢，具体表现为 D-gal 致衰老小鼠体内甘油磷酸胆碱及 CDP-胆碱的含量显著提高（FC 分别为2.41和1.31，且 $P<0.01$），进而提高脑组织中乙酰胆碱的含量，增强大脑的学习记忆能力，从而达到延缓衰老的效果。

溶血磷脂酰胆碱是磷脂的降解产物，其含量异常指示磷脂代谢的紊乱。它不仅与维持细胞膜结构的完整性和稳定性密切相关，还可以作为第二信使参与细胞多种信号转导过程（Cui et al.，2014）。溶血磷脂酰胆碱的含量随年龄增加而减少，这可能与细胞的凋亡机制有关，也可能在提示机体内存在能量代谢障碍和氧化损伤（Schneider et al.，2016）。本实验结果表明，与正常对照组相比，D-gal 致衰老小鼠体内溶血磷脂酰胆碱含量降低（FC 为0.87，且 $P<0.05$）。而灌胃裸燕麦球蛋白多肽后，D-gal 致衰老小鼠体内其含量有所升高（FC 为1.13，且 $P<0.05$），说明裸燕麦球蛋白多肽可有效改善 D-gal 致衰老小鼠机体内的磷脂代谢紊乱、能量代谢障碍及氧化损伤。

肉碱在脂肪酸代谢中必不可少，脂肪酸必须借助肉碱才能进入线粒体发生 β 氧化；EPA 不仅是大脑的重要营养成分，而且可以保持细胞膜的流动性及通透性，以维持细胞的正常生理功能，促进脂肪酸的 β 氧化（Wong et al.，2017）。本实验中，衰老模型小鼠脑组织中肉碱及不饱和脂肪酸的含量均降低，表明可能存在脂肪酸代谢异常；而灌胃裸燕麦球蛋白多肽后，小鼠体内 L-肉碱、L-棕榈酰肉碱、EPA 含量均显著上升（FC 分别为 1.12、1.46 和 1.47，且 $P<0.05$），提示裸燕麦球蛋白多肽可改善 D-gal 致衰老小鼠的脂肪酸代谢异常。

在正常机体代谢中，在半乳糖激酶的作用下，半乳糖与 ATP 反应生成半乳糖-1-磷酸和 ADP；在半乳糖-1-磷酸尿苷酰转移酶及尿苷二磷酸 4 位差向异构酶作用下，半乳糖-1-磷酸可生成葡萄糖-1-磷酸参与葡萄糖代谢。但过量供给 D-gal 时，半乳糖磷酸化会消耗大量 ATP，生成的大量 ADP 进一步形成 AMP，导致 AMP 大量增加，激活嘌呤代谢酶系统。AMP 在核苷酶作用下生成腺苷，再经腺苷脱氨酶（adenosine deaminase，ADA）转化为 IMP，最后在黄嘌呤氧化酶（xanthine oxidase，XOD）的作用下生成尿酸（陈刚等，2017）。尿酸虽然可以将体内部分自由基清除，但是，其特殊的环状结构使其更容易产生氧化性更强的自由基，进而引发细胞的损伤（Kaddurah-Daouk et al.，2013）。衰老模型组小鼠与正常组小鼠对比，体内腺苷、腺嘌呤含量都明显增加，表明衰老模型组小鼠体内出现腺嘌呤代谢紊乱。研究显示，嘌呤代谢紊乱在许多神经系统疾病的发病机制中起关键作用（Kaddurah-Daouk et al.，2013）。当裸燕麦球蛋白多肽灌胃后，D-gal 致衰老小鼠体内腺苷、腺嘌呤以及尿酸含量明显下降（FC 分别为 0.34、0.28 和 0.64，且 $P<0.01$），同时 ADP、AMP、IMP 含量明显升高（FC 分别为 1.41、1.35 和 1.32，且 $P<0.05$），这说明裸燕麦球蛋白多肽可以通过调控核苷酶活性，减缓 AMP 生成腺苷的速度，从而降低腺苷、腺嘌呤、尿酸的含量，使腺嘌呤代谢趋于正常。

S-腺苷-L-同型半胱氨酸脱去腺苷后，转化为同型半胱氨酸（homocysteine，HCY）。研究表明，HCY 是一种兴奋性氨基酸，通过激活代谢型谷氨酸或离子型谷氨酸受体，促进钙离子内流，从而损伤线粒体及激活蛋白酶、磷酸酯酶等，导致细胞代谢障碍（Kamat et al.，2016）。灌胃裸燕麦球蛋白多肽后，可有效降低机体内 S-腺苷-L-同型半胱氨酸的含量（FC 为 0.72，且 $P<0.05$），对神经系统起到保护作用。

NAAG 是一种重要的内源性神经保护递质，具有显著抑制谷氨酸释放的作用（Nakajima et al.，2016）。谷氨酸的过度释放可导致细胞的衰老、死亡（Ruan et al.，2013）。与衰老模型组小鼠相比，灌胃裸燕麦球蛋白多肽后，小鼠体内 NAAG 含量明显提高（FC 为 1.98，且 $P<0.01$），可有效抑制谷氨酸的过度释放，起到延缓衰老的作用。

实验结果表明，灌胃裸燕麦球蛋白多肽后，D-gal 致衰老小鼠体内代谢通路的紊乱得到了显著改善。这一发现从代谢组学的角度验证了裸燕麦球蛋白多肽可清除体内过多的自由基，从而发挥抗衰老、抗氧化的作用。这一作用可能与裸燕麦球蛋白多肽的氨基酸序列中 Leu 出现频率高、Phe 出现在 C 端以及序列中出现 Trp 有关。

四、基于量子化学计算分析裸燕麦源两种活性肽抗氧化机制

目前，活性肽在体内的抗氧化机理研究面临重大挑战，一些研究利用从各种动植物蛋白水解产物中分离得到的多肽片段，通过氨基酸测序确定其一级结构，试图分析其构效关系。然而，由于抗氧化肽的氨基酸组成和空间结构复杂，实验手段难以准确获得多肽抗氧化活性的作用位点及其电子转移路径（马萨日娜等，2015；付媛等，2019；Ma et al.，2020）。在此背景下，量子化学模拟方法展现出独特的优势，为研究抗氧化肽的机理提供

了新途径。例如，文超婷（2021）采用量子化学对西瓜籽抗氧化肽 P1~P5 的化学结构进行分子模拟，计算 P1~P5 的前线分子轨道分布和能量、原子净电荷分布和键长，并推测出 P1~P5 的活性位点；聂挺等（2015）采用半经验 AM1 和密度泛函理论（density functional theory，DFT）研究了天然抗氧化肽的活性位点，并提出了抗氧化肽清除自由基的活性机理。

　　本课题组前期从燕麦中分离出两种多肽（燕麦活性肽Ⅰ及Ⅱ），并确定了活性肽Ⅰ的氨基酸序列结构。前期研究证明，裸燕麦源多肽确实可通过改变代谢通路来实现抗氧化的作用（付媛等，2020）。然而，对于多肽氨基酸序列结构与其抗氧化性之间的构效关系尚不明确。为此，本实验对活性肽Ⅱ的氨基酸序列结构进行确定，并利用动物实验测定了两种多肽及对照物维生素 C 的抗氧化活性，进一步通过量子化学计算获得两种裸燕麦源多肽的电子结构和分子构型，推测出其清除自由基的活性位点，以期揭示裸燕麦源多肽清除自由基的机理，为裸燕麦抗氧化产品的开发和生产提供参考。

（一）裸燕麦源活性肽的结构

　　采用高效液相色谱-串联质谱（HPLC-MS/MS）技术鉴定活性肽Ⅱ，结果如图 1-36 所示，活性肽Ⅱ的氨基酸序列为缬氨酸-苯丙氨酸-天冬酰胺-天冬氨酸-精氨酸-亮氨酸（Val-Phe-Asn-Asp-Arg-Leu，VFNDRL）。结合本课题组前期工作（马萨日娜等，2015；Ma et al.，2020），已知活性肽Ⅰ的氨基酸序列为苯丙氨酸-亮氨酸-色氨酸-甘氨酸-苏氨酸-亮氨酸（Phe-Leu-Trp-Gly-Thr-Leu，FLWGTL），显然二者含有不同的氨基酸排列次序，由此可推测它们的抗氧化能力不同。

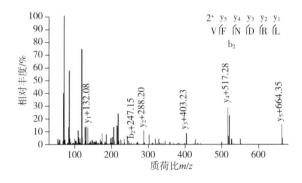

图 1-36　活性肽Ⅱ的二级质谱图

　　为分析多肽氨基酸序列结构与抗氧化性之间的构效关系，对活性肽Ⅰ和活性肽Ⅱ的电子结构进行计算。首先根据活性肽Ⅰ和活性肽Ⅱ的氨基酸序列，构建了活性肽的结构模型，并使用 Dmol3 模块［一款基于密度泛函理论（DFT）的先进量子力学程序］对构型进行优化，得到两种活性肽的能量最稳定结构，分别如图 1-37（1）和 1-37（2）所示。同时，计算了对照维生素 C 组的构型，其初始构型取自 Materials Studio 模型库，得到的优化结构如图 1-37（3）所示。

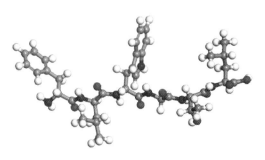

（1）活性肽 I 优化结构

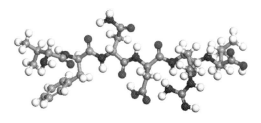

（2）活性肽 II 优化结构

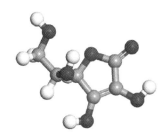

（3）维生素C优化结构

图 1-37 两种活性肽及维生素 C 的优化结构示意图

（二）两种活性肽在衰老小鼠血清及脑组织中抗氧化活性的比较

研究表明，SOD 能够清除 $O_2^-\cdot$，GSH-Px 可以保护细胞膜免受过氧化物的攻击（Kong et al.，2017），CAT 可以通过降低 H_2O_2 的浓度来清除·OH，从而起到延缓衰老的作用（Yue et al.，2017）。此外，研究发现脑组织中 MAO-B 的活力随机体衰老而增大（范红艳等，2015），生物体内 MDA 含量越高表明生物膜被破坏程度越严重（Cui etal.，2010）。本实验利用分离得到的两种燕麦源活性肽（活性肽 I 和活性肽 II）对衰老小鼠进行抗衰老治疗。由图 1-38 可知，治疗组小鼠与衰老模型组小鼠相比，血清中的 SOD、GSH-Px 及 CAT 活力均显著提高，而脑组织中 MAO-B 活力、MDA 含量均显著降低，这说明治疗组小鼠体内自由基清除能力增强，抗衰老能力提高。其中，活性肽 I 的治疗效果最好，说明其在小鼠体内自由基清除能力更强，抗衰老作用更显著。

（三）两种活性肽的结构特征及其抗氧化机理分析结果

该研究采用 Materials Studio 17.2 软件中的 Dmol3 模块，利用 GGA-PBE 泛函（DFT 中

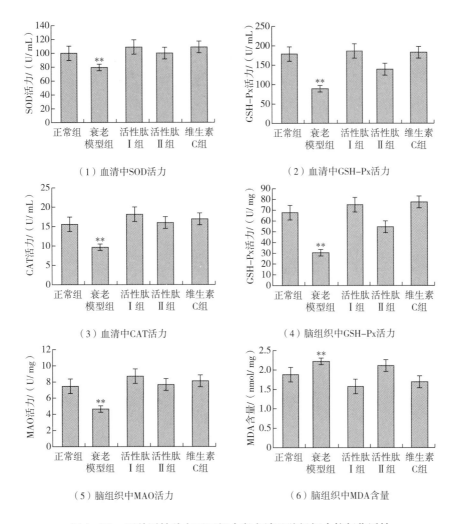

（1）血清中SOD活力　　　　　　　　　（2）血清中GSH-Px活力

（3）血清中CAT活力　　　　　　　　　（4）脑组织中GSH-Px活力

（5）脑组织中MAO活力　　　　　　　　（6）脑组织中MDA含量

图1-38　两种活性肽在不同组小鼠血清及脑组织中抗氧化活性

注：与正常组相比，** 表示差异极显著（$P<0.01$）；与衰老模型组相比，△表示差异显著（$P<0.05$），△△表示差异极显著（$P<0.01$）。

常用的一种交换关联泛函），并通过 Grimme 的 DFT-D 经验修正方案（为改进 DFT 在处理分子间色散相互作用方面的不足而提出），计算了两种肽及维生素 C 的电子结构特征指标。指标包括 Fukui 指数 $f^0(r)$ 及自由基反应活性位点，活性位点处电荷及键长，HOMO 能级（E_{HOMO}）和 LUMO 能级（E_{LUMO}）等。

1. 两种活性肽及维生素 C 的 Fukui 指数 $f^0(r)$ 及自由基反应活性位点

Fukui 指数 $f^0(r)$ 可反映局部反应活性，$f^0(r)$ 越大，相应原子作为自由基反应活性位点的可能性越高（Ona et al.，2016）。通过分析计算的结构，$f^0(r)$ 最大的 5 个原子如表1-13所示。这些原子位点更容易发生自由基清除反应，它们在分子中的位置如图1-39中圆圈处所示。

表 1-13　　　　　　　　两种活性肽及维生素 C 中高活性原子的 Fukui 指数

活性肽 Ⅰ		活性肽 Ⅱ		维生素 C	
原子	$f^0(r)$	原子	$f^0(r)$	原子	$f^0(r)$
N13	0.038	C24	0.058	C2	0.118
C24	0.093	O25	0.057	C3	0.094
O25	0.094	O26	0.039	O6	0.135
O26	0.056	N96	0.063	O7	0.115
C77	0.033	N102	0.131	O8	0.104

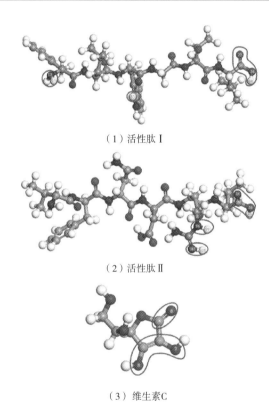

（1）活性肽 Ⅰ

（2）活性肽 Ⅱ

（3）维生素C

图 1-39　两种活性肽及维生素 C 的 Fukui 指数 $f^0(r)$ 活性原子示意图

　　结合表 1-13 和图 1-39 可知，活性肽 Ⅰ 的活性位点在亮氨酸的羧基、苯丙氨酸的氨基以及色氨酸吲哚环的双键上；活性肽 Ⅱ 的活性位点在亮氨酸的羧基以及精氨酸胍基的两个氨基上；维生素 C 的活性位点在五元环上的酯基以及另外两个羟基上。

2. 两种多肽活性位点处电荷及键长

　　由表 1-14 可知，活性肽 Ⅰ 中键长较长的分别是亮氨酸中的羧基、苯丙氨酸中的氨基及色氨酸吲哚环中的双键；活性肽 Ⅱ 中键长较长的分别是亮氨酸中的羧基和精氨酸胍基上的两个氨基。化学键键长越长越容易断裂，说明上述位点更有可能是自由基清除反应的活性位点。

表 1-14　　　　　　　　　两种活性肽及维生素 C 活性点位处电荷及键长

活性肽 I				活性肽 II				维生素 C			
原子	电荷量/e	化学键	键长/Å	原子	电荷量/e	化学键	键长/Å	原子	电荷量/e	化学键	键长/Å
N13	−0.2200	N13—H37	1.038	C24	0.1792	C24—O25	1.209	C2	0.0517	C2—C1	1.207
C24	0.1993	C24—O25	1.207	O25	−0.2423	C24—O26	1.333	C3	0.0270	C3—C2	1.349
O25	−0.2309	C24—O26	1.337	O26	−0.1470	O26—H46	0.981	O6	−0.2668	O6—C4	1.217
O26	−0.1451	O26—H48	0.989	N96	−0.1327	N96—H99	1.020	O7	−0.1703	O7—C3	1.355
C77	−0.0373	C77—H83	1.091	N102	−0.3186	N102—H105	1.031	O8	−0.1533	O8—C2	1.357

综合图 1-39、表 1-13 及表 1-14 可推测得出：

（1）活性肽 I、II 中 C 端的亮氨酸残基可释放活泼氢与自由基发生反应，终止自由基破坏生物大分子，起到抗氧化的作用。这个反应过程中，亮氨酸残基转化为羧基自由基，羧基自由基进一步脱除 CO_2，生成的 CO_2 使得体系熵增大，而亮氨酸的支链使空间位阻增大，这两者均有利于抗氧化反应进行。有研究显示，亮氨酸羧基可脱除 CO_2，并伴随着羧基上 H 的迁移（Mudedla et al.，2018）。另外一些研究证明，支链氨基酸尤其是亮氨酸，可有效减缓氧化应激，降低脂质过氧化水平，保持机体抗氧化系统的平衡（Jin et al.，2015）。细胞中自由基的生成位点在线粒体中，如果抗氧化肽的 N 端含有疏水性氨基酸残基，则会提高其在脂质-水界面的溶解性，使其易于进入线粒体中，发挥自由基清除作用（Wong et al.，2020）。活性肽 I 的 N 端为苯丙氨酸残基，活性肽 II 的 N 端为缬氨酸残基，二者均属于疏水性氨基酸，故两种活性肽在脂质-水界面的溶解性都会增大，有利于清除自由基。

（2）活性肽 I 中苯丙氨酸的 N—H 键明显偏长，说明残基上的氨基容易释放活泼氢，其 N 原子上的 p 电子与相邻 C—H 上的 σ 电子产生超共轭现象，使结构稳定，从而释放出活泼氢与自由基发生反应，起到抗氧化作用。此外，色氨酸残基吲哚环上容易发生离域 π 键共轭，可以使电荷的流动性增强，从而提供活泼氢来清除自由基（聂挺等，2015）。

（3）活性肽 II 中精氨酸残基的 N 原子带电较多。作为碱性氨基酸，精氨酸与金属离子可发生螯合反应，从而阻止 Cu^{2+}、Fe^{2+} 对生物大分子的氧化损伤（Phongthai et al.，2020；Zhang et al.，2020）；另外，精氨酸残基的胍基释放出活泼氢后，胍基上存在超共轭及共轭现象，使得结构稳定，起到清除自由基的作用。

3. 两种活性肽及维生素 C 的 HOMO 和 LUMO 结构及其能级

前线轨道（HOMO 和 LUMO）是量子化学中一个重要参数（李亚莎等，2018）。HOMO 能级（E_{HOMO}）越高，表示越可能提供电子；LUMO 能级（E_{LUMO}）越低，表明越容易接受电子；二者轨道能级差 $\Delta E = E_{LUMO} - E_{HOMO}$ 是一个重要的指标，ΔE 越小，表明分子活性越强，越易发生反应（李怡菲等，2021）。由图 1-40 可知，活性肽 I 的 HOMO 主要位于色氨酸的吲哚环上，其 LUMO 主要位于亮氨酸的羧基，说明电子转移是从 HOMO（色氨酸的吲哚环）转移到 LUMO（亮氨酸的羧基），与前述的电子流动方向和活性位点相符。活性肽 II 的电子转移主要发生在末端亮氨酸的羧基及相邻的精氨酸胍基上，转移路径较短，离域范围小。对照物维生素 C 的电子转移也发生在其自身的五元环内。因此，活性肽Ⅱ和维生素 C 的抗氧化能力明显比活性肽Ⅰ弱。表 1-15 显示，活性肽Ⅰ的 ΔE 为 3.400eV，活性肽Ⅱ的 ΔE 为 4.069eV，维生素 C 的 ΔE 为 3.763eV。活性肽Ⅰ因其 E_{HOMO} 最大，且相应的 ΔE 最小，显示出最强的自由基清除能力和抗氧化性，优于维生素 C 和活性肽Ⅱ；活性肽Ⅱ的 ΔE 最高，其抗氧化性比维生素 C 略逊一筹。这与衰老小鼠实验的结果相符。

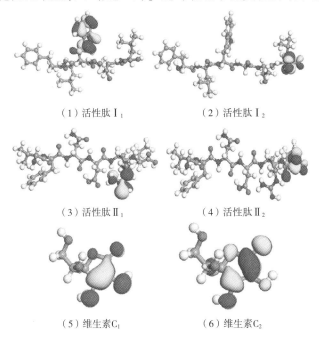

（1）活性肽Ⅰ₁　　　　（2）活性肽Ⅰ₂

（3）活性肽Ⅱ₁　　　　（4）活性肽Ⅱ₂

（5）维生素C₁　　　　（6）维生素C₂

下标 1 表示 HOMO；下标 2 表示 LUMO。

图 1-40　两种活性肽及维生素 C 的 HOMO 与 LUMO 结构图

表 1-15　　　　两种活性肽及维生素 C 的前线分子轨道能及其能级差

样品	E_{HOMO}/eV	E_{LUMO}/eV	ΔE/eV
活性肽Ⅰ	−4.528	−1.128	3.400
活性肽Ⅱ	−4.929	−0.860	4.069
维生素 C	−4.752	−0.989	3.763

第三节　荞麦蛋白抗氧化肽的生物活性

一、荞麦蛋白的提取

荞麦籽粒的蛋白质组分中，清蛋白含量最高，其次为谷蛋白、球蛋白；醇溶蛋白含量很低。这一分布特点决定了荞麦在加工性能上与小麦等禾谷类粮食作物存在显著差异（魏益民等，1995；Wei et al.，1992）。我们采用 Osborne 分级法进行荞麦蛋白的提取。Osborne 分级法与超声波法和酶法相比，具有成本低、设备简单、操作容易、提取速度快等优点，利于提取荞麦蛋白的工业化生产。荞麦的氨基酸组成较为合理，不仅包含人体必需的八种氨基酸，同时富含维持老年人和婴儿正常生理功能所必需的精氨酸和组氨酸。荞麦还富含在其他谷物中为限制性氨基酸的赖氨酸，赖氨酸具有较高的生物价值，这使荞麦与他谷类粮食有良好的互补性。

（一）内蒙古甜荞清蛋白、球蛋白、谷蛋白的 Osborne 法提取工艺

1. 清蛋白提取条件的确定

表 1-16 和表 1-17 为清蛋白提取条件试验结果。设定料液比 1、2、3 水平分别为 1：8、1：10 和 1：12，提取时间 1、2、3 水平分别为 25min、30min 和 35min。从表 1-16 中可以直观地看出，方案 A_3B_3 的提取率最高。通过极差 R 值的比较，可知影响本实验结果的因素主次顺序：料液比>提取时间，表明料液比是提取清蛋白的关键影响因素。比较 k_1、k_2 和 k_3 得最优方案为 A_3B_3。表 1-17 的 F 检验结果表明，料液比对结果有极显著差异，而提取时间无显著差异。认定最优方案为 A_3B_3。根据试验结果，对最适试验条件 A_3B_3 进行验证，多次重复实验表明，该提取条件稳定，重现性良好，提取率稳定在 90% 以上。综上所述，提取清蛋白的最适条件为料液比 1：12，提取时间为 35min。

表 1-16   清蛋白提取两向分组试验结果

实验号	A料液比	B提取时间/min	提取率/%
1	1	1	65.1
2	1	2	66.8
3	1	3	68.4
4	2	1	77.4
5	2	2	79.0
6	2	3	76.5
7	3	1	92.2
8	3	2	92.5
9	3	3	97.2
K_1	200.3	234.7	——
K_2	233.0	238.4	——
K_3	281.9	242.0	——
k_1	66.8	78.2	——
k_2	77.7	79.5	——
k_3	94.0	80.7	——
R	27.2	2.4	——

表 1-17   清蛋白提取两向分组试验方差分析

变异来源	偏差平方和	自由度	均方	F	显著性
因素 A	1123.4	2	561.7	146.2	**

续表

变异来源	偏差平方和	自由度	均方	F	显著性
因素 B	9.0	2	4.5	1.2	—
误差 E	15.4	4	3.8	—	—
总变异	1147.8	8	143.5	—	$F_{0.05}(2,2)=19.00$

2. 球蛋白提取条件的确定

通过实验发现，当 NaCl 浓度 10%、料液比 1∶12、提取时间 35min 时，球蛋白的提取率最高。通过极差 R 值的比较，得出影响本实验结果的因素主次顺序为 NaCl 浓度>料液比>提取时间，表明 NaCl 浓度是提取球蛋白的关键影响因素。通过比较 k_1、k_2 和 k_3，得出最优提取条件为 NaCl 浓度 10%、料液比 1∶12、提取时间 35min 或 45min，考虑到试验效率，确定最适提取方案为 NaCl 浓度 10%、料液比 1∶12、提取时间 35min。经 F 检验，NaCl 浓度对结果影响显著，而料液比和提取时间均无明显差异。根据试验结果，对最适试验条件 NaCl 浓度 10%、料液比 1∶12、提取时间 35min 进行验证，多次重复实验表明，该提取条件稳定，重现性良好，提取率达 90% 以上。综合上述分析可知，提取球蛋白的最适条件为 NaCl 浓度 10%、料液比 1∶12、提取时间 35min。

3. 谷蛋白提取条件的确定

由实验可知，当 NaOH 浓度 0.4%、料液比 1∶12、提取时间 35min 时，谷蛋白的提取率最高。通过极差 R 值的比较，得出影响本实验结果的因素主次顺序为 NaOH 浓度>料液比>提取时间，表明 NaOH 浓度是提取球蛋白的关键影响因素。通过比较 k_1、k_2 和 k_3，得出最优提取方案为 NaOH 浓度 0.4%、料液比 1∶12、提取时间 25min。经 F 检验，NaOH 浓度对结果有显著差异，而料液比和提取时间均无显著差异。根据试验结果，对最适试验条件 NaOH 浓度 0.4%、料液比 1∶12、提取时间 25min 进行验证，多次重复实验表明，该提取条件稳定，重现性良好，提取率达 85% 以上。综合上述分析可知，提取谷蛋白的最适条件为 NaOH 浓度 0.4%、料液比 1∶12、提取时间 25min。

（二）甜荞贮藏蛋白的组成分布

通过索氏抽提法测得内蒙古甜荞中脂肪所占比例为 2.89%。利用凯氏定氮法测得甜荞粉中总蛋白约占甜荞面粉的 15%。各贮藏蛋白成分的分布情况如表 1-18 所示。从表可看出，甜荞蛋白质中清蛋白为主要蛋白，占甜荞总蛋白的 42%，在脱脂甜荞粉中的比例为 6.32%。谷蛋白和球蛋白分别占总蛋白的 32% 和 22%。值得注意的是盐溶蛋白（清蛋白和球蛋白）占总蛋白的 64%。

表 1-18　　　　　　　　　　蛋白质组分在甜荞中的分布

蛋白类型	脱脂粉中的分布/%	总蛋白中的分布/%
清蛋白	6.32	42
球蛋白	3.27	22

续表

蛋白类型	脱脂粉中的分布/%	总蛋白中的分布/%
谷蛋白	4.74	32
其他蛋白	1.35	4
总和	15.68	100

（三）甜荞清蛋白、球蛋白、谷蛋白的硫酸铵盐析

1. 清蛋白硫酸铵盐析浓度的确定

蛋白质在水中的溶解度取决于蛋白质分子表面离子基团周围的水分子数目，即取决于蛋白质的水合程度。因此，通过控制水合程度，即能控制蛋白质的溶解度。控制蛋白质溶解度最常用的方法是加入无机盐硫酸铵。因为硫酸铵在水中稳定性高，溶解度大，且为温和的试剂，在蛋白质提纯过程中即使使用高浓度，也不会导致蛋白质生物活性的丧失。由于不同蛋白质的表面极性基团带电数目及其在蛋白质表面上的分布不同，导致盐析时存在顺序上的先后差异，因此采用硫酸铵分级蛋白，既可以除去部分杂蛋白，又可以保持蛋白质的生物活性。根据未沉淀蛋白量与硫酸铵浓度的相关性作图，我们得到典型的清蛋白盐析曲线，如图 1-41 所示。随着硫酸铵浓度从 20% 逐渐增加到 50% 时，未沉淀蛋白量非但未减少，反而呈现上升趋势，这可能是由于低盐浓度下蛋白的盐溶现象（陆健，2005）。随着硫酸铵浓度继续升高，未沉淀蛋白量急剧减少，表明大量蛋白沉淀。直到硫酸铵浓度达到 100% 时，溶液中蛋白质几乎完全沉淀。由此可以看出，清蛋白的盐析饱和度为 100%。

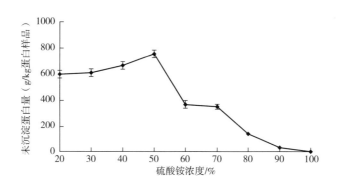

图 1-41　清蛋白硫酸铵盐析浓度曲线

2. 球蛋白硫酸铵盐析浓度的确定

基于未沉淀蛋白量与硫酸铵浓度的相关性作图，我们得到典型的球蛋白盐析曲线，如图 1-42 所示。随着硫酸铵浓度从 20% 增加到 30% 时，未沉淀蛋白量增加。随着硫酸铵浓度继续增加，未沉淀蛋白量呈减少趋势，表明溶液中大量蛋白沉淀。直到浓度达到 80% 时，溶液中的未沉淀蛋白含量降至最低，而后未沉淀蛋白量又有所增加，可能是因为部分蛋白回溶到溶液当中。由此确定球蛋白的盐析饱和度为 80%。

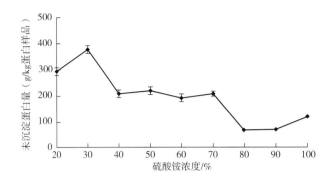

图1-42　球蛋白硫酸铵盐析浓度曲线

3. 谷蛋白硫酸铵盐析浓度的确定

通过控制未沉淀蛋白量与硫酸铵浓度的关系图，我们得到谷蛋白盐析曲线，如图1-43所示。由图可得，当硫酸铵浓度从20%增加到30%时，未沉淀蛋白量增加，与球蛋白一致，谷蛋白也出现盐溶现象。随着硫酸铵浓度继续增加，未沉淀蛋白量呈骤减趋势，表明溶液中蛋白大量沉淀。直到浓度达到70%时，溶液中未沉淀蛋白含量几乎为0。而后随着浓度增加，溶液中蛋白量又明显增加，表明有大量蛋白回溶到溶液当中。由此可得谷蛋白的盐析饱和度为70%。

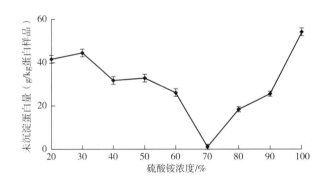

图1-43　谷蛋白硫酸铵盐析浓度曲线

通过对甜荞贮藏蛋白硫酸铵盐析的研究可以看出，盐析技术可达到除去部分杂蛋白的目的。因此，本实验采用各贮藏蛋白的最适硫酸铵饱和度进行分级盐析，以达到纯化的目的。

（四）甜荞主要贮藏蛋白的纯化与电泳分析

1. 清蛋白的纯化与电泳分析

盐析后的清蛋白经阴离子交换柱层析进一步纯化，在280nm处吸光值随洗脱时间变化的图谱如图1-44所示。当使用不含NaCl的起始缓冲液进行洗脱时，非结合蛋白（峰A和峰B组分）被洗脱出来。随后在0~0.5mol/L NaCl线形梯度洗脱后依次在0.03、0.25、0.4mol/L梯度上出现峰C、峰D和峰E。其中，峰D的峰面积远远大于峰C和峰E，表明在盐析清蛋白中峰D蛋白含量最高。

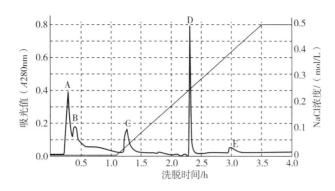

图 1-44 甜荞清蛋白的阴离子交换层析色谱图

注：洗脱条件为 DEAE-纤维素柱，20mmol/L Tris-HCl 缓冲液，pH 7.4，4℃，0~0.5mol/L NaCl 梯度洗脱。

对甜荞清蛋白粗提物、盐析后清蛋白及其经离子交换纯化后各峰蛋白进行聚丙烯酰胺凝胶电泳（SDS-PAGE）分析（图 1-45）。从图中可看出，甜荞清蛋白粗提物（泳道 2）在 65~15ku 区间有条带分布，经盐析后清蛋白（泳道 3）66~44ku 区间的条带被去除，大部分条带聚集在 43~29ku 及 17~14ku 区间。经阴离子交换后 C 峰（泳道 4）的条带出现在 16ku、18ku 处，峰 E（泳道 6）的条带集中在 29~40ku 区间。蛋白含量最高的峰 D（泳道 5）由 3 条蛋白带组成，分别分布在 43ku、31ku、15ku。

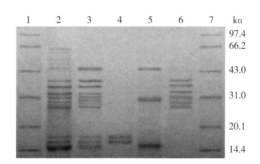

1 和 7—标准蛋白；2—清蛋白粗提物；3—盐析后清蛋白；4—峰 C 收集蛋白；

5—峰 D 收集蛋白；6—峰 E 收集蛋白。

图 1-45 甜荞清蛋白的 SDS-PAGE 图谱

2. 球蛋白、谷蛋白的纯化与电泳分析

盐析的球蛋白经溶解后进行阴离子交换柱层析，280nm 处吸光值随洗脱时间变化的图谱见图 1-46。当使用不含 NaCl 的起始缓冲液洗脱蛋白样品时，非结合蛋白（峰 F）被洗脱出来。随后在 0~0.5mol/L NaCl 线形梯度洗脱后依次在 0.25mol/L 和 0.4mol/L 梯度上出现 2 个洗脱峰，即峰 G 和峰 H。其中峰 H 的峰面积远远大于峰 G，说明其蛋白含量最高。

甜荞球蛋白粗提物、盐析后球蛋白及其经离子交换纯化后各峰蛋白，均通过 SDS-PAGE 进行了分析，如图 1-47 所示。从图中可以看出，甜荞球蛋白粗提物（泳道 2）的条

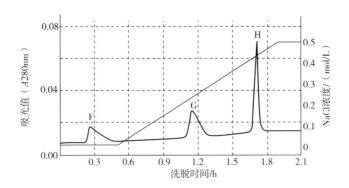

图1-46　甜荞球蛋白的阴离子交换层析色谱图

注：洗脱条件为 DEAE-纤维素柱，20mmol/L Tris-HCl 缓冲液，pH7.4，4℃ 0~0.5mol/L NaCl 线性梯度洗脱。

带主要集中在低分子质量区域，在 43ku、32ku、28ku、23ku 以及 13~18ku 范围内均有分布。经盐析后球蛋白（泳道3）在 18~13ku 间的条带被去除，阴离子交换后蛋白含量高的 H 峰（泳道5）蛋白条带分布在 31ku、30ku。

图1-47 中谷蛋白的电泳条带不清晰，可能是因为谷蛋白分子量较大且溶解性较低，导致其不能充分的溶解并进入凝胶中。对谷蛋白粗提物进行盐析及层析纯化，但未能得到满意的结果。

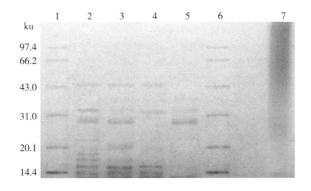

1 和 6—标准蛋白；2—球蛋白粗提物；3—盐析后球蛋白；4—峰 G 收集蛋白；

5—峰 H 收集蛋白；7—谷蛋白粗提物。

图1-47　甜荞球蛋白、谷蛋白的 SDS-PAGE 图谱

二、荞麦蛋白酶解制备抗氧化肽工艺

蛋白质经酶水解产生的多肽比原蛋白和单一氨基酸更易被人体吸收（张国权等，2007）。蛋白质经消化道酶作用后，并非以完全游离氨基酸的形式被吸收，而是主要以低肽形式被吸收，即水解后的低肽比原蛋白质具有更优的营养吸收性。多肽还具有多种生物活性，如促进免疫、激素调节、抗菌、抗氧化、抗病毒、降血压、降血脂等（Kayashta et al.，1997）。最近的研究表明，植物源多肽普遍具备抗氧化活性，如大豆肽、玉米肽、小麦肽和花生肽（周小理等，2006）。荞麦蛋白因其高生物效价和合理的氨基酸组成，被视为荞麦的重要活性成分之一。

（一）荞麦清蛋白酶解工艺条件的确定

1. 最适作用酶的选择

选取碱性蛋白酶、木瓜蛋白酶、胰蛋白酶，分别在各自最适条件下对荞麦清蛋白进行水解。采用碱性蛋白酶水解荞麦清蛋白时，水解度最大可达到22.59%，对超氧自由基（$O_2^-\cdot$）的清除率高达33.86%；相比之下，胰蛋白酶和木瓜蛋白酶的水解度均较小，仅为6.8%和3.4%，对$O_2^-\cdot$清除率也相对较低。因此我们选择碱性蛋白酶进行后续的研究。

2. 荞麦清蛋白酶解条件优化

对于水解度而言，最优水平组合为温度55℃、pH为10、底物浓度20g/L、酶与底物比为10%。各因素对水解度影响的主次顺序为酶与底物比>pH>底物浓度>温度。对于$O_2^-\cdot$清除率而言，最优水平组合是温度50℃、pH为10、底物浓度20g/L、酶与底物比为10%，各因素影响的主次顺序：底物浓度>酶与底物比>温度>pH。考虑温度对清除率的影响大于水解度，我们确定碱性蛋白酶酶解荞麦清蛋白的最佳工艺条件：温度50℃、pH为10、底物浓度20g/L、酶与底物比为10%。对此结果进行多次重复实验，发现该水解条件稳定，重现性良好，水解度达17.57%，对$O_2^-\cdot$清除率达37.06%。

（二）荞麦球蛋白酶解工艺条件的确定

1. 最适作用酶的选择

与水解荞麦清蛋白选择最适酶的条件一致，我们对荞麦球蛋白的最适酶进行了选择。实验结果表明，选用碱性蛋白酶明显优于胰蛋白酶和木瓜蛋白酶。随着水解时间的延长，采用碱性蛋白酶时水解度呈先快后慢的变化趋势，最高水解度可达到20.03%，清除$O_2^-\cdot$能力也可达到50.1%。

2. 荞麦球蛋白酶解条件优化

对于水解度而言，最优水平组合为加酶量20000U/g、温度55℃、pH为9、底物浓度5%。各因素主次顺序：加酶量>pH>底物浓度>温度。对于$O_2^-\cdot$清除率而言，最优水平组合是加酶量20000U/g、温度55℃、pH为8、底物浓度5%。各因素主次顺序：底物浓度>加酶量>pH>温度。考虑pH对水解度的影响大于清除率，综合各因素影响大小，我们确定碱性蛋白酶水解荞麦球蛋白的最佳工艺为加酶量20000U/g、温度55℃、pH为9、底物浓度5%。我们对此结果进行多次重复实验，发现该水解条件稳定，重现性良好，水解度达20%，对$O_2^-\cdot$清除率达58%。

（三）荞麦谷蛋白酶解工艺条件的确定

1. 最适作用酶的选择

与荞麦清蛋白、球蛋白最适作用酶的选择方法一致，实验结果表明，采用碱性蛋白酶水解荞麦谷蛋白时，水解度可达到21.3%，对$O_2^-\cdot$清除率可达22.77%；而胰蛋白酶和木瓜蛋白酶的水解度均较小，分别为7.86%和3.48%，对$O_2^-\cdot$清除率都较低。因此我们选择碱性蛋白酶进行后续的研究。

2. 荞麦谷蛋白酶解条件优化

各因素对水解度影响的大小顺序为：酶底比>pH>底物浓度>温度，最佳水解条件为温度 45℃、pH 为 10、底物浓度 30g/L、酶与底物比为 10%。各因素对 O_2^-·清除率影响的大小顺序：底物浓度>酶底比>pH>温度，最佳水解条件为温度 55℃、pH 为 9、底物浓度 30g/L、酶与底物比为 10%。考虑 pH 对水解度的影响大于清除率，我们确定碱性蛋白酶酶解荞麦谷蛋白的最佳工艺条件为温度 45℃，pH 为 10，底物浓度 30g/L，酶底比为 10%。我们对最适试验条件进行多次重复实验，结果表明该水解条件稳定，重现性良好，水解度达 20.72%，对 O_2^-·清除率达 45.27%。

三、荞麦蛋白酶解产物的分离纯化及体外抗氧化活性

近年来，多项研究发现蛋白质主要以短肽的形式被机体完整吸收，而并非单一氨基酸。蛋白质在合适的酶解条件下获得短肽，其营养价值比原蛋白质更高（Thakur etal.，2015）。生物活性肽是由少数氨基酸通过肽键聚合而成的具有特定生理功能的化合物，其相对分子质量小于大分子蛋白质，一般介于 50~1000u，其性质也与氨基酸和蛋白质有所差别（Madureira et al.，2010；罗小雨等，2019）。生物活性肽有益于机体完成各种生理活动，例如能够明显维持和提升人体工作和运动能力，迅速恢复体力、消除疲劳感以及增强肌肉力量，可作为保健食品的特殊成分（Zhu，2016）。

（一）荞麦清蛋白酶解产物的分离纯化与分子质量测定

1. 层析分离荞麦清蛋白酶解产物的分离纯化

依照最佳酶解工艺酶解荞麦清蛋白，得到的酶解产物通过 Sephadex G-25 凝胶层析柱进行分离采用适宜的流动相进行洗脱，得到两个组分，分别为组分Ⅰ和组分Ⅱ，其洗脱曲线见图 1-48。

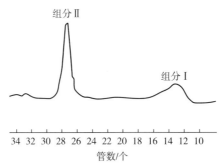

图 1-48　Sephadex G-25 柱层析分离荞麦清蛋白酶解产物的洗脱曲线

2. 荞麦清蛋白酶解组分分子质量测定

以 BSA（牛血清白蛋白，分子质量为 66.43ku）、维生素 B_{12}（分子质量为 1.356ku）、氧化型谷胱甘肽（分子质量为 0.6126ku）、L-酪氨酸（分子质量为 0.1812ku）作为标准样，根据这些标准物的分子质量对数值（lg M）和各自的洗脱体积（Ve）绘制标准曲线，见图 1-49。根据图 1-49 得出的两个组分的洗脱体积（Ve），可求出组分Ⅰ的分子质量范围为 20.89~204.2ku，组分Ⅱ的分子质量范围为 219~691u。

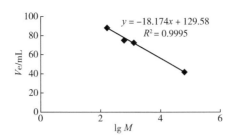

图 1-49　分子质量对数值与洗脱体积关系的标准曲线

（二）荞麦清蛋白酶解产物的抗氧化活性

1. 对超氧自由基的清除作用

如图 1-50 所示，荞麦清蛋白酶解液及其分离组分Ⅰ、组分Ⅱ对超氧自由基的（$O_2^-\cdot$）均表现出一定的清除作用。随着浓度的增加，清除率呈上升趋势。酶解液、组分Ⅰ和组分Ⅱ对 $O_2^-\cdot$ 的半抑制浓度（IC_{50}）分别为 0.25mg/mL、0.145mg/mL、0.072mg/mL。由此可以推出，组分Ⅱ清除 $O_2^-\cdot$ 的能力明显高于组分Ⅰ和未经分离的酶解液。

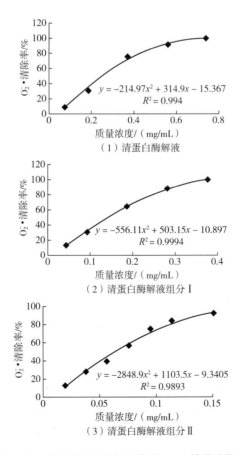

图 1-50　荞麦清蛋白酶解产物对 $O_2^-\cdot$ 的清除作用

2. 对羟自由基的清除作用

如图 1-51 所示，荞麦清蛋白酶解液及其分离得到的组分 I 和组分 II 对羟自由基（·OH）均具有清除作用，并且随着浓度的增加，清除率呈上升趋势。其 IC_{50} 分别为 1.46mg/mL、0.26mg/mL、0.19mg/mL。其中，组分 II 清除·OH 的能力明显高于其他两种物质。

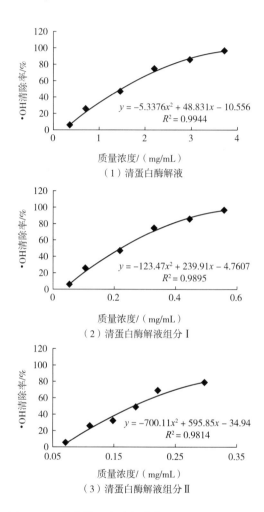

图 1-51　荞麦清蛋白酶解产物对·OH 的清除作用

3. 对 DPPH 自由基的清除作用

由图 1-52 可见，荞麦清蛋白酶解产物及其分离所得的组分 I 和组分 II 对 DPPH·均表现出清除能力。其 IC_{50} 分别为 1.22mg/mL、0.36mg/mL、0.32mg/mL。由此可见，组分 I 和组分 II 清除 DPPH·的能力相近，都强于未分离之前的荞麦清蛋白酶解产物。

综合以上结果，荞麦清蛋白酶解产物及其分离所得的组分 I 和组分 II 这三种物质清除 O_2^-·的能力最强，其次为·OH，清除 DPPH·的能力最弱。组分 II 对三种自由基清除能力表现：O_2^-·>·OH>DPPH·，其清除三种自由基的 IC_{50} 均最低：0.072mg/mL、0.19mg/mL、0.32mg/mL。

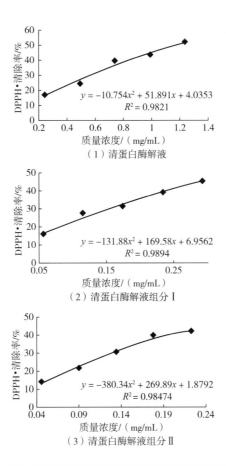

图1-52　荞麦清蛋白酶解产物对DPPH·的清除作用

（三）荞麦球蛋白酶解产物的分离纯化与分子质量测定

1. 荞麦球蛋白酶解产物的分离纯化

荞麦球蛋白的酶解产物经过葡聚糖凝胶 G-25（Sephadex G-25）凝胶过滤色谱分析，分离得到 3 个主要组分（图1-53）。

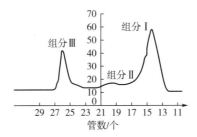

图1-53　Sephadex G-25 柱层析分离荞麦球蛋白酶解产物的洗脱曲线

2. 荞麦球蛋白酶解产物各组分分子质量测定

根据回归方程，结合图1-49的标准曲线可以计算得出，组分Ⅰ为大分子质量的物质，分子质量在 11.185~86.005ku。组分Ⅱ分子质量居中，集中在 1.905~5.495ku，而组分Ⅲ为分子质量小于 1ku 的寡肽，推测其基本上是由一些小肽或氨基酸组成。

（四）荞麦球蛋白酶解产物及各分离组分的抗氧化能力

经过 Sephadex G-25 凝胶过滤色谱分析，分离得到 3 个主要组分，分别测定各分离组分清除超氧自由基（$O_2^-\cdot$）、羟自由基（$\cdot OH$）与 DPPH 自由基（$DPPH\cdot$）的能力，结果表明只有组分Ⅰ、组分Ⅲ具有活性。荞麦球蛋白酶解产物清除 3 种自由基能力的具体实验结果如下。

1. 对超氧自由基的清除能力

由图 1-54 至图 1-56 可知，荞麦球蛋白酶解产物及其分离组分Ⅰ、组分Ⅱ对 $O_2^-\cdot$ 均有一定的清除能力，且随浓度的增加，清除率上升，量效关系明显，符合二次曲线方程。经计算其 IC_{50} 分别为 2.54mg/mL、1.01mg/mL、0.75mg/mL。组分Ⅲ清除 $O_2^-\cdot$ 的能力明显高于组分Ⅰ和未经分离的荞麦球蛋白酶解产物。

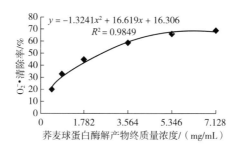

图 1-54　荞麦球蛋白酶解产物对 $O_2^-\cdot$ 的清除能力

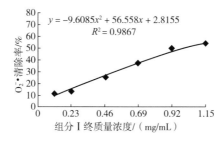

图 1-55　组分Ⅰ对 $O_2^-\cdot$ 的清除能力

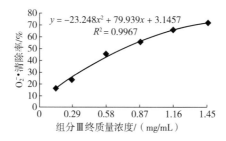

图 1-56　组分Ⅲ对 $O_2^-\cdot$ 的清除能力

2. 对羟自由基的清除能力

由图 1-57 至图 1-59 可见，荞麦球蛋白酶解产物在质量浓度小于 5mg/mL 时，对·OH 的清除率呈现负值，说明其在低质量浓度时存在促进反应的因素，但经过凝胶柱层析分离后得到的组分 Ⅰ 和组分 Ⅲ 并没有显示出助氧化的作用。各样品质量浓度与羟自由基清除率之间符合二次曲线方程，经计算其 IC_{50} 分别为荞麦球蛋白酶解产物 14.91mg/mL，组分 Ⅰ 0.917mg/mL，组分 Ⅲ 0.897mg/mL。组分 Ⅲ 显示了较强的清除·OH 的能力。

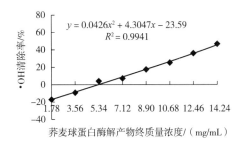

图 1-57　荞麦球蛋白酶解产物对·OH 的清除能力

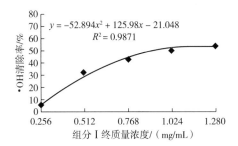

图 1-58　组分 Ⅰ 对·OH 的清除能力

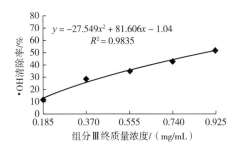

图 1-59　组分 Ⅲ 对·OH 的清除能力

3. 对 DPPH 自由基的清除能力

从图 1-60 至图 1-62 可以看出，3 种物质对 DPPH· 均有一定的清除作用，经计算其 IC_{50} 分别为荞麦球蛋白酶解产物 4.00mg/mL，组分 Ⅰ 0.71mg/mL，组分 Ⅲ 0.38mg/mL。各种物质对 DPPH· 的清除活性依次为：组分 Ⅲ>组分 Ⅰ>酶解液。同样组分 Ⅲ 显示出了较强的清除 DPPH· 的能力。

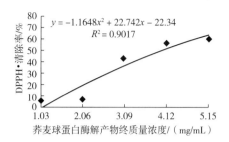

图 1-60　荞麦球蛋白酶解液对DPPH·的清除能力

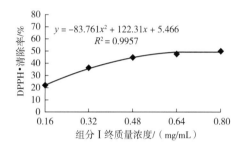

图 1-61　组分Ⅰ对DPPH·的清除能力

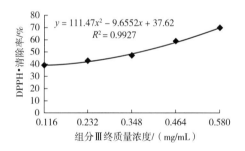

图 1-62　组分Ⅲ对DPPH·的清除能力

（五）荞麦谷蛋白酶解产物的分离纯化与分子质量测定

依照最佳酶解工艺酶解荞麦谷蛋白，得到的酶解产物通过 Sephadex G-25 凝胶层析柱进行分离，得到两个组分：组分Ⅰ和组分Ⅱ。其洗脱曲线见图 1-63。

根据图 1-49 标准曲线以及图 1-63 得出的两个组分的洗脱体积 Ve，可求出组分Ⅰ的分子质量范围为 20.89~95.5ku，组分Ⅱ的分子质量范围为 2.138~4.570ku。

（六）荞麦谷蛋白酶解产物的抗氧化能力

1. 对超氧自由基的清除能力

如图 1-64 至图 1-66 所示，荞麦谷蛋白酶解产物及其分离所得的组分Ⅰ和组分Ⅱ对 O_2^-·

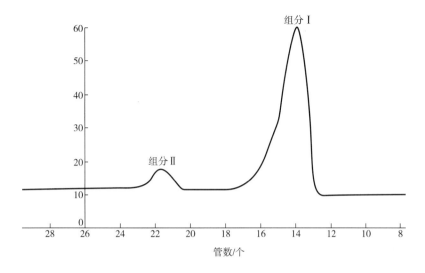

图 1-63　Sephadex G-25 柱层析分离荞麦谷蛋白酶解产物的洗脱曲线

均具有一定的清除作用，并且随着浓度的增加，清除率呈上升趋势。经计算其 IC_{50} 分别为 1.05mg/mL、0.31mg/mL、0.64mg/mL。组分 I 清除 $O_2^-\cdot$ 的能力明显高于组分 II 和未经分离的荞麦谷蛋白酶解产物。

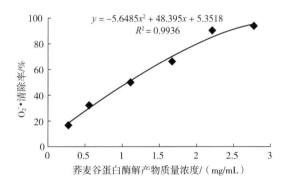

图 1-64　荞麦谷蛋白酶解产物对 $O_2^-\cdot$ 的清除能力

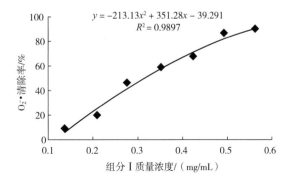

图 1-65　组分 I 对 $O_2^-\cdot$ 的清除能力

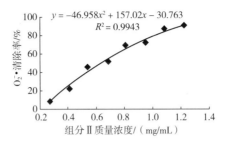

图 1-66　组分Ⅱ对 $O_2^-\cdot$ 的清除能力

2. 对羟自由基的清除能力

如图 1-67 至图 1-69 所示，荞麦谷蛋白酶解产物及其分离所得的组分Ⅰ和组分Ⅱ对·OH 均具有清除作用，并且随着浓度的增加，清除率呈上升趋势。经计算，其 IC_{50} 分别为 0.8mg/mL、0.21mg/mL、0.45mg/mL。其中，组分Ⅰ清除·OH 的能力明显高于其他两种物质。

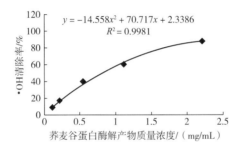

图 1-67　荞麦谷蛋白酶解产物对·OH 的清除能力

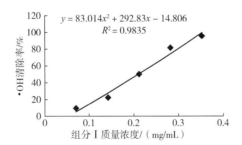

图 1-68　组分Ⅰ对·OH 的清除能力

3. 对 DPPH 自由基的清除能力

由图 1-70 至图 1-72 可见，荞麦谷蛋白酶解产物及其分离所得的组分Ⅰ和组分Ⅱ对 DPPH·均具有清除能力，并且随着质量浓度的增加，清除率呈上升趋势。经计算，其 IC_{50} 分别为 1.3mg/mL、0.24mg/mL、0.74mg/mL。

综合以上结果，组分Ⅰ和组分Ⅱ对 $O_2^-\cdot$、·OH、DPPH·的清除能力强于荞麦谷蛋白酶解产物。组分Ⅰ对三种自由基清除能力最强，表现为·OH>DPPH·>$O_2^-\cdot$，其 IC_{50} 分别为 0.21mg/mL、0.24mg/mL、0.31mg/mL。

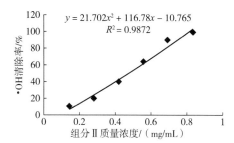

图 1-69　组分Ⅱ对·OH 的清除能力

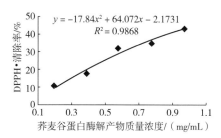

图 1-70　荞麦谷蛋白酶解产物对DPPH·的清除能力

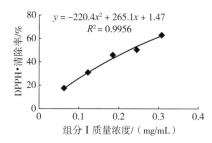

图 1-71　组分Ⅰ对DPPH·的清除能力

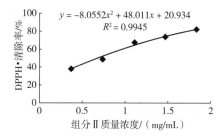

图 1-72　组分Ⅱ对DPPH·的清除能力

📚 本章结论

（1）以裸燕麦总蛋白和谷蛋白为底物，分别使用碱性蛋白酶、胰蛋白酶、复合蛋白酶在适宜条件下进行水解，通过水解度和·OH 清除率评估酶解效果。结果表明，裸燕麦总蛋白与谷蛋白在碱性蛋白酶 Alcalase 的作用下，均展现出较高的水解度与·OH 清除率。通过单因素和正交试验优化水解工艺条件，确定总蛋白的最优酶解条件为底物浓度 10g/L、酶用量 10%、pH 8.5、温度 60℃，该条件下制备的裸燕麦总蛋白水解度超过 40%，·OH 清除率超过 50%；谷蛋白最优酶解条件为底物浓度 10g/L、酶用量 10%、pH 8.5、温度 55℃，该条件下制备的裸燕麦谷蛋白水解度近 40%，·OH 清除率超过 60%。

（2）采用 5 种体外抗氧化检测方法，测定了不同浓度下裸燕麦总蛋白酶解物与谷蛋白酶解物的抗氧化活性。研究发现，裸燕麦总蛋白酶解物与谷蛋白酶解物的抗氧化活性与其浓度呈现明显的量效关系，表明它们是有效的氢供体和电子供体，具有清除·OH、O_2^-·、DPPH·和过氧化氢的能力，以及良好的还原能力。

（3）通过离子交换层析分离纯化裸燕麦总蛋白酶解物，得到 5 个组分，其中碱性组分 E 的·OH 与 DPPH·清除能力最强，IC_{50} 分别为 1.79mg/mL 和 1.54mg/mL。从谷蛋白酶解物分离纯化的 4 个组分中，碱性组分 D 的·OH 与 DPPH·清除能力最强，IC_{50} 分别为 1.53mg/mL 和 1.28mg/mL。进一步对谷蛋白组分 D 进行半制备型液相色谱分离，得到 2 个组分，其中组分 D-1 的抗氧化活性较高。进而采用分析型液相色谱对组分 D-1 进一步分离纯化，得到主要组分 D-1a，其清除·OH 的 IC_{50} 值低至 0.68mg/mL。经反相高效液相色谱分析鉴定 D-1a 为单一峰。裸燕麦谷蛋白酶解物经离子交换层析和反相高效液相色谱分离纯化后其清除自由基作用大幅度提高。

（4）对组分 D-1a 进行氨基酸组成分析，发现该抗氧化肽含有 7 个氨基酸，其中包含疏水性氨基酸 His 和 Pro，芳香性氨基酸 Tyr，以及非极性脂肪族氨基酸 Ala；这些氨基酸对肽段的抗氧化活性起着关键作用。经过 ESI-MS/MS 质谱分析鉴定抗氧化活性肽 D-1a 的相对分子质量为 784.38，氨基酸序列为 HYNAPAL（His-Tyr-Asn-Ala-Pro-Ala-Leu）。

（5）SDS-PAGE 电泳分析结果显示，裸燕麦球蛋白在 18.4ku～66.2ku 上都有条带分布，主要分布在 18.4ku～45.0ku 范围。

（6）碱性蛋白酶水解物清除·OH 和 DPPH·的能力均比胃蛋白酶和胰蛋白酶水解物强，采用碱性蛋白酶裸燕麦球蛋白的最佳条件：酶用量 5%、底物浓度 15%、温度 45℃、pH 为 8.0。在此条件下水解度达 75.65%，·OH 清除率达 60.86%。

（7）选用阳离子交换树脂对组分分离结果显示，各组分中 C 组分清除·OH 与 DPPH·的 IC_{50} 值最低，分别为 1.83mg/mL、4.11mg/mL。由此可得，其清除·OH 和 DPPH·的能力强于其他组分。组分 A 为酸性氨基酸，组分 C 是碱性氨基酸，组分 C 比组分 A 的抗氧化活性好。

（8）选取离子交换层析分离得到清除自由基活性最强组分 C，冷冻干燥后进行质谱鉴定，经鉴定组分 C 中有多个不同分子质量的球蛋白肽，其中选取响应值较高的五个肽，它们的质荷比（m/z）分别为 723.5007、735.3989、919.4763、943.5855 和 1343.7643。这些母离子经过质谱分析获得二级结构谱图，氨基酸序列分别为 IRIPIL、FLKPMT、

NSKNFPTL、LIGRPIIY、FNDILRRGQLL。

（9）裸燕麦球蛋白多肽可以有效提高 D-gal 致衰老小鼠体质量及脏器指数，增强小鼠血清中 SOD、GSH-Px 及 CAT 的活性，增强肝、脑组织中 GSH-Px 活性，降低肝、脑组织中 MAO-B 活性以及 MDA 含量。这些结果表明裸燕麦球蛋白多肽可清除衰老小鼠体内过量的自由基，减少其对机体的损害。灌胃 600~1000mg/（kg mb·d）裸燕麦球蛋白多肽与灌胃 100mg/（kg mb·d）维生素 C 的作用相当，这提示裸燕麦球蛋白多肽具有较强的清除体内自由基的作用。

（10）采用 UPLC-Q-TOF MS 结合多元统计学方法，笔者研究了 D-gal 致衰老小鼠在裸燕麦球蛋白多肽干预下的脑组织代谢变化。通过分析，共筛选出 17 种显著差异代谢物及其参与的 6 条代谢通路，揭示了灌胃裸燕麦球蛋白多肽后对 D-gal 致衰老小鼠体内代谢紊乱的干预机制。结果表明：裸燕麦球蛋白多肽通过升高小鼠脑组织中乙酰胆碱、甘油磷酸胆碱、溶血磷脂酰胆碱、CDP-胆碱、sn-甘油 3-磷酸乙醇胺的含量，改善 D-gal 致衰老小鼠体内甘油磷脂代谢；通过升高 L-肉碱、L-棕榈酰肉碱的含量，促进脂肪酸的 β 氧化，进而使紊乱的脂肪酸代谢得到恢复；通过改善不饱和脂肪酸的生物合成来提高 EPA 含量，增强机体清除自由基的能力；另外，裸燕麦球蛋白多肽通过调节嘌呤代谢，从而降低腺嘌呤、腺苷、尿酸的含量，缓解衰老小鼠体内的氧化应激；裸燕麦球蛋白多肽还通过调节半胱氨酸和蛋氨酸代谢、神经活性配体-受体相互作用，从而降低 S-腺苷-L-同型半胱氨酸含量，提高小鼠体内 NAAG 含量，对小鼠的神经系统起到保护作用，延缓衰老过程并增强了抗氧化能力。

（11）由衰老模型小鼠体内指标的测定结果可知，灌胃两种裸燕麦活性肽后，各治疗组均显示出良好的抗氧化效果。其中，活性肽Ⅰ的治疗效果更好，表明活性肽Ⅰ的抗氧化性更强。通过量子化学理论计算，得到 Fukui 指数、键长、前线分子轨道能级及其能级差。结果表明，活性肽Ⅰ的自由基反应活性位点在亮氨酸的羧基、苯丙氨酸的氨基以及色氨酸的吲哚环双键上；活性肽Ⅱ的自由基反应活性位点在亮氨酸的羧基以及精氨酸胍基的两个氨基上；活性肽Ⅰ的电子离域范围大且 LUMO 和 HOMO 的能级差（ΔE）最小，因此其抗氧化活性最强，优于活性肽Ⅱ和常用的抗氧化剂维生素 C。

（12）提取甜荞清蛋白最适条件为料液比 1∶12，提取时间为 35min；球蛋白为 NaCl 浓度 10%，料液比 1∶12，提取时间为 35min；谷蛋白为 NaOH 浓度 0.4%，料液比 1∶12，提取时间为 25min；甜荞各贮藏蛋白最适提取次数为 4 次，提取率均达 90% 以上。内蒙古甜荞中总蛋白约占甜荞面粉的 15%，其中清蛋白为主要蛋白，占甜荞总蛋白的 42%，在脱脂甜荞粉中的比例为 6.32%。其次是谷蛋白（占总蛋白的 32%）和球蛋白（占总蛋白的 22%）。其中盐溶蛋白（清蛋白和球蛋白）占总蛋白的 64%。

（13）对甜荞清蛋白粗提物及离子交换层析纯化物的 SDS-PAGE 分析表明，甜荞清蛋白粗提物组分复杂，分布范围广，在 65~15ku 范围内都有条带分布。经盐析和阴离子交换层析后出现 3 个蛋白峰，其中峰 C 条带出现在 16ku、18ku，峰 E 的条带集中在 29~40ku 区间。蛋白含量最高的峰 D 由 3 条蛋白带组成，分别分布在 43ku、31ku、15ku。对甜荞球蛋白粗提物及离子交换层析纯化物的 SDS-PAGE 分析表明，甜荞球蛋白粗提物主要集中在低分子质量区域，在 43ku、32ku、28ku、23ku、13~18ku 处均有条带分布，经盐析后小分子蛋白（如 18~13ku 间）的条带被去除，阴离子交换层析后蛋白条带主要分布在 31ku 和 30ku。

（14）采用碱性蛋白酶水解荞麦清蛋白、球蛋白和谷蛋白效果优于胰蛋白酶和木瓜蛋白酶。碱性蛋白酶酶解荞麦清蛋白的最佳工艺条件为温度 50℃、pH 10、底物浓度 20g/L、酶与底物比 10%。碱性蛋白酶酶解荞麦球蛋白的最佳工艺条件为加酶量 20000U/g、温度 55℃、pH 9、底物浓度 5%、反应时间 2h。碱性蛋白酶酶解荞麦谷蛋白的最佳工艺条件为温度 45℃、pH 10、底物浓度 30g/L、酶底比 10%。在最佳酶解条件下，水解度可达 20.72%。

（15）荞麦清蛋白酶解产物通过 Sephadex G-25 柱层析分离后得到两个组分，组分 Ⅰ 的分子质量范围为 20.89~204.2ku，组分 Ⅱ 的分子质量范围为 219~691u。采用 Sephadex G-25 凝胶过滤色谱对荞麦球蛋白酶解液进行分离，收集得到 3 个组分，确定了组分 Ⅰ 为大分子质量的物质，分子质量在 11185~86005u。组分 Ⅱ 分子质量集中在 1.905~5.495ku，组分 Ⅲ 为分子质量小于 1000u 的寡肽。荞麦谷蛋白酶解产物分离组分 Ⅰ 和组分 Ⅱ 的分子质量分别为 20.89~95.5ku 和 2.138~4.57ku。

（16）荞麦清蛋白酶解产物分离纯化组分 Ⅰ 和组分 Ⅱ 对 $O_2^-\cdot$、$\cdot OH$、$DPPH\cdot$ 的清除能力强于清蛋白酶解产物，且组分 Ⅱ 的清除能力最强。组分 Ⅱ 对三种自由基清除能力表现为 $O_2^-\cdot > \cdot OH > DPPH\cdot$，其清除三种自由基的 IC_{50} 分别为 0.072mg/mL、0.19mg/mL、0.32mg/mL。对荞麦球蛋白酶解产物分离纯化各组分进行抗氧化活性测定发现：分子质量在 1000u 以下的组分 Ⅲ 具有较强的抗氧化能力，其清除 $O_2^-\cdot$、$\cdot OH$ 与 $DPPH\cdot$ 的 IC_{50} 分别为 0.75mg/mL、0.897mg/mL、0.38mg/mL。荞麦谷蛋白酶解产物分离纯化组分Ⅰ和组分Ⅱ对 $O_2^-\cdot$、$\cdot OH$、$DPPH\cdot$ 三种自由基的清除能力强于谷蛋白酶解液，且组分Ⅰ的清除能力最强。组分Ⅰ对三种自由基清除能力表现为 $\cdot OH > DPPH\cdot > O_2^-\cdot$，其 IC_{50} 分别为 0.21mg/mL、0.24mg/mL、0.31mg/mL。

参考文献

［1］ BABINI E, TAGLIAZUCCHI D, MARTINI S, et al. LC－ESI－QTOF－MS identification of novel antioxidant peptides obtained by enzymatic and microbial hydrolysis of vegetable proteins ［J］. Food Chemistry, 2017, 228: 186-196.

［2］ CUI J J, YUAN J F, ZHANG Z Q, et al. Anti-oxidation activity of the crude polysaccharides isolated from Polygonum Cillinerve (Nakai) Ohwi in immunosuppressed mice ［J］. Journal of Ethnopharmacology, 2010, 132 (2): 512-517.

［3］ CUI Y, LIU X Q, WANG M Q, et al. Lysophosphatidylcholine and amide as metabolites for detecting Alzheimer disease using ultrahigh-performance liquid chromatography-quadrupole time-of-flight mass spectrometry-based metabonomics ［J］. Journal of Neuropathology & Experimental Neurology, 2014, 73 (10): 954-963.

［4］ ELIAS R, KELLERBY S, DECKER E. Antioxidant activity of proteins and peptides ［J］. Critical Review in Food Science and Nutrition, 2008, 48: 430-441.

［5］ JIN H J, LEE J H, KIM D H, et al. Antioxidative and nitric oxide scavenging activity of branched-chain amino acids ［J］. Food Science and Biotechnology, 2015, 24 (4): 1555-1558.

［6］ KADDURAH-DAOUK R, ZHU H, SHARMA S, et al. Alterations in metabolic pathways and networks in Alzheimer's disease［J］. Translational Psychiatry, 2013, 3 (4): 244-251.

［7］ KAMAT P K, MALLONEE C J, GEORGe A K, et al. Homocysteine, alcoholism, and its potential epigenetic mechanism ［J］. Alcoholism Clinical Experimental Research, 2016, 40 (12): 2474-2481.

［8］ KAVIANI E, RAHMANI M, KAEID A, et al. Protective effect of atorvastatin on D-galactose-induced aging model in mice ［J］. Behavioural Brain Research, 2017, 334: 55-60.

［9］ KAWAMURA T, OKUBO T, SATO K, et al. Glycerophosphocholine enhances growth hormone secretion and fat oxidation in young adults ［J］. Nutrition, 2012, 28 (11/12): 1122-1126.

［10］ KAYASHITA J, SHIMAOKA I, NAKAJOH M, et al. Consumption of a buckwheat protein extract retards 7, 12-dimethylbenz［α］anthracene-induced mammary carcinogenesis in rats ［J］. Bioscience, Biotechnology, and Biochemistry, 1999, 63 (10): 1837-1839.

［11］ KAYASHTA J, SHMAOKA I, NAKAJOH M, et al. Consumption of buckwheat of protein lower plasma cholesterol and raises fecal neutral cholesterol-fed rats because of its low digestibility ［J］. The Journal of Nutrition, 1997, 127: 1395-1400.

［12］ KIM E K, OH H J, KIM Y S, et al. Purification of a novel peptide derived from Mytil us coruscusand in vitro/in vivo evaluation of its bioactive properties ［J］. Fish & Shellfish Immunology, 2013, 34: 1078-1084.

［13］ KONG Y Q, DING Z L, ZHANG Y X, et al. Dietary selenium requirement of juvenile oriental river prawn Macrobrachium nipponense ［J］. Aquaculture, 2017, 476: 72-78.

［14］ MA S, ZHANG M L, BAO X L. et al. Preparation of antioxidant peptides from oat globulin ［J］, CyTA-Journal of Food, 2020, 18 (1): 108-115.

［15］ MA S, ZHANG M L, BETA T, et al. Purification and structural identification of glutelin peptides derived from oats ［J］, CyTA-Journal of Food, 2017, 15 (4): 508-515.

［16］ MA S, ZHANG M L, SHI Y, et al. Effect of ultrahigh pressure treatment on eating quality of steamed oat and aot protein structure ［J］. CyTA-Journal of Food, 2021（1）: 56-62.

［17］ MADUREIRA A R, TAVARES T, GOMES A, et al. Invited review: Physiological properties of bioactive peptides obtained from whey proteins ［J］. Journal of Dairy Science, 2010, 93（2）: 437-455.

［18］ MARTINEZ-CAYUELA M. Oxygen free radical sand human disease ［J］. Bioehimie, 1995, 77（3）: 147-161.

［19］ MOURE A, DOMÍNGUEZ H, PARAJÓ J C. Antioxidant properties of ultrafiltration-recovered soy protein fractions from industrial effluents and their hydrolysates ［J］. Proces Biochemistry, 2006, 41: 447-456.

［20］ MUDEDLA S K, KUMAR C V S, SURESH A, et al. Water catalyzed pyrolysis of oxygen functional groups of coal: a density functional theory investigation ［J］. Fuel, 2018, 233: 328-335.

［21］ NAKAJIMA Y, IGUCHI H, KAMISUKI S, et al. Low doses of the mycotoxin citrinin protect cortical neurons against glutamate-induced excitotoxicity ［J］. The Journal of Toxicological Sciences, 2016, 41（2）: 311-319.

［22］ ONA O B, DE CLERCQ O, ALCOBA D R, et al. Atom and bond Fukui functions and matrices: a Hirshfeld-I atoms-in-molecule approach ［J］. Chem Phys Chem, 2016, 17（18）: 2881-2889.

［23］ PARK J P, JUNG W K, NAM K S, et al. Purification and characterization of antioxidative peptides from protein hydrolysate of lecithin-free egg yolk ［J］. Journal of the American. Oil Chemists' Society, 2001, 78（6）: 651-656.

［24］ PHONGTHAI S, RAWDKUEN S. Fractionation and characterization of antioxidant peptides from rice bran protein hydrolysates stimulated by *in vitro* gastrointestinal digestion ［J］. Cereal Chemistry, 2020, 97（2）: 316-325.

［25］ QU Z, ZHANG J Z, YANG H G, et al. Protective effect of tetrahydropalmatine against D-galactose induced memory impairment in rat ［J］. Physiology and Behavior, 2015, 154（11）: 114-125.

［26］ ROJAS-RONQUILLO R, CRUZ-GUERRERO A, FLORES-NAJERA A, et al. Antithrombotic and angiotensin-converting enzyme inhibitory properties of peptides released from bovine casein by Lactobacillus casei Shirota ［J］. International Dairy Journal, 2012, 26（2）: 147-154.

［27］ RUAN Q W, LIU F, GAO Z J, et al. The anti-inflamm-aging and hepatoprotective effects of huperzine A in D-galactose-treated rats ［J］. Mechanisms of Ageing and Development, 2013, 134（3/4）: 89-97.

［28］ SCHNEIDER M, LEVANT B, REICHEL M, et al. Lipids in psychiatric disorders and preventive medicine ［J］. Neuroscience & Biobehavioral Reviews, 2017, 76: 336-362.

［29］ SHAHIDI F, LIYANA-PATHIRANA C M, WALL D S. Antioxidant activity of white and black sesame seeds and their full fractions ［J］. Food Chemistry, 2006, 99（3）: 478-483.

［30］ THAKUR S, DHIMAN M, Tell G, et al. A review on protein-protein interaction network of APE1/Ref-1 and its associated biological functions ［J］. Cell Biochemistry & Function, 2015, 33（3）: 101-112.

［31］ VERCRUYSSE L, VAN C J, SMAGGHE G. ACE inhibitory peptides derived from enzymatic hydrolysates of animal muscle protein: a review ［J］. Journal of Agricultural and Food chemistry, 2005, 53: 8106-8115.

［32］ WONG F C, XIAO J B, WANG S Y, et al. Advances on the antioxidant peptides from edible plant sources ［J］. Trends in Food Science & Technology, 2020, 99: 44-57.

［33］ WONG M W, BRAIDY N, POLJAK A, et al. Dysregulation of lipids in Alzheimer's disease and their role as potential biomarkers [J]. Alzheimer's & Dementia, 2017, 13 (7): 810-827.

[34] YUE C J, CHEN J, HOU R R, et al. The antioxidant action and mechanism of selenizing Schisandra chinensis polysaccharide in chicken embryo hepatocyte [J]. International Journal of Biological Macromolecules, 2017, 98: 506-514.

[35] ZHANG J, DU H Y, ZHANG G N, et al. Identification and characterization of novel antioxidant peptides from crucian carp (Carassius auratus) cooking juice released in simulated gastrointestinal digestion by UPLC-MS/MS and in silico analysis [J]. Journal of Chromatography B, 2020, 1136: 121893.

[36] ZHANG J, WEI S Y, YUAN L, et al. Davunetide improves spatial learning and memory in Alzheimer's disease-associated rats [J]. Physiology & Behavior, 2017, 174: 67-73.

[37] ZHU F. Chemical composition and health effects of Tartary buckwheat [J]. Food Chemistry, 2016, 203 (15): 231-245.

[38] 陈刚, 贾萍. 茶多酚对果糖诱导的高尿酸血症大鼠血尿酸水平的影响及机制 [J]. 食品科学, 2017, 38 (23): 219-223.

[39] 范红艳, 顾饶胜, 任旷. 苦参总黄酮对D-半乳糖致衰老小鼠的影响 [J]. 中国中药杂志, 2015, 40 (21): 4240-4244.

[40] 付媛, 张美莉, 高韶辉, 等. 裸燕麦球蛋白源多肽对D-半乳糖致衰老小鼠抗氧化能力的影响 [J]. 食品科学, 2019, 40 (23): 137-141.

[41] 付媛, 张美莉, 高韶辉, 等. 裸燕麦球蛋白源多肽作用于D-半乳糖致衰老小鼠的代谢组学研究 [J]. 食品科学, 2020, 41 (17): 118-125.

[42] 付媛, 张美莉, 侯文娟. 酶法水解荞麦清蛋白制备抗氧化活性肽的研究 [J]. 食品科学, 2009, 30 (15): 142-147.

[43] 付媛, 张美莉, 张宇, 等. 基于量子化学计算分析裸燕麦源两种活性肽抗氧化机理 [J]. 食品科学, 2022, 43 (23): 106-112.

[44] 李汉洋, 李建杰, 王帅, 等. 核桃多肽的抗氧化活性及其分子量、氨基酸组成特性研究 [J]. 食品工业科技, 2018, 39 (13): 1-7; 13.

[45] 李亚莎, 谢云龙, 黄太焕, 等. 基于密度泛函理论的外电场下盐交联聚乙烯分子的结构及其特性 [J]. 物理学报, 2018, 67 (18): 63-73.

[46] 李怡菲, 覃小丽, 阚建全, 等. 环木菠萝烯醇阿魏酸酯分子结构性质的密度泛函理论研究 [J]. 食品与发酵工业, 2021, 47 (2): 51-56.

[47] 林汝法, 柴岩, 廖琴, 等. 中国小杂粮 [M]. 北京: 中国农业科技出版社, 2002: 126.

[48] 蔺瑞, 张美莉, 马莎日娜. 碱性蛋白酶水解裸燕麦球蛋白制备抗氧化活性肽 [J]. 食品科学, 2011, 32 (8): 76-80.

[49] 蔺瑞, 张美莉, 张家超. 裸燕麦球蛋白的分离纯化及其抗氧化活性研究 [J]. 食品科学, 2011, 32 (1): 31-34.

[50] 陆健. 蛋白质纯化技术及应用 [M]. 北京: 化学工业出版社, 2005.

[51] 吕雪幼, 叶国良. 多烯磷脂酰胆碱治疗老年中重度脂肪肝的临床研究 [J]. 中国临床药理学杂志, 2016, 32 (15): 1370-1373.

[52] 罗小雨, 周仿, 费烨, 等. 响应面法优化苦荞水溶性清蛋白水解工艺及其抗氧化活性研究 [J]. 食品科技, 2019, 44 (3): 239-244.

[53] 马萨日娜, 张美莉, 付媛, 等. 裸燕麦谷蛋白酶解物的纯化及其清除自由基活性研究 [J]. 中国粮油学报, 2015, 30 (9): 45-48.

[54] 马萨日娜, 张美莉, 王晓冬, 等. 裸燕麦谷蛋白酶解条件的优化 [J]. 食品科技, 2016, 41 (5): 163-168.

[55] 聂挺, 单艳, 胡川, 等. 量子化学计算对 4 种抗氧化肽清除自由基活性机理判别分析 [J]. 南昌大学学报 (理科版), 2015, 39 (1): 70-75.

[56] 树华, 王树祥, 王昀. 抓紧发展生物活性肽 [J]. 化工管理, 2004 (5): 27.

[57] 魏益民, 张国权. 同源四倍体荞麦籽粒品质性状研究 [J]. 中国农业科学, 1995, 28 (增刊): 34-40.

[58] 文超婷. 西瓜籽肽的抗氧化构效关系及其分子机制研究 [D]. 镇江: 江苏大学, 2021.

[59] 杨力源. 亮氨酸结合有氧运动对衰老小鼠肝脏促炎细胞因子的影响 [D]. 成都: 成都体育学院, 2014: 25-26.

[60] 张国权, 丰凡, 高梅. 荞麦蛋白的酶水解工艺条件研究 [J]. 西北农林科技大学学报: 自然科学版, 2007, 35 (3): 188-194.

[61] 张辉, 曲文祥, 李书田. 内蒙古特色作物 [M]. 北京: 中国农业科学技术出版社, 2010: 427.

[62] 张美莉, 侯文娟, 杨立风. 植物蛋白源生物活性肽的研究进展 [J]. 中国食物与营养, 2010, 16 (11): 33-36.

[63] 张美莉, 吴继红, 赵镭, 等. 苦荞和甜荞萌发后氨基酸含量变化及其营养评价 [J]. 食品与发酵工业, 2005, 31 (3): 115-118.

[64] 张美莉, 赵广华, 胡小松. 荞麦蛋白和类黄酮提取物清除自由基的 ESR 研究 [J]. 营养学报, 2005 (1): 21-24.

[65] 张美莉. 杂粮食品生产工艺与配方 [M]. 北京: 中国轻工业出版社, 2007: 1-29.

[66] 周玲, 刘颖, 贡盈歌, 等. 阿尔茨海默病模型小鼠脑组织生物标记物代谢组学分析 [J]. 沈阳药科大学学报, 2016, 33 (6): 459-465.

[67] 周小理, 李红敏. 植物抗氧化 (活性) 肽的研究进展 [J]. 食品工业, 2006 (3): 11-13.

第二章

预处理技术在燕麦麸皮健康效应中的应用

大量研究表明，肠道菌群在肥胖及其相关并发症的发生和发展中具有关键作用，而膳食是影响肠道菌群的主要因素。饮食补充膳食纤维能够调节肠道菌群，减少饥饿感并延长饱腹感，减少能量摄入。燕麦麸皮是燕麦加工的主要副产物，热量较低，富含膳食纤维，其中的水溶性膳食纤维 β-葡聚糖含量较高。但燕麦麸皮粗糙的口感和易酸败变质的特性极大地限制了其在加工和贮藏中的应用。因此，需要进行预处理改善燕麦麸皮品质。然而，对于预处理燕麦麸皮如何调节肠道菌群和糖脂代谢的作用机制鲜有报道。本研究采用蒸制、微波和热风干燥预处理燕麦麸皮，经体外模拟消化和发酵处理评估其对淀粉消化率、肠道菌群组成及短链脂肪酸含量的影响，以高脂饮食诱导的肥胖大鼠为动物模型，探讨了蒸制燕麦麸皮对肠道菌群、葡萄糖稳态、脂肪生成和食物摄入调节的作用机制。

将燕麦麸皮（OB）分别经过蒸制（S-OB）、微波（M-OB）和热风干燥（HA-OB）处理后，将以上样品用碱性蛋白酶脱除蛋白质（DP），分别记为 OB-DP、S-DP、M-DP 和 HA-DP；用石油醚进行脱脂处理（DF），分别记为 OB-DF、S-DF、M-DF 和 HA-DF；用 β-葡聚糖酶（50 U/mg）进行脱 β-葡聚糖处理（Dβ），分别记为 OB-Dβ、S-Dβ、M-Dβ 和 HA-Dβ。分别参照 GB 5009.5—2016《食品安全国家标准 食品中蛋白质的测定》、GB 5009.6—2016《食品安全国家标准 食品中脂肪的测定》、GB 5009.9—2016《食品安全国家标准 食品中淀粉的测定》和酶法 AOAC995.16 法，测定样品中的蛋白质、脂肪、淀粉和 β-葡聚糖含量。采用猪胰 α-淀粉酶（290U/mL）和糖化酶（15U/mL）模拟淀粉体外消化，计算水解指数（hydrolysis index，HI）和估计血糖生成指数（expected glycemic index，eGI）。使用扫描电镜（SEM）观察颗粒形貌特征，通过 X 射线衍射仪进行预处理燕麦麸皮的 X 射线衍射分析，采用傅里叶红外光谱（FTIR）进行短程有序分析。

第一节　预处理对燕麦麸皮理化特性的影响

一、不同预处理和脱除非淀粉组分燕麦麸皮的基本组分分析

表 2-1　　　　　　　　　　　　基本组分分析

样品名称	总淀粉含量/%	粗蛋白含量/%	粗脂肪含量/%	β-葡聚糖含量/%
OB	40.92±0.02[d]	18.86±0.07[de]	8.68±0.06[ab]	9.46±0.00[bc]
OB-DF	34.75±0.01[ef]	20.91±0.34[b]	2.52±0.23[de]	10.39±0.21[b]
OB-DP	36.92±0.07[e]	9.87±0.49[f]	8.02±0.04[ab]	4.01±0.04[d]
OB-Dβ	55.01±0.02[a]	21.05±0.21[b]	3.42±0.93[cde]	1.05±0.03[e]
S-OB	40.79±0.01[d]	18.32±0.02[e]	8.48±0.05[ab]	9.36±0.50[bc]
S-DF	33.83±0.00[ef]	21.73±0.22[ab]	2.73±0.07[de]	10.28±0.54[b]

续表

样品名称	总淀粉含量/%	粗蛋白含量/%	粗脂肪含量/%	β-葡聚糖含量/%
S-DP	52. 59±0. 02[ab]	9. 37±0. 31[fg]	7. 52±0. 21[ab]	3. 87±0. 02[d]
S-Dβ	49. 91±0. 01[bc]	21. 70±0. 12[ab]	3. 58±0. 20[cde]	1. 77±0. 07[e]
M-OB	42. 34±0. 02[d]	19. 36±0. 02[cd]	10. 80±0. 33[a]	8. 64±0. 03[c]
M-DF	33. 86±0. 01[ef]	22. 05±0. 23[a]	2. 41±0. 14[de]	12. 23±0. 06[a]
M-DP	49. 39±0. 01[bc]	8. 63±0. 40[g]	9. 90±2. 79[a]	4. 43±0. 06[d]
M-Dβ	50. 91±0. 01[b]	19. 96±0. 16[c]	5. 78±0. 04[bcd]	1. 93±0. 12[e]
HA-OB	41. 80±0. 03[d]	19. 41±0. 05[cd]	9. 26±0. 01[ab]	9. 87±0. 93[bc]
HA-DF	31. 54±0. 15[f]	21. 41±0. 47[ab]	1. 82±0. 01[e]	10. 04±0. 41[bc]
HA-DP	49. 38±0. 23[bc]	7. 62±0. 21[h]	7. 57±0. 23[ab]	3. 76±0. 01[d]
HA-Dβ	46. 91±0. 01[c]	21. 03±0. 06[b]	6. 09±0. 19[bc]	1. 48±0. 05[e]

注：数据表示为"平均数±标准差"；同列不同字母表示差异显著（$P<0.05$）。OB—燕麦麸皮粉；OB-DF—脱脂燕麦麸皮粉；OB-DP—脱蛋白质燕麦麸皮粉；OB-Dβ—脱β-葡聚糖燕麦麸皮粉；S-OB—蒸制处理燕麦麸皮粉；S-DF—脱脂蒸制处理燕麦麸皮粉；S-DP—脱蛋白质蒸制处理燕麦麸皮粉；S-Dβ—脱β-葡聚糖蒸制处理燕麦麸皮粉；M-OB—微波处理燕麦麸皮粉；M-DF—脱脂微波处理燕麦麸皮粉；M-DP—脱蛋白质微波处理燕麦麸皮粉；M-Dβ—脱β-葡聚糖微波处理燕麦麸皮粉；HA-OB—热风干燥处理燕麦麸皮粉；HA-DF—脱脂热风干燥处理燕麦麸皮粉；HA-DP—脱蛋白质热风干燥处理燕麦麸皮粉；HA-Dβ—脱β-葡聚糖热风干燥处理燕麦麸皮粉；下同。

如表 2-1 所示，未处理燕麦麸皮（OB）中的总淀粉、粗蛋白、粗脂肪和 β-葡聚糖的含量分别为 40.92%、18.86%、8.68% 和 9.46%。经不同预处理后，燕麦麸皮的总淀粉、粗脂肪和 β-葡聚糖含量均无显著变化，说明蒸制、微波和热风干燥均能够有效地保持燕麦麸皮本身的营养成分。

膳食纤维，尤其 β-葡聚糖，是构成燕麦多种功能特性的重要组成部分，主要分布在燕麦的皮层中。经过脂肪脱除的燕麦样品，β-葡聚糖含量并未显著增加。经过脱除蛋白质处理的样品，其 β-葡聚糖含量显著降低，这可能是由于 β-葡聚糖在碱性条件下更易于溶出，而蛋白质脱除往往在碱性条件下进行，导致水溶性纤维如 β-葡聚糖被一并去除。经过脂肪脱除的样品，淀粉含量均下降，而脱除 β-葡聚糖的样品中，淀粉含量均有所增加。

二、淀粉体外消化性比较

所有样品的淀粉体外消化率如图 2-1 所示。热加工处理能破坏燕麦麸皮中蛋白质分子和碳水化合物的共价键和非共价键，改变分子片段大小，进而影响其消化性。不同的热加工处理对谷物消化能力的影响不同，从而导致体外消化率不同。与未处理燕麦麸皮组相比，蒸制和微波处理的燕麦麸皮淀粉消化性较接近，而热风干燥处理后淀粉消化率增加 [图 2-1（1）]。蒸制燕麦麸皮的淀粉消化率较低，可能是因为在热加工过程中，淀粉颗粒吸水膨胀、晶体结构部分破坏，导致淀粉对酶的抗性增强。因此，蒸制处理燕麦麸皮更有助于血糖的缓慢升高。

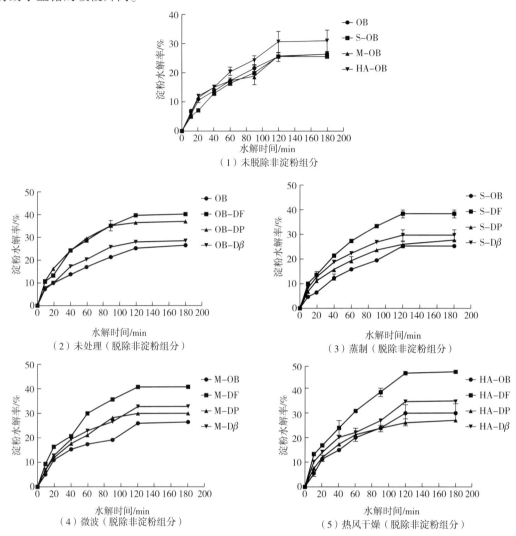

（1）OB—燕麦麸皮粉；S-OB—蒸制处理燕麦麸皮粉；M-OB—微波处理燕麦麸皮粉；
HA-OB—热风干燥处理燕麦麸皮粉；（2）OB-DF—脱脂燕麦麸皮粉；OB-DP—脱蛋白质燕麦麸皮粉；
OB-Dβ—脱 β-葡聚糖燕麦麸皮粉；（3）S-DF—脱脂蒸制处理燕麦麸皮粉；S-DP—脱蛋白质蒸制处理
燕麦麸皮粉；S-Dβ—脱 β-葡聚糖蒸制处理燕麦麸皮粉；（4）M-DF—脱脂微波处理
燕麦麸皮粉；M-DP—脱蛋白质微波处理燕麦麸皮粉；M-Dβ—脱 β-葡聚糖微波
处理燕麦麸皮粉；（5）HA-DF—脱脂热风干燥处理燕麦麸皮粉；HA-DP—脱蛋白质
热风干燥处理燕麦麸皮粉；HA-Dβ—脱 β-葡聚糖热风干燥处理燕麦麸皮粉。

图 2-1　预处理和脱除非淀粉组分燕麦麸皮的淀粉体外消化率

未处理［图 2-1（2）］、蒸制［图 2-1（3）］、微波［图 2-1（4）］和热风干燥
［图 2-1（5）］燕麦麸皮在脱除脂肪后，淀粉水解率普遍高于原始样品及脱除蛋白质和
β-葡聚糖的样品。淀粉和脂质通过疏水相互作用形成单螺旋的结晶结构。淀粉-脂质复合
物的复合程度和性质与直链淀粉的链长、含量、脂质的结构以及淀粉的结晶结构等密切相

关（常丰丹等，2015）。其复合物能够限制淀粉酶消化。蒸制处理可以降低淀粉的消化性，可能是由于蒸制处理能够促进淀粉分子链形成有序的双螺旋支链淀粉簇结构，进而抑制淀粉膨胀、降低黏度。

经过预处理的燕麦麸皮在脱除蛋白质后，其淀粉消化率增幅较小。蛋白质能够附着在淀粉颗粒的表面，并对淀粉进行类似于微胶囊的包埋，形成屏障限制酶与底物的直接接触，阻碍淀粉水解。淀粉颗粒和蛋白质在加热过程中，能够形成复杂的三维网络结构，进一步影响酶的水解效率（Chen et al.，2015）。脱除 β-葡聚糖后，不同预处理燕麦麸皮的淀粉体外消化率均增加，仅低于脱除脂质的淀粉消化率。

综合以上结果可以看出，加工方式和非淀粉组分的综合作用，均会影响淀粉的消化速率。在非淀粉组分中，脂质对淀粉消化性的影响最为显著，其次是 β-葡聚糖和蛋白质。

三、淀粉消化片段含量的比较

不同预处理的燕麦麸皮快速消化淀粉（rapidly digestible starch，RDS）、慢速消化淀粉（slowly digestible starch，SDS）和抗性淀粉（resistant starch，RS）含量的变化不同（图 2-2）。与未处理燕麦麸皮相比，快速消化淀粉含量经微波及热风干燥处理后无显著性变化，蒸制处理后显著降低（$P<0.05$）。快速消化淀粉含量变化可能与热处理导致淀粉部分糊化和淀粉晶体的不可逆膨胀有关。而慢速消化淀粉含量经过预处理后均增加，其中蒸制处理后慢速消化淀粉增加了 12.85%，但无显著性差异。抗性淀粉含量经过蒸制、微波和热风干燥后无显著变化，其形成与直链淀粉的含量、加工温度和含水量有关。

蒸制［图 2-2（3）］、微波［图 2-2（4）］和热风干燥［图 2-2（5）］处理的燕麦麸皮脱除脂肪后，快速消化淀粉和慢速消化淀粉含量均显著增加，而抗性淀粉含量显著降低（$P<0.05$）。脱除蛋白质后，与未处理燕麦麸皮相比，蒸制燕麦麸皮的快速消化淀粉含量显著增加，微波燕麦麸皮的抗性淀粉含量显著降低（$P<0.05$），而微波和热风干燥燕麦麸皮的快速消化淀粉含量、蒸制燕麦麸皮的抗性淀粉含量无显著性变化。脱除 β-葡聚糖后，蒸制、微波和热风干燥处理的燕麦麸皮抗性淀粉含量均显著降低（$P<0.05$）。

以上结果与体外消化曲线一致，表明非淀粉组分的去除会导致慢速消化淀粉和抗性淀粉向快速消化淀粉转化，且 β-葡聚糖和脂质对于淀粉消化的抑制作用要强于蛋白质。

四、水解指数和估计血糖生成指数的比较

预处理和分别脱除脂肪、蛋白质和 β-葡聚糖处理的燕麦麸皮水解曲线模型参数。水解指数（hydrolysis index，HI）和估计血糖生成指数（expected glycemic index，eGI）如表 2-2 所示。根据淀粉体外模拟水解动力学方程的特征参数计算得到水解指数和估计血糖生成指数。

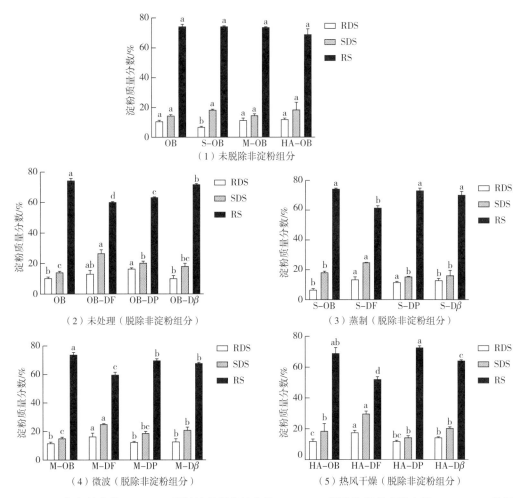

（1）OB—燕麦麸皮粉；S—OB—蒸制处理燕麦麸皮粉；M—OB—微波处理燕麦麸皮粉；HA—OB—热风
　　干燥处理燕麦麸皮粉；（2）OB—DF—脱脂燕麦麸皮粉；OB—DP—脱蛋白质燕麦麸皮粉；
　　OB—Dβ—脱β-葡聚糖燕麦麸皮粉；（3）S—DF—脱脂蒸制处理燕麦麸皮粉；S—DP—脱蛋白质
　　蒸制处理燕麦麸皮粉；S—Dβ—脱β-葡聚糖蒸制处理燕麦麸皮粉；（4）M—DF—脱脂微波
　　处理燕麦麸皮粉；M—DP—脱蛋白质微波处理燕麦麸皮粉；M—Dβ—脱β-葡聚糖微波
　　处理燕麦麸皮粉；（5）HA—DF—脱脂热风干燥处理燕麦麸皮粉；HA—DP—脱蛋白质
　　热风干燥处理燕麦麸皮粉；HA—Dβ—脱β-葡聚糖热风干燥处理燕麦麸皮粉。

图 2-2　预处理和脱除非淀粉组分燕麦麸皮的 RDS、SDS 和 RS 含量/%

注：不同字母标记的柱状图表示差异有统计学意义（$P<0.05$）。

表 2-2　　　　　　　　　　模型参数、水解指数和估计血糖生成指数

样品	C^{∞} /%	k /min^{-1}	水解指数	估计血糖生成指数
OB	26.52±0.07[h]	2.07±0.01[de]	51.81	68.16
OB—DF	40.20±0.07[bc]	2.32±0.14[bcde]	81.28	84.33
OB—DP	37.37±0.21[cd]	2.86±0.05[a]	79.77	83.51
OB—Dβ	28.32±0.08[fgh]	2.43±0.15[abcd]	57.98	71.54

续表

样品	C^∞ /%	k /min^{-1}	水解指数	估计血糖生成指数
S-OB	25.58±0.13^h	1.85±0.01^e	48.09	66.11
S-DF	38.55±1.10^{bcd}	2.27±0.04^{bcde}	77.50	82.26
S-DP	28.00±0.35^{gh}	2.31±0.15^{bcde}	56.47	70.71
S-Dβ	29.98±1.57^{efg}	2.74±0.34^{ab}	63.03	74.32
M-OB	26.28±0.36^h	2.05±0.13^{de}	51.11	67.77
M-DF	40.52±1.35^b	2.25±0.15^{cde}	81.15	84.26
M-DP	30.23±0.60^{efg}	2.40±0.06^{abcd}	61.72	73.60
M-Dβ	32.79±0.30^e	2.20±0.09^{de}	65.30	75.56
HA-OB	31.09±2.57^{ef}	2.00±0.25^{de}	59.61	72.43
HA-DF	47.87±0.65^a	2.17±0.15^{de}	94.76	91.73
HA-DP	27.97±0.00^{gh}	2.72±0.01^{abc}	59.03	72.12
HA-Dβ	35.70±0.02^d	2.11±0.09^{de}	70.18	78.24

注：数据表示为"平均数±标准差"；同列不同字母表示差异显著（$P<0.05$）。C^∞ 为估算的反应终点处淀粉的消化率；k 为消化速率常数。

与未处理燕麦麸皮相比，蒸制和微波处理使得水解指数和估计血糖生成指数降低，热风干燥处理后水解指数和估计血糖生成指数增加，由低血糖指数食物变为中血糖指数食物。脱除非淀粉组分后，水解指数和估计血糖生成指数均发生不同程度的增加，其中脱除脂质后增加最为明显。这一结果与前文快速消化淀粉、慢速消化淀粉和抗性淀粉含量变化的结果相一致，说明燕麦麸皮中的非淀粉组分如脂肪、蛋白质和 β-葡聚糖，能够阻碍淀粉与酶的接触，减缓淀粉膨胀和糊化过程，最终减缓淀粉的消化速率。这些非淀粉组分对水解指数和血糖生成指数均有不同程度的影响，其中脂肪的影响最为显著（Bai et al.，2024）。

五、溶解度和膨胀力的比较

不同预处理及脱除非淀粉组分燕麦麸皮的溶解度和膨胀力如图 2-3 所示，这两项指标均可以反映淀粉颗粒与水分子之间的相互作用。观察可知，预处理后燕麦麸皮的溶解度和膨胀力均增加，但与对照组相比无显著性差异。蒸制和微波处理的燕麦麸皮脱除蛋白质后，其溶解度均显著增加（$P<0.05$）；脱除脂肪和 β-葡聚糖后，溶解度也有一定程度的增加，这表明脂质、蛋白质和 β-葡聚糖的存在能抑制水分子与淀粉颗粒相互作用，从而抑制淀粉溶解。

膨胀力反映了淀粉的水合能力，膨胀力越高则水合能力越强。当淀粉颗粒膨胀后，可能促进消化酶进入其内部，从而使得淀粉的水解速率增加。不同预处理燕麦麸皮脱除脂肪后膨胀力无显著性差异，但脱除蛋白质和 β-葡聚糖后有显著性差异（$P<0.05$）。这说明燕麦麸皮内源性组分的存在抑制了淀粉的膨胀，其中蛋白质和 β-葡聚糖的影响更为显著。

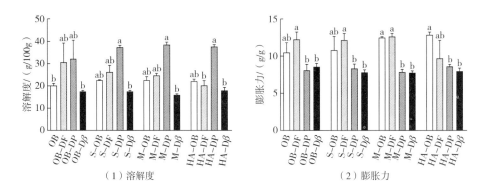

图 2-3　预处理和脱除非淀粉组分燕麦麸皮的溶解度和膨胀力

注：不同字母标记的柱状图表示差异有统计学意义（$P<0.05$）。

第二节　预处理燕麦麸皮的体外发酵特性

　　谷物中的功能性活性物质经过胃肠道消化、吸收和代谢后，其代谢产物可以调节肠道微生物组成和功能，改善人体健康。燕麦麸皮对人体健康益处颇丰，主要归因于其含有丰富的膳食纤维。膳食纤维虽在小肠中不被消化和吸收，但可以作为发酵底物在结肠被肠道细菌发酵代谢产生短链脂肪酸（SCFAs），这能够降低肠道 pH，为结肠细胞提供能量，防止肠道功能紊乱（Bai et al.，2022）。膳食纤维是肠道菌群的主要供能物质，能够有效调控和改善肠道菌群结构和功能及代谢情况，进而改善机体健康（Baruch et al.，2021）。热处理能破坏植物细胞壁，使得功能性成分更容易被肠道细菌发酵利用。

　　本研究探讨不同预处理燕麦麸皮通过人体粪便发酵实验对肠道菌群结构和短链脂肪酸含量的影响。未处理、蒸制、微波和热风干燥处理的燕麦麸皮经体外模拟胃肠道消化后，消化物分别记为 OB-D、SOB-D、MOB-D 和 HAOB-D，用于之后模拟结肠发酵。发酵完成后，将发酵液在 10000r/min 条件下离心 10min，收集离心后得到的上清液和残渣，将其储存于-80℃冰箱，用于分析短链脂肪酸和微生物多样性。沉淀进行 16S rDNA 测序，上清液用于气相色谱-质谱联用（GC-MS）检测短链脂肪酸。以未添加燕麦麸皮为空白对照组，记为 NF。未处理、蒸制、微波和热风干燥发酵物分别记为 NF、OB、SOB、MOB 和 HAOB。

一、预处理燕麦麸皮体外模拟消化后膳食纤维和 β-葡聚糖含量变化

　　燕麦 β-葡聚糖在模拟胃消化条件下很难进一步降解，相对完整的燕麦 β-葡聚糖会进入大肠中被肠道微生物进一步利用。如图 2-4 所示，SOB-D、MOB-D 和 HAOB-D 模拟体外消化后的总膳食纤维（Total dietary fiber，TDF）含量与 OB-D 相比无显著性差异。MOB-D 的可溶性膳食纤维（Soluble dietary fiber，SDF）和不溶性膳食纤维（Insoluble dietary fiber，IDF）含量显著增加，而 SOB-D 和 HAOB-D 的含量则显著降低（$P<0.05$）［图 2-4（1）］。OB-D、SOB-D、MOB-D 和 HAOB-D 的 β-葡聚糖含量在 8.64~9.87g/100g 之间。

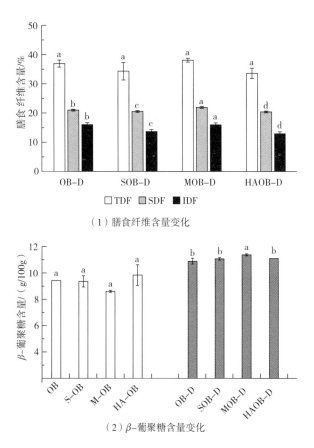

（1）膳食纤维含量变化

（2）β-葡聚糖含量变化

OB-D—燕麦麸皮粉消化物；SOB-D—蒸制处理燕麦麸皮粉消化物；MOB-D—微波处理燕麦麸

皮粉消化物；HAOB-D—热风干燥处理燕麦麸皮粉消化物；OB—燕麦麸皮粉；S-OB—蒸制处理

燕麦麸皮粉；M-OB—微波处理燕麦麸皮粉；HA-OB—热风干燥处理燕麦麸皮粉。

图 2-4　膳食纤维和 β-葡聚糖含量变化

注：不同字母标记的柱状图表示差异有统计学意义（$P<0.05$）。

模拟胃肠消化后，OB-D、SOB-D、MOB-D 和 HAOB-D 的 β-葡聚糖含量在 10.94~11.43g/100g，其中 MOB-D 的 β-葡聚糖含量显著高于其他样品（$P<0.05$）[图 2-4（2）]。以上结果表明，蒸制、微波和热风干燥处理都有助于保持燕麦 β-葡聚糖含量及其益生元功能。

二、发酵期间 pH 的变化

燕麦麸皮能促进肠道微生物产生短链脂肪酸，降低肠道 pH，从而改善结肠环境。有研究表明，益生元可以通过降低结肠 pH 来抑制病原菌的繁殖和减少结肠癌的风险。

由图 2-5 可知，各组的初始 pH 在 6.22~7.10，在发酵过程中逐渐降低。OB-D、SOB-D、MOB-D 和 HAOB-D 的 pH 在 12h 后趋于平缓，到 24h 时分别下降至 4.77±0.21、4.70±0.33、4.59±0.26 和 4.61±0.21，均低于对照组的 pH 水平（5.00±0.27）。

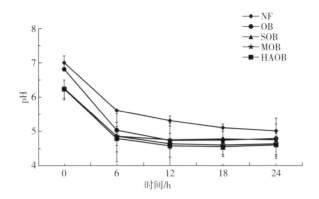

NF—空白对照组（未添加燕麦麸皮）；OB—燕麦麸皮发酵物；SOB—蒸制处理燕麦麸皮发酵物；

MOB—微波处理燕麦麸皮发酵物；HAOB—热风干燥处理燕麦麸皮发酵物。下同。

图 2-5　发酵期间 pH 的变化

三、预处理燕麦麸皮对肠道微生物组成和结构的影响

（一）　Venn 图

分类操作单元（OTU）反映了样本中微生物的多样性，图 2-6 为在 97% 的相似度水平上每个样品的 OTU 个数。Venn 图直观反映出多组样本中所共有和独有的物种（OTU）数目。

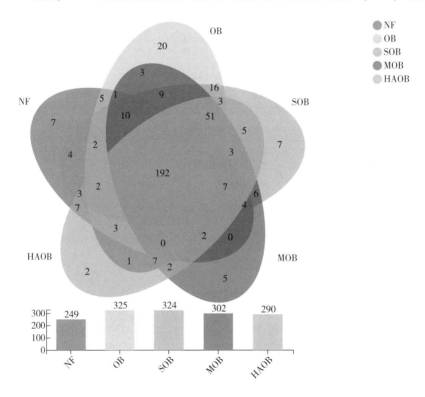

图 2-6　OTU 聚类分析 Venn 图

由图可知，NF、OB、SOB、MOB 和 HAOB 的 OTU 个数分别为 249、325、324、302 和 290 个，所有组别共有 192 个 OTU。添加燕麦麸皮组的 OTU 个数都有明显的增加，说明燕麦麸皮的膳食纤维被微生物利用后，微生物群落的组成和结构发生变化。膳食纤维作为人类肠道微生物群落的主要碳源之一，已被证实对某些糖酵解细菌的相对丰度和物种多样性有显著影响。

（二）α-多样性

燕麦麸皮体外发酵对粪便微生物群落 α-多样性的影响如 2-7 所示。α-多样性可以反映微生物群落的丰富度和多样性。ACE 和 Chao 指数越高，菌群丰富度水平越高。

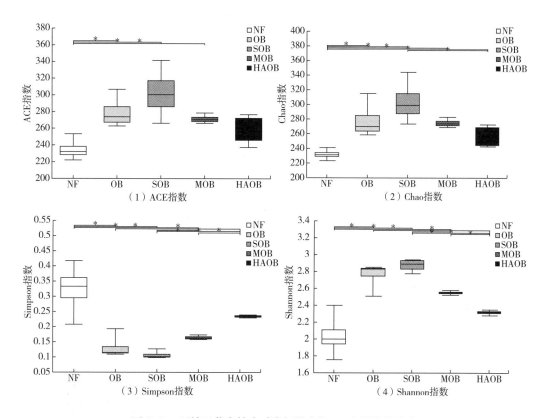

图 2-7　预处理燕麦麸皮对粪便微生物 α-多样性的影响

注：与对照组相比，＊表示 $P<0.05$。

观察发现，OB 组、SOB 组和 MOB 组的 ACE 和 Chao 指数均显著高于 NF 组（$P<0.05$）[图 2-7（1）、图 2-7（2）]，尤其 SOB 组的 ACE 和 Chao 指数最高，说明其粪便微生物群的丰富度显著高于其他组。而 HAOB 组的 ACE 和 Chao 指数与 NF 组相比无显著性差异。Shannon 指数和 Simpson 指数是反映菌群多样性和均匀度的两个指数，Shannon 指数越大，说明群落多样性越高；Simpson 指数越高，菌群多样性越低。燕麦麸皮处理组的 Simpson 指数均低于 NF 组 [图 2-7（3）]，而 Shannon 指数均高于 NF 组 [图 2-7（4）]。其中，SOB 组的 Simpson 指数最低、Shannon 指数最高，与 NF 组相比有显著性差异。以上结果表

明，燕麦麸皮可以提高正常人群肠道微生物的 α-多样性，通过增加菌群多样性调节肠道微生态，其中蒸制燕麦麸皮的提升效果最显著。

（三）β-多样性

β-多样性指的是样本间多样性，其值的大小反映各样本间的群落物种组成差异。通过胁强系数（Stress）检验非度量多维尺度（non-metric multi-dimensional scaling，NMDS）分析结果的优劣。该 NMDS 分析的 Stress 为 0.051，小于 0.1，表明该分组可以较好地解释群落组成差异 [图 2-8（1）]。样品之间的距离越近，表示样品的组成越相似。OB、SOB、MOB、HAOB 距离 NF 较远，表明燕麦麸皮组与 NF 组之间的肠道微生物种类存在显著差异。此外，MOB 和 HAOB 距离 OB 较远，而 SOB 和 OB 的离散较小、物种相似性较高。

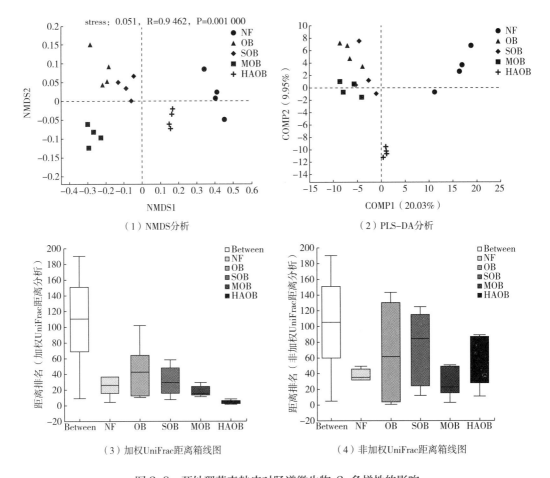

（1）NMDS分析　　　　　　　　　　（2）PLS-DA分析

（3）加权UniFrac距离箱线图　　　　（4）非加权UniFrac距离箱线图

图 2-8　预处理燕麦麸皮对肠道微生物 β-多样性的影响

注：（1）横纵坐标 NMDS 是距离值的秩次信息的评估；（2）横坐标表示第一主成分，纵坐标表示第二主成分；（3）和（4）横坐标为基于 OTU 水平的每组样品之间的距离，（3）加权（Weighted）UniFrac 距离兼顾群落成员之间的系统发育关系以及它们在各自群落中的丰度高低，非加权（Unweighted）UniFrac 距离仅仅考虑微生物成员在群落中存在与否，不考虑其丰度高低。

图 2-8 (2) 为偏最小二乘法判别分析（partial least squares discriminant analysis，PLS-DA），是多变量数据分析技术中的判别分析法。燕麦麸皮组与 NF 组距离较远，HAOB 组与 OB 组、SOB 组和 MOB 组分离，而 SOB 组、MOB 组与 OB 组更接近。根据加权和非加权的 UniFrac 距离分析，我们发现各组之间存在显著性差异［图 2-8 (3)、图 2-8 (4)］。加权 UniFrac 距离的 R^2 为 0.88［图 2-8 (3)］，R^2 越大说明分组对差异的解释度越高，P 值为 0.001，小于 0.05，说明本次检验的可信度高。以上结果表明，蒸制燕麦麸皮和未处理燕麦麸皮组群落结构相似，而与对照组相比群落差异较大。研究发现微波处理会导致细胞壁基质破裂，使聚合物更容易被肠道细菌发酵，这表明预处理可以提高燕麦麸皮膳食纤维的发酵性，改变粪便微生物群落组成和结构。

（四）预处理燕麦麸皮对粪便微生物菌群结构的影响

预处理燕麦麸皮经过体外发酵后，肠道微生物群落结构门水平的变化如图 2-9 (1) 所示。对照组（NF）和燕麦麸皮组中未处理（OB）、蒸制（SOB）、微波（MOB）及热风干燥组（HAOB），经过体外模拟发酵后发现，厚壁菌门、变形菌门、放线菌门及拟杆菌门是主要的优势菌门。与 NF 组相比，燕麦麸皮组厚壁菌门的相对丰度显著增加，而变形菌门和放线菌门的相对丰度显著降低（$P<0.05$）。与 OB 组相比，SOB、MOB 和 HAOB 组的厚壁菌门丰度降低，这强调了膳食纤维对人体肠道微生物群组成和代谢物产生的重要性，其中对厚壁菌门的影响最大（Tane et al.，2021）。体外发酵后形成的偏酸性肠道环境也适宜于厚壁菌门的生长。此外，燕麦麸皮处理降低了变形菌门的丰度，其中蒸制处理的燕麦麸皮降低幅度最大。以上结果说明，预处理燕麦麸皮在体外发酵条件下对肠道微生物具有不同的调节作用，可以抑制病原菌的生长，潜在地有助于预防肥胖并维持人体健康。

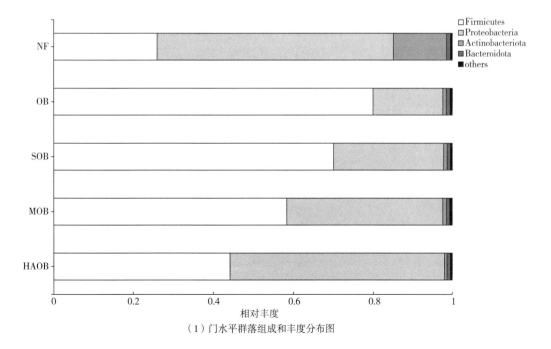

（1）门水平群落组成和丰度分布图

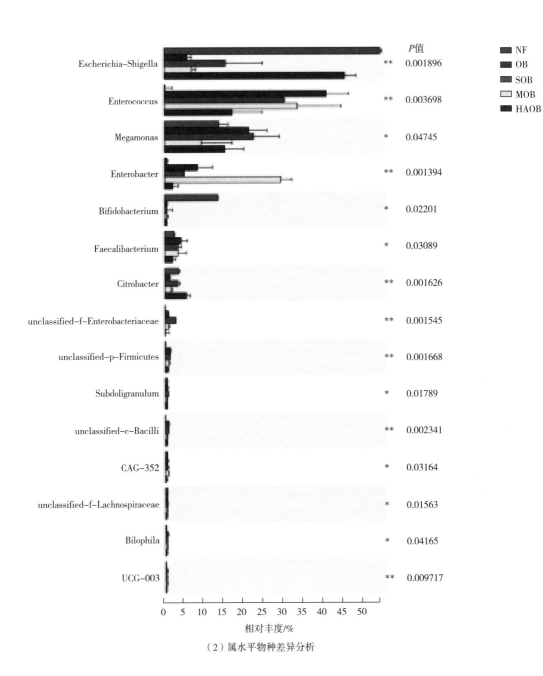

（2）属水平物种差异分析

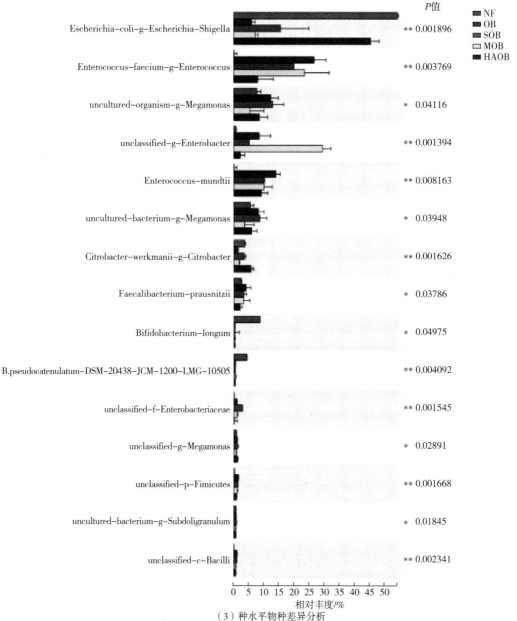

（3）种水平物种差异分析

（1）Firmicutes—厚壁菌门；Proteobacteria—变形菌门；Actinobacteriota—放线菌门；Bacteroidota—拟杆菌门；others—其他菌门；（2）*Escherichia-Shigella*—埃希-志贺菌属；*Enterococcus*—肠球菌属；*Megamonas*—巨噬单胞菌属；*Enterobacter*—肠杆菌属；*Bifidobacterium*—双歧杆菌属；*Faecalibacterium*—普拉梭菌属；*Citrobacter*—柠檬酸杆菌属；unclassified-f-Enterobacteriaceae—肠杆菌科；unclassified-p-Firmicutes—未分类厚壁菌门细菌；*Subdoligranulum*—罕见小球菌属；unclassified-c-*Bacilli*—未分类芽孢杆菌属；*CAG*-352—厚壁菌门梭菌科细菌；unclassified-f-Lachnospiraceae—未分类毛螺菌科细菌；*Bilophila*—嗜胆菌属；*UCG*-003—瘤胃球菌科细菌；（3）*Escherichia-coli-g-Escherichia-Shigella*—大肠杆菌（埃希菌属-志贺菌属）；*Enterococcus-faecium-g-Enterococcus*—屎肠球菌（肠球菌属）；uncultured-organism-g-*Megamonas*—*Megamonas*属未培养细菌；unclassified-g-*Enterobacter*—未分类肠杆菌属细菌；*Enterococcus-mundtii*—蒙氏肠球菌（肠球菌属）；uncultured-bacterium-g-*Megamonas*—*Megamonas*属未培养细菌；*Citrobacter-werkmanii-g-Citrobacter*—沃克曼柠檬酸杆菌（柠檬酸杆菌属）；*Faecalibacterium-prausnitzii*—普拉梭菌；*Bifidobacterium-longum*—长双歧杆菌；*B. pseudocatenulatum-DSM-20438-JCM-1200-LMG-10505*—双歧杆菌假链状亚种不同菌株；unclassified-f-Enterobacteriaceae—未分类肠杆菌科细菌；unclassified-g-*Megamonas*—*Megamonas*属未分类细菌；unclassified-p-Fimicutes—未分类厚壁菌门细菌；uncultured-bacterium-g-*Subdoligranulum*—*Subdoligranulum*属未培养细菌；unclassified-c-*Bacilli*—未分类芽孢杆菌纲细菌。

图 2-9 门水平群落组成和丰度分布图和属水平、种水平物种差异分析

注：（1）中不同颜色代表门水平不同的物种，对应右侧图例；横轴代表不同物种的相对丰度（%），纵轴代表不同的样本或分组；（2）和（3）中不同颜色代表不同分组，对应右侧图例；横轴代表不同物种的相对丰度（%），纵轴代表属水平（2）和种水平（3）的不同物种。

图 2-9（2）为预处理燕麦麸皮体外发酵后属水平上肠道微生物的差异性物种。与 NF 组相比，燕麦麸皮组的大肠杆菌-志贺菌相对丰度均显著降低（$P<0.01$），肠球菌丰度均增加（$P<0.01$）。此外，与 NF 组相比，OB、SOB 和 HAOB 组的巨单胞菌和肠杆菌丰度显著升高，双歧杆菌水平较低，SOB 和 MOB 中粪杆菌属的相对丰度高于 HAOB。在种水平上，OB、SOB 和 MOB 组的肠道核心菌属——普拉梭菌丰度高于 NF 和 HAOB 组（$P<0.05$）［图 2-9（3）］。普拉梭菌，是人类肠道菌群中最重要的细菌之一，是丁酸的重要生产者之一，具有抗炎作用，在 2 型糖尿病、结直肠癌和炎症性肠病（包括克罗恩病和溃疡性结肠炎）的患者中，普拉梭菌水平较低（Lopez et al.，2017）。综上所述，不同预处理燕麦麸皮均能有效抑制有害菌的繁殖，调节肠道菌群，其中蒸制效果最显著，热风干燥和微波处理次之。这表明适宜的加工方式和摄入量使得燕麦麸皮有利于有益肠道微生物群的繁殖，将食物成分解成代谢物，有助于维持稳态。

四、预处理燕麦麸皮对短链脂肪酸含量的影响

膳食纤维被盲肠和结肠的微生物群代谢，主要产物是短链脂肪酸（SCFAs），特别是乙酸、丙酸和丁酸。如图 2-10（1）所示，OB、SOB、MOB、HAOB 与 NF 距离较远，表明燕麦麸皮组与对照组的 SCFAs 含量存在显著差异。OB、SOB、MOB 和 HAOB 组的乙酸、丙酸和丁酸含量均低于 NF 组［图 2-10（2）］。其中，OB 组的乙酸、HAOB 组的丙酸和丁酸均显著低于 NF 组（$P<0.05$）。SOB 组和 MOB 组乙酸含量相近，均高于 MOB 和 HAOB 组，而且 SOB 组较 OB、MOB 和 HAOB 组产生更多的丙酸和丁酸。乙酸能通过改善葡萄糖耐量和胰岛素分泌来控制肥胖，这表明蒸制燕麦麸皮可能对控制肥胖更有效。

与 NF 组相比，预处理燕麦麸皮的总 SCFAs 含量降低。已有研究表明燕麦麸皮可以增加盲肠中乙酸、丙酸和丁酸的浓度，促进胆汁酸的排泄。本研究中，燕麦麸皮组的乙酸、丙酸和丁酸的浓度低于空白组，这可能是因为当可发酵纤维供应不足时，微生物会转向能量较低的生长来源，如膳食蛋白质或膳食脂肪，导致微生物群和短链脂肪酸作为次要最终产物的发酵活性降低（Russell et al.，2011）。综上所述，蒸制处理提高了燕麦麸皮膳食纤维的可发酵性，其效果最为显著，微波处理次之，最后是热风干燥处理。

五、肠道关键菌群和短链脂肪酸的相关性分析

肠道关键菌群与短链脂肪酸的相关性分析见图 2-11（彩插）。由图可知，乙酸与大肠埃希-志贺菌属（*Escherichia-Shigella*）、柠檬酸菌属（*Citrobacter*）呈极显著正相关（$P<0.001$），与肠球菌（*Enterobacter*）呈极显著负相关（$P<0.001$）。丙酸与纺锤链杆属（*Fusicatenibacter*）呈极显著正相关（$P<0.001$），与双歧杆菌属（*Anaerostipes*）呈显著正相关（$P<0.01$），与不动杆菌属（*Acinetobacter*）和乳酸杆菌属（*Lactobacillus*）呈显著负相关（$P<0.05$）。丁酸与纺锤链杆属（*Fusicatenibacter*）呈极显著正相关（$P<0.001$），与双歧杆菌属（*Anaerostipes*）呈显著正相关（$P<0.01$），异戊酸的产生与普拉梭菌（*Faecalibacterium*）呈显著正相关（$P<0.01$）。

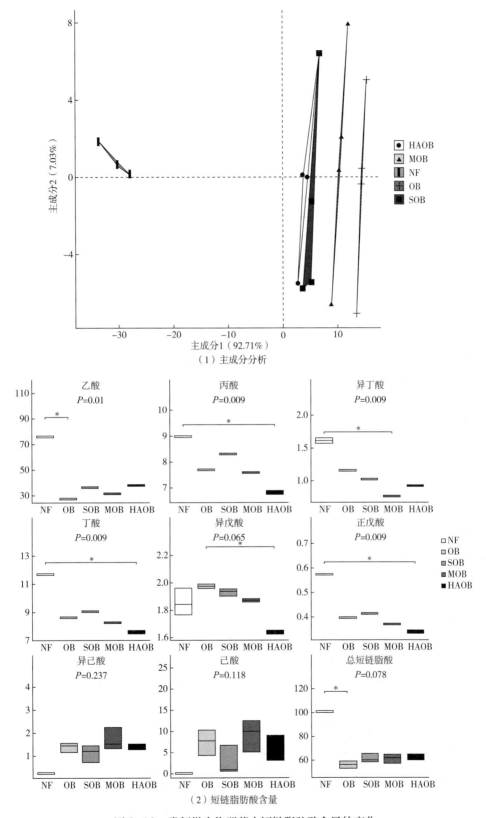

图2-10　粪便微生物群落中短链脂肪酸含量的变化

注：（1）中横坐标表示第一主成分，纵坐标表示第二主成分，百分比表示对样品差异的贡献值；（2）中横坐标代表不同分组，纵坐标代表不同短链脂肪酸的含量（μg/mL）。与对照组相比，＊表示 $P<0.05$。

第三节　预处理燕麦麸皮对高脂饮食大鼠肥胖的干预作用

肥胖是由于长期能量摄入和消耗的不平衡导致过量的脂肪堆积而形成。高能量食物（如高糖/高脂/高盐的超加工食品）以及日益久坐的工作和生活方式使人容易肥胖，这也成为人类主要的健康和社会经济问题之一。全球肥胖流行率显著上升，预计到 2025 年，全球肥胖流行率将达到 39%。肥胖与 2 型糖尿病、高血压、高胆固醇、非酒精脂肪肝等 21 种疾病的发生和发展密切相关，常见的治疗方法包括药物和减肥手术，仍然缺乏足够的安全性和有效性。越来越多的证据表明，高膳食纤维和低脂饮食干预可以有效预防和缓解肥胖（Armet et al.，2022）。因此，开发安全、有效、健康的食品已经成为干预或预防肥胖的有效策略。

燕麦麸皮富含膳食纤维和多酚类物质，含有较高的蛋白质、矿物质、维生素和可溶性 β-葡聚糖，是燕麦加工的重要副产品。膳食补充燕麦麸皮可有效改善肥胖患者甘油三酯、总胆固醇和高密度脂蛋白胆固醇水平，降低机体炎症水平。探究燕麦麸皮预防和缓解肥胖的作用机制，可为充分利用燕麦麸皮资源、推进燕麦麸皮深加工做出贡献。目前，关于燕麦麸皮的研究主要集中于多酚抗氧化、燕麦 β-葡聚糖提取和功能性研究及燕麦油的加工应用，而对于完整的燕麦麸皮降糖减脂的作用及机制研究较少。前期的基础研究证明了蒸制燕麦麸皮能够减缓淀粉消化，提高发酵能力（白雪等，2023）。因此，本节以高脂饮食诱导的肥胖大鼠为模型，分为正常饮食组（ND）、高脂模型组（HFD）、蒸制燕麦麸皮低剂量组（SOB-L）、蒸制燕麦麸皮中剂量组（SOB-M）和蒸制燕麦麸皮高剂量组（SOB-H），探究膳食补充蒸制燕麦麸皮对高脂饮食引发的机体糖脂代谢紊乱的改善效果。

一、燕麦麸皮对高脂饮食大鼠摄食量和体质量的影响

大鼠体质量的变化可以反映其生长发育及健康状况。在实验初期，各组大鼠体质量无显著性差异，饮食干预期间，所有大鼠的体质量都有不同程度的增加，HFD 组大鼠的体质量高于 ND 和各燕麦麸皮干预组［图 2-12（1）］。肥胖度定义为（实验组实际体质量-对照组平均体质量）/对照组平均体质量×100%，用于确定造模是否成功（张莉莉等，2006）。实验第 8 周干预期结束时，HFD 组大鼠的体质量增长率（270.84%）高于 ND 组（175.79%），体质量也显著高于 ND 组（$P<0.05$），肥胖度为 34.96%（大于 20%），表明长期高脂饮食容易导致体质量增加，从而造成肥胖。

与 HFD 组相比，SOB-L、SOB-M 和 SOB-H 大鼠的体质量均显著降低（$P<0.05$）［图 2-12（2）］。由图 2-12（3）可知，燕麦麸皮对高脂饮食大鼠的日常食物摄入量有不同程度的抑制作用，且随着燕麦麸皮剂量的增加，抑制作用也增强。以上结果表明，膳食补充燕麦麸皮可能通过延缓消化、增加饱腹感和抑制食欲来缓解肥胖。

二、燕麦麸皮对高脂饮食大鼠脏器指数和腹部脂肪指数的影响

肥胖会引起体内脏器重量发生变化，从而影响机体糖脂代谢。燕麦麸皮对肥胖大鼠脏器指数的影响如表 2-3 所示。

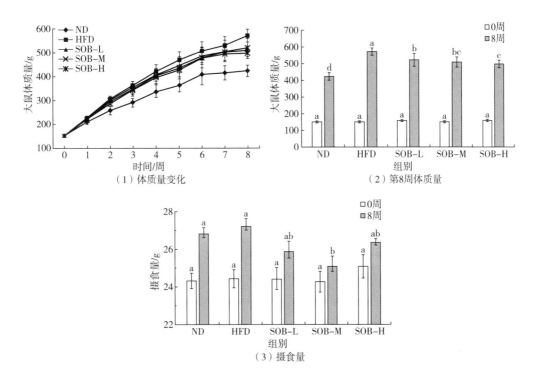

ND—正常饮食组；HFD—高脂模型组；SOB-L—蒸制燕麦麸皮低剂量组；SOB-M—蒸制燕麦麸皮
中剂量组；SOB-H—蒸制燕麦麸皮高剂量组。下同。

图2-12　燕麦麸皮对高脂饮食大鼠体质量变化、第8周体质量和摄食量的影响

注：不同字母的柱状图表示差异有统计学意义（$P<0.05$）。

表2-3　　　　　　燕麦麸皮对高脂饮食大鼠脏器指数和腹部脂肪指数的影响

组别	心脏脏器指数/（mg/g）	肾脏脏器指数/（mg/g）	脾脏脏器指数/（mg/g）	肝脏脏器指数/（mg/g）	胰腺脏器指数/（mg/g）	腹部脂肪指数/（mg/g）
ND	3.07±0.23[ab]	6.90±0.23[a]	1.92±0.31[a]	27.79±2.95[a]	2.69±0.37[a]	10.11±1.92[c]
HFD	2.84±0.10[b]	6.91±0.50[a]	1.92±0.18[a]	29.04±2.43[a]	3.24±0.50[a]	23.49±4.41[a]
SOB-L	3.17±0.41[ab]	6.26±0.61[a]	1.97±0.31[a]	26.42±2.45[a]	2.74±0.69[a]	15.29±6.43[bc]
SOB-M	3.29±0.40[a]	6.31±0.60[a]	2.32±0.99[a]	26.56±1.75[a]	2.82±0.18[a]	15.00±3.60[bc]
SOB-H	3.35±0.33[a]	7.01±0.76[a]	2.10±0.41[a]	27.89±0.45[a]	1.97±0.37[b]	16.99±4.06[b]

注：同列不同字母表示差异显著（$P<0.05$）。

ND、HFD 与 SOB-L、SOB-M 和 SOB-H 组大鼠的脏器指数发生变化，与 ND 组相比，HFD 组肥胖大鼠的心脏、肾脏、脾脏、肝脏和胰腺指数无显著性差异，而腹部脂肪指数则显著增加（$P<0.05$）。这表明高脂饮食导致肥胖大鼠腹部脂肪的堆积。与 HFD 组相比，SOB-L、SOB-M 和 SOB-H 组的肾脏指数、脾脏指数及肝脏指数无显著性差异，腹部脂肪指数显著降低（$P<0.05$），SOB-H 组显著降低了胰腺指数（$P<0.05$）。这说明膳食补充一定比例的燕麦麸皮可以改善脂肪堆积。

三、燕麦麸皮对高脂饮食大鼠空腹血糖、葡萄糖和糖化血清蛋白的影响

血糖波动是血糖控制的关键。正常状态下，机体的糖调节受到神经、内分泌和肝脏等共同调控，使得机体的血糖波动维持在较小的幅度内。当机体的血糖波动幅度异常增大，这通常是糖代谢紊乱加剧的标志。

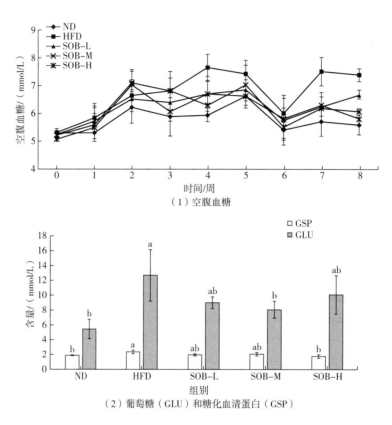

（1）空腹血糖

（2）葡萄糖（GLU）和糖化血清蛋白（GSP）

图2-13　燕麦麸皮对高脂饮食大鼠空腹血糖、葡萄糖和糖化血清蛋白的影响

注：不同字母的柱状图显示差异有统计学意义（$P<0.05$）。

由图2-13（1）可知，在实验前3周，HFD组血糖波动幅度小，这可能是因为机体目前处于轻微的胰岛素抵抗阶段，还可以代偿性的调节大鼠血糖，将血糖维持在正常水平。在干预的第3周到第8周期间，HFD组血糖波动幅度增大，总体血糖水平高于ND组及SOB-L、SOB-M和SOB-H组。其中，在第6周时，模型组和燕麦麸皮组大鼠的血糖值均降低，围绕血糖值上、下双向波动，可能与进餐后的胰岛素分泌和胰岛素功能受损有关，同时血糖值波动较大，可能是糖代谢紊乱加重的表现。第8周结束时，HFD组葡萄糖和糖化血清蛋白含量显著高于ND组（$P<0.05$）。与HFD组相比，SOB-L和SOB-M组大鼠的糖化血清蛋白含量无显著性差异，而SOB-H组显著降低了糖化血清蛋白含量（$P<0.05$），与ND组接近，SOB-M显著降低了葡萄糖含量（$P<0.05$）［图2-13（2）］。糖化血清蛋白是血糖与血浆蛋白之间非酶促反应的产物，能够反映血浆中总糖基化血浆蛋白水平，体现出2~3周前的血糖控制情况，其浓度与血糖水平正相关，但糖化血清蛋白不受血糖波

动的影响，并保持相对稳定。这些结果说明，高脂饮食会使得血糖升高，糖调节机制异常，而膳食补充燕麦麸皮可以有效控制血糖升高，减少血糖波动。该结果与前期研究相符，即蒸制处理及燕麦麸皮内源性成分（如蛋白质、脂质和β-葡聚糖）的存在能降低燕麦麸皮淀粉与酶的接触，减缓淀粉消化和降低估计血糖生成指数（eGI）。

四、燕麦麸皮对高脂饮食大鼠葡萄糖耐受（IPGTT）的影响

葡萄糖的稳态主要由中枢和外周反馈机制共同调节，以维持代谢产物的浓度在机体所需的适宜水平。如图 2-14 所示，经腹部注射葡萄糖后，ND、HFD、SOB-L、SOB-M 和 SOB-H 组大鼠血糖值均在 30min 上升到最高，随后开始缓慢下降，该过程反映了葡萄糖在体内代谢吸收的过程。HFD 组大鼠血糖值在升到最高点后下降趋势缓慢，且在 0min、15min、30min、60min、90min 和 120min 的各点血糖值均高于 ND、SOB-L、SOB-M 和 SOB-H 组，其曲线下面积（area under curve，AUC）也显著大于 ND 组和 SOB-L、SOB-M 和 SOB-H（$P<0.05$）。

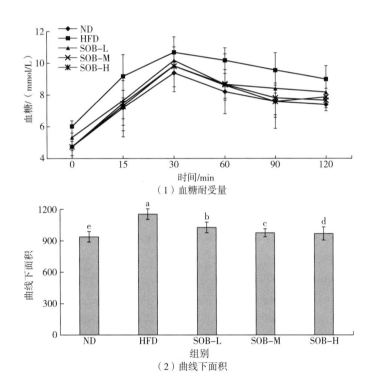

图 2-14　燕麦麸皮对高脂饮食大鼠葡萄糖耐受量和曲线下面积的影响

注：不同字母的柱状图显示差异有统计学意义（$P<0.05$）。

以上结果说明，肥胖大鼠自身的糖代谢出现紊乱，葡萄糖耐量受到了损害。而燕麦麸皮低、中和高剂量组均能显著降低曲线下面积（$P<0.05$），有助于改善糖代谢紊乱，且高剂量燕麦麸皮干预效果最好。

五、燕麦麸皮对高脂饮食大鼠胰岛素耐受（IPITT）的影响

在腹腔注射胰岛素后，HFD 组大鼠在 0min、15min、30min、60min、90min 和 120min 的各点血糖值均高于 ND、SOB-L、SOB-M 和 SOB-H 组［图 2-15（1）］，其曲线下面积（AUC）也显著高于 ND、SOB-L、SOB-M 和 SOB-H 组（$P<0.05$）。与 HFD 组相比，SOB-L、SOB-M 和 SOB-H 组的曲线下面积显著降低，且这种效果呈剂量依赖性［图 2-15（2）］。

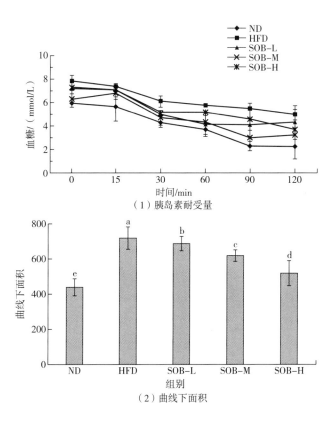

图 2-15　燕麦麸皮对高脂饮食大鼠胰岛素耐受量和曲线下面积的影响

注：不同字母的柱状图表示差异有统计学意义（$P<0.05$）。

以上结果表明，高脂饮食可诱导大鼠出现明显胰岛素抵抗，而膳食补充燕麦麸皮可以增强长期高脂膳食大鼠对胰岛素的敏感性，改善由高脂膳食造成的胰岛素抵抗状态。先前的研究表明，在燕麦 β-葡聚糖、燕麦抗性淀粉和全燕麦食品中，全燕麦食品在改善胰岛素抵抗和葡萄糖耐量方面展示出更好的效果（$P<0.05$）（Zhu et al.，2020）。以上研究结果表明，膳食补充燕麦麸皮可以有效改善胰岛素抵抗，改善肥胖引起的糖脂代谢紊乱，进而预防肥胖。

六、燕麦麸皮对高脂饮食大鼠血脂水平的影响

高脂饮食会导致血液中脂质含量增加，进而干扰血清生化指标的正常水平。各组的血脂水平如图 2-16 所示，与 ND 组相比，HFD 组的血清甘油三酯（TG）、总胆固醇（TC）和低

密度脂蛋白胆固醇（LDL-C）水平显著升高（$P<0.05$），高密度脂蛋白胆固醇（HDL-C）水平显著降低（$P<0.05$）。与 HFD 组相比，SOB-L、SOB-M 和 SOB-H 组的大鼠血清 TG ［图 2-16（1）］、TC ［图 2-16（2）］和 LDL-C 水平［图 2-16（4）］显著降低，HDL-C 显著增加［图 2-16（3）］（$P<0.05$），且燕麦麸皮低、中、高剂量组大鼠的 TC 和 LDL-C 与 ND 组相比无显著性差异。

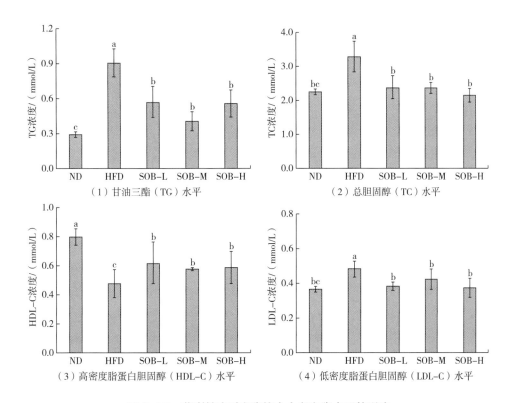

图 2-16 燕麦麸皮对高脂饮食大鼠血脂水平的影响

注：不同字母的柱状图表示差异有统计学意义（$P<0.05$）。

以上结果说明，膳食补充燕麦麸皮能有效调节高脂饮食引起的血脂水平紊乱，显著降低血清中的脂质沉积。类似的研究对比分析了小麦、玉米、大麦、小米和燕麦对于胰岛素抵抗大鼠糖脂代谢的影响，发现这五种谷物均能降低高脂肪、高胆固醇饮食诱导大鼠的血脂水平，显著降低甘油三酯、总胆固醇和低密度脂蛋白胆固醇的浓度，显著提高高密度脂蛋白胆固醇的浓度（$P<0.05$），使血脂水平更接近于阴性对照组，且燕麦组的血脂水平略优于其他谷物（王菁，2020）。以上研究结果表明，膳食补充燕麦麸皮可有效改善肥胖大鼠的血脂水平，且其血脂水平与正常大鼠无显著差异。

七、燕麦麸皮对高脂饮食大鼠氧化应激水平的影响

膳食补充燕麦麸皮对高脂饮食诱导肥胖大鼠的血清氧化应激指标的影响如图 2-17 所示。在超氧化物歧化酶（SOD）水平上［图 2-17（1）］，与 ND 相比，HFD 组大鼠超氧化物歧化酶显著降低（$P<0.05$）。与 HFD 组相比，SOB-L、SOB-M 和 SOB-H 组大鼠的 SOD 含量显著增

加（$P<0.05$），且 SOB-L、SOB-M 与 ND 组相比无显著性差异，说明长期食用高脂饲料后，大鼠的抗氧化能力降低，对自由基及其产物的清除产生障碍，存在明显的氧化应激现象，而膳食补充燕麦麸皮可显著改善由高脂饮食造成的损伤。在丙二醛（MDA）水平上 [图 2-17（2）]，HFD 组显著增加了 MDA 水平（$P<0.05$），SOB-L、SOB-M 和 SOB-H 与 ND 组无显著性差异。在谷胱甘肽过氧化物酶（GSH-Px）水平上 [图 2-17（3）]，HFD 组显著低于 ND 组（$P<0.05$），SOB-L、SOB-H 与 HFD 组无显著性差异，SOB-M 与 ND 组比较接近，无显著性差异。在过氧化氢酶（CAT）水平上 [图 2-17（4）]，HFD、SOB-L、SOB-M 和 SOB-H 组均显著低于 ND 组（$P<0.05$）。

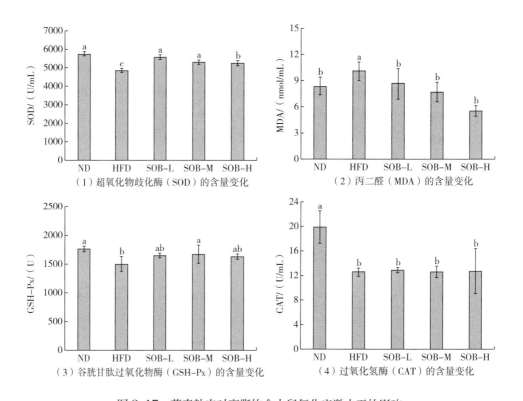

图 2-17　燕麦麸皮对高脂饮食大鼠氧化应激水平的影响

注：不同字母的柱状图表示差异有统计学意义（$P<0.05$）。

以上结果表明，高脂饮食会造成肥胖大鼠一定程度的氧化应激损伤，而膳食补充燕麦麸皮能有效缓解氧化应激损伤。前期研究得出，高脂饮食大鼠的血糖波动较大，这会促进体内自由基的产生，激活氧化应激反应，增加炎症反应，从而破坏血管内皮细胞，增加心血管病变风险。因此，积极控制血糖波动对有效降低氧化应激损伤、改善糖尿病相关并发症具有重要意义。

八、燕麦麸皮对高脂饮食大鼠肝功能代谢的影响

肝脏是脂代谢的重要器官，肝功能障碍会直接影响脂代谢的正常进行，加重脂质氧化应激反应。谷丙转氨酶（ALT）和谷草转氨酶（AST）是肝细胞中的酶，当肝脏发生损害时，这两种酶就会大量从受损的肝细胞中释放入血，造成肝细胞受损、代谢功能下降。而

代谢功能异常又会反过来作用于疾病本身，加重病情的发展（彭斐等，2022）。膳食补充低、中、高剂量燕麦麸皮对高脂饮食造成的肥胖大鼠肝功能代谢情况如表2-4所示。

表2-4　　　　　　　　　　燕麦麸皮对高脂饮食大鼠肝功能代谢的影响

组别	ALT/（U/L）	AST/（U/L）	ALP/（U/L）	γ-GT/（U/L）
ND	41.03±2.81[c]	173.75±5.36[b]	139.56±8.57[bc]	4.07±0.38[b]
HFD	109.45±27.70[a]	283.21±20.82[a]	180.90±25.82[a]	5.58±1.06[a]
SOB-L	69.36±16.07[b]	221.53±45.80[ab]	159.98±28.25[abc]	5.74±0.77[ab]
SOB-M	107.03±10.78[a]	275.68±68.60[a]	193.21±6.65[a]	4.07±0.16[b]
SOB-H	58.67±3.94[bc]	170.10±14.06[b]	130.81±14.91[c]	2.30±0.67[c]

注：同列不同字母上标表示差异显著（$P<0.05$）。

与ND组相比，HFD组的谷丙转氨酶（ALT）、谷草转氨酶（AST）、碱性磷酸酶（ALP）和γ-谷氨酸转肽酶（γ-GT）均显著增加（$P<0.05$），说明长期高脂饮食会造成大鼠的肝脏代谢功能发生紊乱。与HFD组相比，SOB-L、SOB-M和SOB-H组显著降低了ALT水平，SOB-H组显著降低了AST、ALP和γ-GT水平（$P<0.05$），且SOB-H组的ALT、AST和ALP水平与ND组相比无显著性差异，其γ-GT水平甚至显著低于ND组（$P<0.05$）。这表明膳食中补充燕麦麸皮能减轻和改善肥胖大鼠的肝功能异常，具有预防或延缓肥胖引发的肝功能异常发生和发展的潜力。

九、燕麦麸皮对高脂饮食大鼠肝脏、结肠和回肠组织形态的影响

由图2-18（1）可知，ND组的大鼠形态正常，而HFD组可以明显看到大鼠形态偏大和腹部脂肪堆积，SOB-L、SOB-M、SOB-H组均能改善肥胖状态。膳食补充燕麦麸皮对肥胖大鼠肝脏组织病理学形态的影响如图2-18（2）所示。ND组的肝脏组织被膜由厚薄均匀的富含弹性纤维致密结缔组织构成，肝细胞圆润且饱满，肝板排列较整齐，仅有少量的炎性小灶散在分布。HFD组的肝脏组织可见大量的肝细胞气球样变，胞核位于中央，细胞呈气球样肿胀，伴发轻度脂肪变性，肝细胞胞质内可见大小不一的空洞；汇管区胶原纤维增生，轻度纤维化，少量汇管区之间形成短纤维间隔；偶见胆管周围淋巴细胞浸润。SOB-L组肝脏组织可见大量的肝细胞气球样变，未见明显的炎性细胞浸润，SOB-M和SOB-H组肝脏组织可见中量的肝细胞气球样变，且均伴发轻度脂肪变性。这说明膳食补充燕麦麸皮可以一定程度上改善高脂饮食引起的肝损伤，保护肝脏组织。

图2-18（3）为大鼠结肠组织的HE染色切片，ND组结肠组织黏膜上皮完整，肠腺排列整齐，杯状细胞丰富，黏膜下层可见淋巴灶散在分布，肌层结构清晰，未见明显的炎性细胞浸润。HFD组肠腺排列整齐，杯状细胞和潘氏细胞丰富，未见明显的炎性细胞浸润。SOB-L组肠腺排列整齐，杯状细胞丰富，肌层结构清晰，未见明显的炎性细胞浸润。SOB-M组和SOB-H组黏膜层及黏膜下层未见异常，未见明显的炎性细胞浸润。图2-18（4）为大鼠回肠组织的HE染色切片，ND组回肠组织可见黏膜上皮完整，肠绒毛发达，隐窝排列整齐，杯状细胞丰富，黏膜下层和肌层结构清晰，未见明显的炎性细胞浸润。

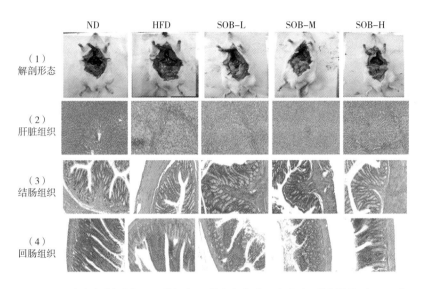

图2-18　大鼠解剖形态、肝脏组织、结肠组织和回肠组织形态结构（200×）

HFD组回肠组织可见少量的肠绒毛粗钝，杯状细胞减少，固有层可见少量的中性粒细胞。SOB-L组和SOB-M组回肠组织可见大量的肠绒毛短而粗钝，SOB-H组回肠组织可见少量的肠绒毛短而粗钝，SOB-L、SOB-M和SOB-H组的杯状细胞都减少，未见明显的炎性细胞浸润。这说明膳食补充燕麦麸皮能改善回肠屏障功能和降低炎症，缓解因高脂饮食造成的肠道损伤。

第四节　预处理燕麦麸皮对肥胖大鼠肝脏糖脂代谢的调节作用

脂肪组织和肝脏在脂质代谢和全身能量稳态调控中发挥着核心作用，与肥胖症的基本发病机制密切相关。因此，减轻这些器官的脂质紊乱是缓解肥胖相关代谢综合征的有效途径（Cusi et al.，2012）。肝脏是调节血糖的最主要器官，肝脏的胰岛素抵抗会导致糖脂代谢紊乱、肝糖原和脂质合成增加。肝脏的胰岛素抵抗表现为糖原分解增强、糖异生增加和肝糖输出增加。肝脏内有许多糖代谢酶，如己糖激酶（Hexokinase，HK）是调节血糖浓度的关键酶；葡萄糖-6-磷酸酶（Glucose-6-phosphatase，G-6-pase）和磷酸烯醇式丙酮酸羧激酶（Phosphoenolpyruvate carboxykinase，PEPCK）是糖异生作用的限速酶。FOXO1作为胰岛素信号通路PI3K/AKT的转录因子，介导了对糖异生关键酶的调控（高岳等，2019）。同时肝脏也是控制脂质稳态的中枢器官。正常状态下，肝脏内的甘油三酯（TG）含量低于5%，当肝脏TG积累过多时就会造成脂肪代谢紊乱，而肝脏内的TG合成由脂肪酸的合成速率决定。研究表明，AMP活化蛋白激酶（AMP-activated protein kinase，AMPK）是细胞能量的传感器，广泛介入了机体主要组织的糖脂代谢和能量代谢调控，能调控脂类合成与分解的关键因子如固醇调节元件结合蛋白1（sterol-regulatory element binding proteins，SREBP-1）、固醇调节元件结合蛋白2（sterol-regulatory element binding proteins，SREBP-2）和乙酰辅酶A羧化酶（acetyl CoA carboxylase，ACC）等抑制脂肪酸、甘油三酯和胆固醇的合成来调控脂代谢。因此，有效抑制肝脏葡萄糖产生和脂质合成，是改善肝脏胰岛素抵抗和肥胖的重要目标之一。

一般情况下，肝脏合成的 TG 不会在原组织细胞内储存，而是以极低密度脂蛋白（VLDL）或乳糜微粒的形式释放入血，进而升高血脂水平。血循环中 TG 的升高会促进脂肪水解生成甘油和脂肪酸，甘油作为糖异生的直接原料，脂肪酸会被转移到肝脏代谢转化成乙酰辅酶 A。在这一过程中，丙酮酸羧化酶的活性被增强，从而促进丙酮酸进入糖异生途径，最后导致血糖水平升高，形成恶性循环（Nagarajan et al.，2019）。研究表明葡萄糖能促进 SREBP1 的表达，上调乙酰辅酶 A 羧化酶（ACC）和脂肪酸合成酶（fatty acid synthase，FAS）等基因的表达，促进脂肪酸的合成。但是肝脏内糖原代谢与脂质合成和分解的协调性仍不清楚，肝脏代谢稳态受到一系列激素及信号通路、转录因子的调控机制尚不清晰。前期研究证明，燕麦麸皮具有调节肠道菌群稳态和血浆代谢物水平的功能，进而调控肥胖大鼠的糖脂代谢，然而其潜在的作用机理尚不明确。因此，本节以肥胖大鼠的肝脏组织为研究对象，测定了肝脏糖代谢和脂代谢相关的关键酶活，旨在为燕麦麸皮抑制肝脏糖异生和脂肪合成，进而调节糖脂代谢，改善肥胖提供理论依据。

一、燕麦麸皮对高脂饮食诱导的肥胖大鼠肝脏脂质积累的影响

肝脏是许多病理生理过程的关键调控中心，其糖代谢过程一旦发生紊乱，胰岛素的调节作用将受损，导致机体出现胰岛素抵抗状态，最终导致糖尿病的发生和发展。同时，肝脏对于脂代谢的调节作用受损会导致肥胖。

如图 2-19 所述，与 ND 组相比，HFD 组大鼠肝脏的总胆固醇（TC）和甘油三酯（TG）含量显著增加（$P<0.05$），而膳食补充燕麦麸皮可以显著降低肝脏脂质含量（$P<0.05$），这一效果呈剂量依赖性。第三节研究发现，膳食补充燕麦麸皮能显著降低血清脂质水平。以上结果表明，燕麦麸皮可以有效改善高脂饮食引起的脂质积累。已有研究发现，燕麦膳食纤维不仅能预防高脂饮食诱导的小鼠肥胖和血脂异常，还能有效逆转高脂饮食对小鼠的肝脏昼夜节律蛋白表达的不利影响。肝脏在营养素加工、分配和代谢等过程中提供能量，其强大的代谢功能为机体维持正常生理过程提供了保障。因此，改善和保护肝脏的代谢功能有利于预防一系列疾病的发生。

二、燕麦麸皮对高脂饮食诱导的肥胖大鼠胰岛素含量的影响

肝脏是胰岛素作用的重要器官之一，肝脏中的胰岛素既能调节葡萄糖的产生和利用，确保血糖平衡，又能对脂质代谢产生影响。由图 2-20 可知，与 ND 组相比，HFD 组胰岛素水平显著增加（$P<0.05$），与 HFD 组相比，SOB-L、SOB-M 和 SOB-H 组的胰岛素水平显著降低（$P<0.05$），SOB-L 和 SOB-M 组的胰岛素水平无显著性差异。

以上结果表明，膳食补充燕麦麸皮可以显著改善肥胖大鼠的胰岛素抵抗。肝脏中胰岛素的作用主要有两种，一是抑制葡萄糖的生成，具体是通过控制糖异生途径，减少非糖物质转化成葡萄糖，二是促进脂肪酸和甘油三酯的合成，即刺激脂肪生成。在胰岛素抵抗状态下，胰岛素抑制葡萄糖生成能力较弱，同时，脂肪生成被过度激活，这就会导致高血糖和高甘油三酯。这表明燕麦麸皮能改善胰岛素敏感性，进而实现对机体糖脂代谢的调控。

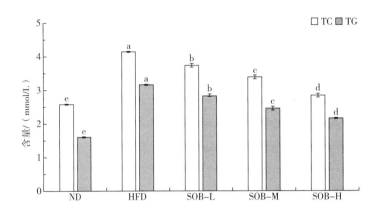

TC—总胆固醇；TG—甘油三酯；ND—正常饮食组；HFD—高脂模型组；SOB-L—蒸制燕麦麸皮低剂量组；
SOB-M—蒸制燕麦麸皮中剂量组；SOB-H—蒸制燕麦麸皮高剂量组。下同。

图2-19　燕麦麸皮对肥胖大鼠脂质含量的影响

注：不同字母的柱状图表示差异有统计学意义（$P<0.05$）。

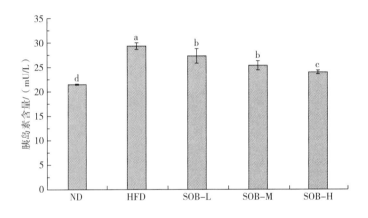

图2-20　燕麦麸皮对肥胖大鼠胰岛素含量的影响

注：不同字母的柱状图表示差异有统计学意义（$P<0.05$）。

三、燕麦麸皮对高脂饮食诱导的肥胖大鼠肝糖原含量的影响

肝脏通过脂肪生成、脂肪酸氧化、糖原合成和糖原分解等方式参与糖脂代谢的调节。图2-21为肝脏肝糖原检测结果，与ND组相比，HFD组的肝糖原含量显著降低，而SOB-L、SOB-M、SOB-H组均能显著提升肝糖原的储存能力（$P<0.05$），且这种作用呈明显的剂量依赖性。

以上结果表明，燕麦麸皮能增加肝脏中肝糖原的储存，改善循环中的葡萄糖水平，有效降低血糖浓度，达到调控葡萄糖代谢的作用。

四、燕麦麸皮对高脂饮食诱导的肥胖大鼠糖代谢关键酶的影响

机体的血糖来源有3种途径，如食物的消化和吸收、肝糖原的分解及非糖物质通过糖

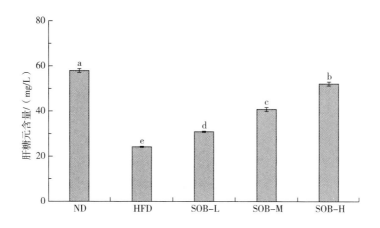

图2-21　燕麦麸皮对肥胖大鼠肝糖原含量的影响

注：不同字母的柱状图表示差异有统计学意义（$P<0.05$）。

异生产生的葡萄糖。同时，机体血糖去路也有3种，糖酵解、合成肝糖原或肌糖原、磷酸戊糖途径生成其他糖。图2-22为己糖激酶（HK）、葡萄糖-6-磷酸酶（G-6-P）和磷酸烯醇式丙酮酸羧激酶（PEPCK）的变化。

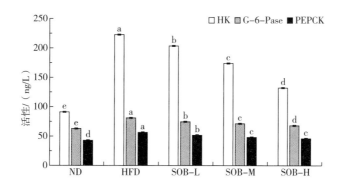

图2-22　燕麦麸皮对肥胖大鼠糖代谢关键酶活性的影响

注：不同字母的柱状图表示差异有统计学意义（$P<0.05$）。

HK是糖酵解和糖原合成的关键酶，能将葡萄糖磷酸化成G-6-P，HK受到次生反应产物G-6-P的反应抑制。与ND组相比，HFD组的HK水平显著增加（$P<0.05$），是ND组的2.44倍。而HFD组大鼠的HK活性分别是SOB-L、SOB-M和SOB-H的1.09、1.28和1.68倍（$P<0.05$）。G-6-P和PEPCK是糖异生作用的关键限速酶，糖异生是非糖前体物质转换为葡萄糖的过程，对于维持机体血糖稳定具有重要意义。与ND组相比，HFD组的G-6-P和PEPCK显著增加，SOB-L、SOB-M和SOB-H均能呈剂量依赖性的显著降低肥胖大鼠的G-6-P和PEPCK活性，降低糖异生作用。以上结果表明，燕麦麸皮能够通过抑制肝糖原的分解及降低G-6-P和PEPCK的活性来抑制糖异生作用，降低HK活性，调节糖酵解，从而减小血糖浓度，维持机体血糖稳定。

五、燕麦麸皮对高脂饮食诱导的肥胖大鼠脂代谢关键酶的影响

（一）燕麦麸皮对高脂饮食诱导的肥胖大鼠脂代谢关键酶 AMPK 的影响

腺苷酸活化蛋白激酶（AMPK）是脂类合成和分解的关键调节因子，在调控糖脂代谢和能量代谢方面有重要的作用。由图 2-23 可知，与 ND 组相比，HFD 组的 AMPK 活性显著降低。与 HFD 组相比，SOB-L、SOB-M 和 SOB-H 组的 AMPK 活性分别显著增加 1.22 倍、1.46 倍、1.81 倍（$P<0.05$）。

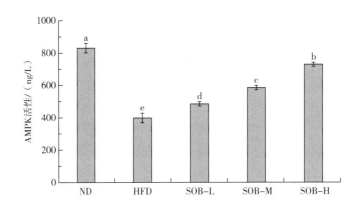

图 2-23　燕麦麸皮对肥胖大鼠腺苷酸活化蛋白激酶（AMPK）活性的影响

注：不同字母的柱状图显示差异有统计学意义（$P<0.05$）。

AMPK 被磷酸化后，能抑制体内脂肪酸、甘油酸和胆固醇的合成，调节脂质代谢，改善胰岛素抵抗，同时还能促进糖酵解，改善胰岛 β-细胞的功能（Jeon et al.，2016）。研究结果表明，燕麦麸皮能提高 AMPK 活性，但是燕麦麸皮能否基于 AMPK 通路发挥调控作用，调节糖脂代谢，还需要进一步探索其具体的作用靶点。

（二）燕麦麸皮对高脂饮食诱导的肥胖大鼠脂代谢脂肪分解关键酶的影响

脂肪甘油三酯酶（ATGL）能够启动脂肪分解，催化甘油三酯（TG）分解为二酰甘油和一分子脂肪酸。激素敏感性脂肪酶（HSL）也是脂肪分解的限速酶，使甘油三酯和甘油二酯分解产生游离脂肪酸。ATGL 和 HSL 这两种脂肪分解酶在分解肝脏甘油三酯中起着关键性作用。

由图 2-24（1）可知，与 ND 组相比，HFD 组的 ATGL 活性显著降低，而 SOB-L、SOB-M 和 SOB-H 组的 ATGL 活性显著提高，相对于 HFD 组分别提高 1.23、1.72 和 2.10 倍（$P<0.05$）。由图 2-24（2）可知，与 ND 组相比，HFD 组的 HSL 活性也显著降低，而 SOB-L、SOB-M 和 SOB-H 三组的 HSL 活性分别能显著提高相对于 HFD 组的 1.13、1.28 和 1.46 倍（$P<0.05$）。ATGL 和 HSL 都是 AMPK 的下游分子，推测燕麦麸皮可能是通过激活 AMPK 的表达，增加 ATGL 和 HSL 的含量，从而促进脂肪分解。

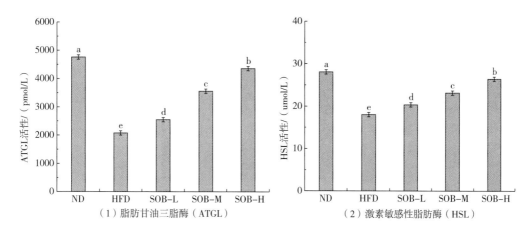

图 2-24　燕麦麸皮对肥胖大鼠 ATGL 和 HSL 活性的影响

注：不同字母的柱状图表示差异有统计学意义（$P<0.05$）。

（三）燕麦麸皮对高脂饮食诱导的肥胖大鼠脂代谢脂肪生成及其他关键酶的影响

由图 2-25（1）可知，与 ND 组相比，HFD 组的乙酰辅酶 A 羧化酶（ACC1）和脂肪酸合成酶（FAS）的酶活显著增加（$P<0.05$），SOB-L、SOB-M 和 SOB-H 组均能呈剂量依赖性的显著降低 ACC1 和 FAS 的酶活（$P<0.05$）。ACC1 是脂肪酸代谢中必不可少的限速酶。FAS 是葡萄糖合成脂肪过程中的关键酶，其活性受到抑制时，脂肪生成的通路也会相应受到抑制。ACC1 和 FAS 都是 AMPK 的下游信号因子。机体内的碳水化合物转变为脂质的必经过程是由 ACC1 和 FAS 所调控的脂肪酸从头合成，对于机体的糖脂代谢调节具有非常重要的意义。这表明燕麦麸皮能够通过提高 AMPK 活性，抑制或降低 ACC1 和 FAS 酶活，进而抑制脂肪酸合成，对于预防肥胖有重要的作用。脂蛋白脂肪酶（LPL）可以将富含甘油三酯脂蛋白（如乳糜微粒、低密度脂蛋白和极低密度脂蛋白）中的甘油三酯水解为甘油和脂肪酸。与 ND 组相比，HFD 组大鼠的 LPL 酶活显著降低（$P<0.05$），而 SOB-L、SOB-M、SOB-H 组均能呈剂量依赖性的显著增加高脂饮食喂养大鼠的 LPL 酶活（$P<0.05$）。研究表明，莲子红皮提取物可以通过调节组织特异性 LPL 的活性，显著改善高脂喂养小鼠的肥胖特征。具体表现为脂肪组织中 LPL 的活性受到抑制，而骨骼肌组织中 LPL 的活性则被增强，通过这样调节 LPL 的活性发挥抗肥胖作用（Xu et al.，2022）。

由图 2-25（2）可知，与 ND 组相比，HFD 组大鼠的 CCAAT 增强子结合蛋白 α（C/EBPα）酶活显著降低（$P<0.05$）。与 HFD 组相比，SOB-L、SOB-M、SOB-H 组的 C/EBPα 酶活分别显著增加了 1.09、1.35、1.50 倍（$P<0.05$）。此外，HFD 组过氧化物酶体增殖物激活受体 γ（PPARγ）[图 2-25（2）] 和固醇调节元件结合蛋白-1（SREBP-1）[图 2-25（3）] 的酶活相比于 ND 组显著增加（$P<0.05$），SOB-L、SOB-M、SOB-H 组均能呈剂量依赖性的显著抑制肥胖大鼠 PPARγ 酶活的增加（$P<0.05$）。C/EBPα、PPARγ 和脂肪细胞定向和分化因子 1 是调控脂肪细胞分化重要的 3 类因子，且 PPARγ 是 C/EBPα 的下游分子，可能通过同一信号传导途径发挥作用。PPARγ 可以直接结合几乎所有脂肪形成基因的启动子，参与脂肪的生成过程。SREBP-1 能调控胆固醇与脂肪酸合成中相关

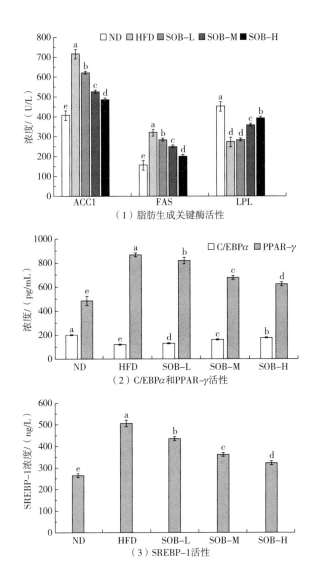

图 2-25　燕麦麸皮对肥胖大鼠脂肪生成关键酶活性的影响

注：（1）ACC1—乙酰辅酶 A 羧化酶；FAS—脂肪酸合成酶；LPL—脂蛋白脂肪酶；（2）C/EBPα—CCAAT 增强子结合蛋白 α；PPARγ—过氧化物酶体增殖剂激活受体 γ；（3）SREBP-1—固醇调节元件结合蛋白 1。不同字母的柱状图显示差异有统计学意义（$P<0.05$）。

酶基因的表达，调节 FAS、低密度脂蛋白受体（LDLR）、ACC1、葡萄糖激酶、磷酸烯醇式丙酮酸羧激酶（PEPCK）等的活性。此外，SREBP-1 蛋白的过表达会引起肝脏 TC 和 TG 的过度累积，进而导致脂肪肝、肥胖、胰岛素抵抗等代谢性疾病。以上结果表明，燕麦麸皮可以通过抑制 ACC1、FAS、PPARγ 和 SREBP-1 酶活，提高 LPL 和 C/EBPα 酶活，调节脂肪酸合成，减少肝脏 TC 和 TG 的积累，达到抗肥胖作用。

📚 本章结论

（1）体外消化后，预处理燕麦麸皮的总膳食纤维和消化前 β-葡聚糖含量无显著性变化，微波处理燕麦麸皮 β-葡聚糖含量显著增加（$P<0.05$），蒸制和热风干燥处理则无显著性变化；预处理燕麦麸皮体外发酵后可明显降低肠道环境的 pH；蒸制燕麦麸皮能显著增加肠道微生物 α-多样性。

（2）与未添加燕麦麸皮相比，添加燕麦麸皮组厚壁菌门的相对丰度显著增加，而变形菌门和放线菌门的相对丰度显著降低（$P<0.05$）。此外，燕麦麸皮的添加可抑制大肠杆菌-志贺菌繁殖，促进普拉梭菌生长，优化肠道菌群平衡。蒸制处理比微波和热风干燥产生更多的乙酸、丙酸和丁酸，可提高燕麦麸皮的发酵能力。

（3）膳食补充燕麦麸皮能显著降低肥胖大鼠的体质量和摄食量（$P<0.05$），减少脂肪堆积，降低血糖，改善糖耐量和胰岛素抵抗。

（4）膳食补充燕麦麸皮能显著降低大鼠血清 TC、TG 和 LDL-C 含量，增加 HDL-C 的含量（$P<0.05$），减少脂质沉积，改善血脂紊乱；增加血清中超氧化物歧化酶和谷胱甘肽过氧化物酶水平，降低丙二醛含量，缓解氧化应激损伤；降低血清中谷丙转氨酶、谷草转氨酶、碱性磷酸酶和谷氨酸转肽酶，减轻和改善肥胖大鼠的肝功能异常情况。

（5）膳食补充燕麦麸皮能改善高脂饮食引起的肝损伤和回肠屏障损害等问题，降低炎症，减轻大鼠体内脂肪细胞的肥大程度，从而预防肥胖的发生，其中高剂量燕麦麸皮的干预效果最好。

（6）膳食补充燕麦麸皮能呈剂量依赖性的显著提高肥胖大鼠胰岛素敏感性，降低胰岛素抵抗，提高肝糖原的合成和储存，抑制 HK、G-6-P 和 PEPCK 的活性，抑制糖异生作用，从而改善机体糖稳态。

（7）膳食补充燕麦麸皮能呈剂量依赖性的显著提高肝脏脂代谢关键调控因子 AMPK 活性，显著增加 HSL 和 ATGL 的酶活，促进脂肪分解，抑制 ACC1、FAS、PPARγ 和 SREBP-1 酶活，提高 LPL 和 C/EBPα 的酶活，调节脂肪酸合成，降低肝脏 TC 和 TG 的积累，改善肝脏的脂质沉积，调节机体脂代谢，达到预防肥胖的作用。

参考文献

［1］ ARMET A M, DEEHAN E C, O'SULLIVAN A F, et al. Rethinking healthy eating in light of the gut microbiome ［J］. Cell Host & Microbe, 2022, 30（6）: 764-785.

［2］ BAI X, ZHANG M, ZHANG Y, et al. Effect of steam, microwave, and hot-air drying on antioxidant capacity and in vitro digestion properties of polyphenols in oat bran ［J］. Journal of Food Processing and Preservation, 2021, 45（12）: e16013.

［3］ BAI X, ZHANG M, ZHANG Y, et al. *In vitro* fermentation of pretreated oat bran by human fecal inoculum and impact on microbiota ［J］. Journal of Functional Foods, 2022, 98: 105278-105290.

［4］ BARUCH EN, YOUNGSTER I, BEN-BETZALEL G, et al. Fecal microbiota transplant promotes response in immunotherapy-refractory melanoma patients ［J］. Science, 2021, 371（6529）: 602-609.

［5］ CHEN X, HE X, FU X, et al. Invitro digestion and physicochemical properties of wheat starch/flour modified by heat-moisture treatment ［J］. Journal of Cereal Science, 2015, 63: 109-115.

［6］ CUSI K. Role of obesity and lipotoxicity in the development of nonalcoholic steatohepatitis: Pathophysiology and clinical implications ［J］. Gastroenterology, 2012, 142: 711-725.

［7］ JEON S M. Regulation and function of AMPK in physiology and diseases ［J］. Experimental & Molecular Medicine, 2016, 48（7）: e245.

［8］ LOPEZ-SILES M, DUNCAN SH, GARCIA-GIL LJ, et al. *Faecalibacterium prausnitzii*: from microbiology to diagnostics and prognostics ［J］. The ISME Journal, 2017, 11（4）: 841-852.

［9］ NAGARAJAN SR, PAUL-HENG M, KRYCER JR, et al. Lipid and glucose metabolism in hepatocyte cell lines and primary mouse hepatocytes: a comprehensive resource for *in vitro* studies of hepatic metabolism ［J］. Am J Physiol Endocrinol Metab, 2019, 316（4）: 578-589.

［10］ RUSSELL WR, GRATZ SW, DUNCAN SH, et al. High-protein, reduced-carbohydrate weight-loss diets promote metabolite profiles likely to be detrimental to colonic health ［J］. The American Journal of Clinical Nutrition, 2011, 93（5）: 1062-1072.

［11］ TANES C, BITTINGER K, GAO Y, et al. Role of dietary fiber in the recovery of the human gut microbiome and its metabolome ［J］. Cell Host & Microbe, 2021, 29（3）: 394-407.

［12］ Xu H, Gao H, Liu F, et al. Red-skin extracts of lotus seeds alleviate high-fat-diet induced obesity via regulating lipoprotein lipase activity ［J］. Foods, 2022, 11（14）: 2085-2101.

［13］ XUE B, MEILI Z, YAKUN Z, et al. Effect of thermal treatments and non-starch fraction on *in vitro* starch digestibility of oat bran ［J］. Journal of Food Processing and Preservation, 2022, 46（12）: e16013.

［14］ XUE B, MEILI Z, YUANYUAN Z, et al. Effects of steaming, microwaving, and hot-air drying on the physicochemical properties and storage stability of oat bran ［J］. Journal of Food Quality, 2021, 240（8）: 1-9.

［15］ ZHU Y, DONG L, HUANG L, et al. Effects of oatβ-glucan, oat resistant starch, and the whole oat flour on insulin resistance, inflammation, and gut microbiota in high-fat-diet-induced type 2 diabetic rats ［J］. Journal of Functional Foods, 2020, 69: 103939-103950.

［16］ 白雪. 预处理燕麦麸皮改善肠道菌群和调节糖脂代谢作用机制研究 ［D］. 呼和浩特: 内蒙古

农业大学, 2023.

[17] 常丰丹. 颗粒态淀粉脂质复合物的制备、理化性质及其形成机理研究 [D]. 广州: 华南理工大学, 2015.

[18] 高岳. 糙米全谷物酚类物质降血糖活性及作用机制研究 [D]. 广州: 华南理工大学, 2019.

[19] 彭斐. 肝脏 TETs 的糖脂代谢功能研究 [D]. 长春: 吉林大学, 2022.

[20] 王菁. 不同种类及剂量全谷物对糖脂代谢及相关机制的研究 [D]. 南京: 东南大学, 2020.

[21] 张莉莉. 辣椒素及其受体 TRPV1 预防肥胖的机制研究 [D]. 重庆: 第三军医大学, 2006.

第三章

超微粉碎技术在燕麦麸皮健康效应中的应用

在当今健康意识日益提升的时代，食品加工技术的革新为提升食物营养价值与健康效益开辟了新路径。本章重点聚焦于超微粉碎燕麦麸皮对高脂饮食诱导肥胖的干预作用，不仅为燕麦麸皮的开发利用提供了科学证据，更为功能性食品的创新与肥胖症的治疗策略开辟了新的研究方向。通过体内外实验结合肠道微生物群的研究，我们正逐步揭开燕麦麸皮在促进健康与防治代谢性疾病中的奥秘。

第一节　超微粉碎处理改善燕麦麸皮特性与功能

燕麦麸皮（Oat bran）是燕麦加工成燕麦米、燕麦片、燕麦面粉等燕麦制品过程中的副产物。燕麦麸皮中含有丰富的膳食纤维，其中可溶性膳食纤维β-葡聚糖的含量最高，为谷物中第一位。膳食纤维通过调控肠道微生物的生长繁殖，对肥胖、糖尿病、炎症性肠道疾病等多种代谢性疾病具有显著的改善和预防作用。同时，燕麦麸皮中还含有多种酚类物质，具有良好的抗氧化、抗衰老作用。

超微粉碎作为一种新型食品加工技术，是制备粒径小于$10\sim25\mu m$且具有良好表面性能的超细粉末的有效工具。该项技术的主要特点是产品粒径极小、比表面积剧增、细胞破壁率提高，从而改善物料的理化性质，如分散性、吸附性、溶解性、化学活性、生物活性等，促进原料中营养物质的释放，并显著提高其吸收利用率，是食品行业中一种理想的加工手段。已有研究表明，超微粉碎处理得到的粉末具有更高的分散性、溶解性、保水性和抗氧化性。目前，超微粉碎技术在生产保健品和功能性食品方面显示出巨大的潜力。

一、超微粉碎对燕麦麸皮相关特性的影响

燕麦作为一种传统的全麦谷类食品，不仅含有膳食纤维、蛋白质、肽、氨基酸和维生素等大部分功能分子，还含有植酸盐、木脂素、多酚和酚酸等植物化学物质，这些物质集中在谷粒的外层麸皮中（Han et al.，2021）。燕麦麸皮作为燕麦加工过程中的副产品，因食用品质较低，人们通常将其中的功能性成分提取后添加到食品中，或者将其简单粉碎后直接加入食品，这可能会造成环境污染及资源浪费。

β-葡聚糖、多酚等营养物质大多存在于植物细胞壁中，而传统加工方法很难打破植物细胞壁，导致植物营养物质和功能性成分的释放效率低下。为了克服这些困难，作为一项新型食品加工技术，超微粉碎技术可以制备具有良好表面性能的超细粉末，已被广泛运用于茶叶、小麦、果蔬等领域（Fan et al.，2022），但在燕麦麸皮的应用研究相对有限。

本实验采用超微粉碎技术，将燕麦麸皮按照不同粉碎时间进行处理，制备出七种不同粒径的燕麦麸皮，旨在分析其主要功能性成分含量、物理特性、吸附特性以及抗氧化特性之间的差异。

（一）超微粉碎对燕麦麸皮粒径分布的影响

超微粉碎技术可有效减少产品颗粒粒径，进而显著增加产品比表面积。比表面积的增大不仅使更多活性基团暴露，提高产品的生理活性，还可以明显改善样品的口感，使其不

再具有粗糙的颗粒感。因此，可以将燕麦麸皮超微粉广泛应用于食品中。超微粉碎后燕麦麸皮的粒径分布如表 3-1 所示。

表 3-1 超微粉碎对燕麦麸皮粉体粒径的影响

粉碎时间/min	体积平均径 D[4,3]/μm	面积平均径 D[3,2]/μm	D10/μm	D50/μm	D75/μm	D90/μm	比表面积/(m²/kg)
0	506.15± 11.80ᵃ	55.31± 2.14ᵃ	194.85± 3.53ᵃ	466.79± 32.93ᵃ	655.39± 33.15ᵃ	852.18± 26.55ᵃ	39.83± 1.15ᵃ
0.5	237.85± 2.88ᵇ	25.81± 0.58ᵇ	8.60± 0.10ᵇ	183.19± 14.20ᵇ	344.20± 25.47ᵇ	549.15± 27.18ᵇ	88.01± 2.98ᵇ
1	52.52± 3.50ᶜ	14.31± 0.27ᶜ	6.53± 0.07ᵇ	28.12± 1.32ᶜ	65.25± 4.13ᶜ	130.04± 10.69ᶜ	155.30± 2.91ᶜ
3	33.95± 1.13ᵈ	10.47± 0.31ᵈ	4.19± 0.03ᶜ	18.90± 0.34ᶜ	43.96± 0.83ᶜᵈ	90.08± 1.63ᵈ	230.78± 1.87ᵈ
5	24.11± 024ᵉ	9.03± 0.17ᵉ	3.52± 0.07ᵈ	15.22± 0.03ᶜ	32.40± 0.45ᵈ	57.43± 1.13ᵉ	246.00± 4.57ᵉ
10	23.09± 0.45ᵉ	7.87± 0.14ᵉ	3.18± 0.05ᵈ	12.76± 0.10ᶜ	30.64± 0.21ᵈ	56.35± 0.20ᵉ	282.31± 5.11ᶠ
20	17.38± 0.22ᵉ	7.77± 0.01ᵉ	3.32± 0.01ᵈ	11.68± 0.03ᶜ	22.11± 0.21ᵈ	39.6± 0.69ᵉ	285.88± 0.32ᶠ

注：D（4,3）表示体积平均径，D（3,2）表示面积平均径，$D10$、$D50$、$D75$、$D90$ 的值分别表示粒径小于该值的颗粒占总颗粒的 10%、50%、75%、90%。表中同列不同字母表示差异显著（$P<0.05$）。

由表 3-1 可知，随着粉碎时间的增加，$D10$~$D90$、D（4,3）和 D（3,2）值均呈显著下降趋势（$P<0.05$），这表明粉碎时间越长，粒径分布程度越小，粉体大小越均匀。$D50$ 值表明样品已达到超细食品粉末级。以体积平均径结果为例，可以看出，随着粉碎时间的延长，燕麦麸皮的粒径呈减小趋势。当粉碎处理 0~5min 时，粒径显著减小，粉碎处理 5~20min 时，粒径减少的趋势不再显著。随着粒径的减小，样品的比表面积迅速增大，从 39.83m²/kg 升至 285.88m²/kg，增大了 6.18 倍。

（二）超微粉碎对燕麦麸皮主要营养成分的影响

燕麦麸皮经超微粉碎处理后，粒径显著减小，细胞破壁率提高，有效促进了原料中营养物质的释放，进而提高了营养物质吸收利用率。不同超微粉碎时间对燕麦麸皮主要营养成分的影响见表 3-2。

表 3-2 超微粉碎对燕麦麸皮主要营养成分的影响（干物质）

粉碎时间/min	淀粉含量/（g/100g）	脂肪含量/（g/100g）	蛋白质含量/（g/100g）	还原糖含量/（g/100g）
0	41.95±1.63ᵃ	6.87±0.14ᶜ	22.29±0.02ᵃ	0.99±0.02ᵃ

续表

粉碎时间/min	淀粉含量/ (g/100g)	脂肪含量/ (g/100g)	蛋白质含量/ (g/100g)	还原糖含量/ (g/100g)
0.5	42.12±1.97[a]	10.64±0.10[ab]	21.80±0.15[b]	1.00±0.05[a]
1	42.62±1.04[a]	10.96±0.59[a]	21.40±0.20[c]	1.01±0.04[a]
3	42.92±0.63[a]	10.98±0.42[a]	21.40±0.07[c]	0.97±0.02[a]
5	42.70±1.40[a]	11.08±0.45[a]	21.42±0.02[c]	0.98±0.01[a]
10	42.99±0.40[a]	11.35±0.28[a]	21.58±0.13[bc]	0.98±0.02[a]
20	43.96±0.32[a]	10.40±0.28[b]	21.63±0.22[bc]	1.00±0.04[a]

注：表中同列不同字母表示差异显著（$P<0.05$）。

由表3-2可知，与未处理组相比，随着粉碎时间的增加，燕麦麸皮中的脂肪含量先增加后减少，各组之间差异显著（$P<0.05$）。这是因为随着燕麦麸皮粒径减小，表面积增大，使更多皮层中的脂肪成分暴露出来。燕麦麸皮粉碎后的各组中，蛋白质含量无显著差异（$P>0.05$）。与未处理组相比，超微粉碎组的燕麦麸皮中淀粉和还原糖含量变化趋势不明显，且各组之间无显著性差异（$P>0.05$）。综上表明超微粉碎对燕麦麸皮中主要营养成分的影响主要体现在脂肪含量的变化上。

（三）超微粉碎对燕麦麸皮功能性成分含量的影响

并非超微粉碎时间越长、粉末越细，功能性成分溶出率就越高。只有合适的粉碎时间才能最大程度地提高燕麦麸皮中的功能性成分，不同粉碎时间燕麦麸皮超微粉的功能性成分如表3-3所示。

表3-3　　　　　　　　超微粉碎对燕麦麸皮功能性成分的影响（干物质）

粉碎时间/ min	β-葡聚糖含量/ (g/100g)	总酚含量/ (mg/100g)	总膳食纤维含量（TDF）/ (g/100g)	不溶性膳食纤维含量（IDF）/ (g/100g)	可溶性膳食纤维含量（SDF）/ (g/100g)
0	11.25±0.08[a]	380.40±9.58[f]	27.54±1.06[a]	15.76±0.36[a]	11.94±0.48[d]
0.5	11.37±0.01[a]	409.66±8.46[e]	26.69±0.09[b]	13.39±0.34[b]	13.29±0.43[c]
1	11.37±0.14[a]	429.08±2.22[d]	26.09±0.18[c]	12.23±0.18[c]	13.86±0.01[c]
3	11.56±0.10[a]	484.56±10.55[c]	26.04±0.66[c]	11.75±0.12[d]	14.29±0.55[b]
5	11.59±0.02[a]	579.85±10.69[a]	25.64±0.06[d]	9.38±0.56[e]	16.25±0.50[a]
10	11.63±0.04[a]	546.24±15.59[b]	25.45±0.05[d]	9.36±0.40[e]	16.09±0.35[a]
20	11.18±0.33[a]	499.95±10.89[c]	23.24±0.54[e]	8.97±0.07[f]	14.27±0.61[b]

注：表中同列不同字母表示差异显著（$P<0.05$）。

由表3-3可知，超微粉碎后，随着粉碎时间的延长，β-葡聚糖含量呈先增加后减小趋势。其中，粉碎时间为 5min、10min 的燕麦麸皮中 β-葡聚糖含量更高，分别为 11.59g/100g、11.63g/100g，两者之间差异不显著（$P>0.05$）。随着超微粉碎时间的延长，总酚和 SDF 含量同样呈先增大后减小趋势，各组之间存在显著差异（$P<0.05$）。特别是粉碎时间为 5min 时，总酚和 SDF 含量最高，分别为 579.85mg/100g、16.25g/100g。然而，对于 TDF 和 IDF 来说，随着粉碎时间的增加，其含量呈显著下降趋势（$P<0.05$）。

分析其原因，一方面，燕麦麸皮经超微粉碎后细胞壁被破坏，细胞内部的功能性成分溶出阻力减小，从而功能性成分溶出率提高。同时，超微粉碎改变了粉体中蛋白质及纤维素的结构，使其细化，促进了结合多酚的释放。另一方面随着粉体粒径减小，粉体均匀性增加，物料与溶剂的接触面积逐渐增大，接触更为充分。这在一定时间内加速了总酚的溶出速度，使得超微粉的总酚含量增加。但超微粉碎时间过长，燕麦麸皮受到更多的物理作用力，可能造成功能性成分结构被破坏，进而引起其含量的下降。此外，SDF 含量升高的原因还可能是大分子物质在粉碎过程中发生了熔融现象，使不可溶性物质转化成可溶性物质。

在本实验条件下，超微粉碎处理 5min 时，功能性成分溶出的效果最佳。适当的粉碎时间有利于减小粒径，提高生物活性成分的含量。

（四）超微粉碎对燕麦麸皮物理性质的影响

1. 水合作用

超微粉碎处理可以提高样品的比表面积，使其与水的接触面积增大。此外，超微粉碎会导致纤维类物质的空间结构改变，孔隙增大，使其更容易与水结合。超微粉碎对燕麦麸皮的持水力（WHC）、水溶性指数（WSI）和膨胀力（SC）的影响见图 3-1（1）～（3）。

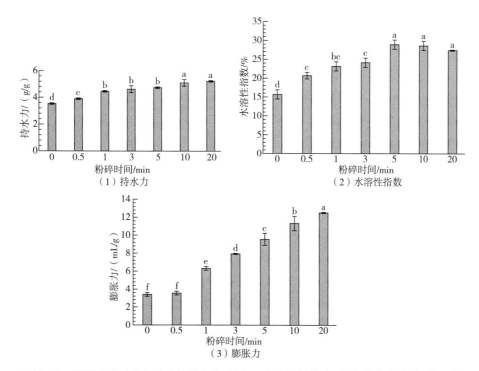

图 3-1 超微粉碎对燕麦麸皮的持水力（1）、水溶性指数（2）和膨胀力（3）的影响

由图 3-1 可知，随着粉碎时间的增加，燕麦麸皮的持水力和膨胀力均显著升高（$P<0.05$）。持水力从 3.53g/g 上升至 5.23g/g，提高了 48.15%；膨胀力从 3.42mL/g 增大至 12.55mL/g，提高了 2.67 倍。水溶性指数呈先升高后下降趋势，当粉碎时间为 5min 时，水溶性指数最高，为28.92%，与未处理组相比提高了 84.44%，但与 10min 和 20min 组间差异不显著（$P>0.05$）。这表明超微粉碎处理后，样品的粒径减小，比表面积增大，促使更多可溶性的成分溶出，提高了样品的水溶性。

2. 持油力

除持水力和膨胀力之外，膳食纤维还具有吸附油脂的能力，超微粉碎对燕麦麸皮的持油力（OHC，包括植物油和动物油）的影响，如图 3-2 所示。

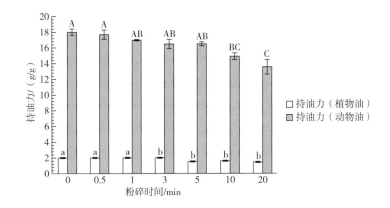

图 3-2　超微粉碎对燕麦麸皮持油力的影响

由图 3-2 可知，超微粉碎对燕麦麸皮的持油力表现不佳。随粉碎时间增加，燕麦麸皮对动物油和植物油的持油力均呈下降趋势，其中，粉碎时间为 0~5min 时燕麦麸皮对持动物油能力差异不显著（$P>0.05$）。在粉碎时间为 20min 时，两种持油力最低，分别为1.40g/g（植物油）、13.60g/g（动物油），与未处理组相比分别下降了 30.40% 和 24.53%。超微粉碎处理导致燕麦麸皮表面更多的亲水基团被暴露出来，亲油性随之下降。此外，具有多孔结构的膳食纤维对油具有高亲和力，而超微粉碎处理不仅可能降低总膳食纤维的含量，还破坏了膳食纤维的结构，使不溶性膳食纤维转变成可溶性膳食纤维，因此，燕麦麸皮的持油力下降。

（五）超微粉碎对燕麦麸皮吸附特性的影响

1. 超微粉碎对燕麦麸皮吸附胆固醇能力的影响

胆固醇吸附能力是衡量燕麦麸皮膳食纤维理化性能的重要指标之一。不同超微粉碎时间对燕麦麸皮吸附胆固醇能力的影响如图 3-3 所示。

由图 3-3 可知，在中性条件下，随着粉碎时间的增加，燕麦麸皮对胆固醇的吸附作用呈先增加后降低的趋势。其中粉碎 5min 时，胆固醇吸附量为 9.44mg/g，显著高于其他各组（$P<0.05$）。这可归因于 SDF 具有吸附作用，经超微粉碎后，SDF 的含量升高，比表面积增大，更易形成黏膜层，利于吸附；但过度粉碎则会使膳食纤维结构受到一定程度的破

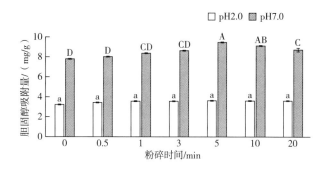

图 3-3　超微粉碎对燕麦麸皮吸附胆固醇能力的影响

坏，吸附能力下降。在酸性条件下，随着粉碎时间的增加，燕麦麸皮对胆固醇的吸附作用虽呈上升趋势，但各组之间无显著性差异（$P>0.05$）。中性条件下燕麦麸皮粉碎后对胆固醇吸附量显著优于酸性条件（$P<0.05$）。表明其吸附能力受 pH 的影响较大，在中性环境中吸附胆固醇的效果更佳。

2. 超微粉碎对燕麦麸皮吸附胆酸盐的影响

人体内胆汁酸主要以胆酸钠形式存在。游离（残余）胆酸钠含量越少，可表明燕麦麸皮对胆酸钠的吸附能力越好。不同超微粉碎时间下燕麦麸皮吸附胆酸盐的变化趋势，如图 3-4 所示。

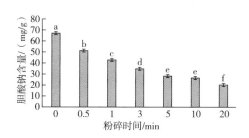

图 3-4　超微粉碎对燕麦麸皮胆酸钠吸附特性的影响

由图 3-4 可知，燕麦麸皮均对胆酸钠具有吸附作用。随着超微粉碎时间的延长，游离胆酸钠含量逐渐减少，分别为 66.92mg/g、52.01mg/g、43.28mg/g、35.34mg/g、28.44mg/g、27.13mg/g、20.50mg/g，各组之间存在显著差异（$P<0.05$）。这表明燕麦麸皮对胆酸盐具有较好的吸附作用。燕麦麸能有效吸收肠道内的胆酸钠，并在粪便中排泄。当胆酸钠含量降低时，身体自动将胆固醇转化为胆酸钠进行补充。因此燕麦麸减少了胆酸钠的再吸收，促进胆固醇消耗，有利于降低血脂，对维持人体健康具有重要意义。

3. 超微粉碎对燕麦麸皮吸附葡萄糖的影响

葡萄糖透析是葡萄糖在胃肠道被延迟吸收的体外指标，能够很好地反映使葡萄糖延迟吸收的能力。超微粉碎对燕麦麸皮葡萄糖延迟吸收能力的影响见图 3-5（1）和（2）。

由图 3-5（1）可知，随着透析时间的延长，透析液中的葡萄糖含量呈升高趋势，在相同时间内，超微粉碎 20min 的燕麦麸皮葡萄糖透析量最少，而粉碎时间为 3min 时，葡萄糖透析含量最多。这与超微粉碎处理后，粉体粒径变小，促进小分子物质（葡萄糖）溶出有关。另外，与膳食纤维的结构相关，不同类型的膳食纤维具有不同的吸附能力，SDF 具

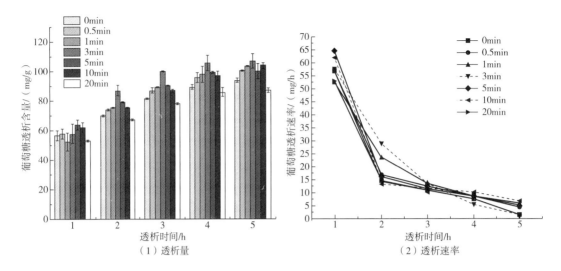

图3-5　超微粉碎对燕麦麸皮葡萄糖透析量和透析速率的影响

有黏性，可以截留住更多的葡萄糖。随透析时间延长，燕麦麸皮对葡萄糖的吸附量接近饱和，吸附过程达到动态平衡。在5h时，葡萄糖透析含量的大小为3min>1min>10min>0.5min>5min>0min>20min。

由图3-5（2）可知，随着透析时间的延长，葡萄糖透析速率均呈下降趋势，并在3h后趋势变缓。其中，超微粉碎20min的燕麦麸皮葡萄糖透析速率最慢，分别为10.56、7.95、1.34mg/h。超微粉碎处理后，燕麦麸皮能更有效地减缓葡萄糖扩散，为餐后血糖管理提供理论依据。

（六）超微粉碎对燕麦麸皮抗氧化性的影响

自由基清除能力在一定程度上反映出燕麦麸皮的抗氧化能力，表3-4所列为总抗氧化能力（T-AOC）、DPPH自由基（DPPH·）、ABTS阳离子自由基（ABTS$^+$·）以及羟自由基（·OH）清除率的测定结果，这些数据揭示了燕麦麸皮超微粉提取物的抗氧化性。

表3-4　　　　　　　　　　超微粉碎对燕麦麸皮抗氧化性的影响

粉碎时间/min	T-AOC/（U/g 麸皮）	DPPH·清除率/%	ABTS$^+$·清除率/%	·OH 清除率/%
0	65.50±0.69^g	50.89±1.33^d	71.98±1.82^e	34.29±1.89^f
0.5	71.87±0.92^f	60.29±1.88^c	74.39±1.65^d	35.12±1.17^f
1	102.57±0.46^e	63.03±0.59^b	75.34±0.55^d	37.74±0.51^e
3	127.89±0.69^c	64.08±0.50^b	78.49±0.65^c	43.77±1.17^c
5	163.99±0.92^a	68.71±0.10^a	82.48±0.86^a	49.38±0.51^a
10	134.59±0.46^b	68.13±0.51^a	81.15±0.39^b	46.60±0.5^b
20	119.40±0.69^d	58.42±0.61^c	78.43±0.78^c	40.94±0.22^d

注：同一列不同字母表示差异显著（$P<0.05$）。

如表所示，燕麦麸皮超微粉的提取物具有显著的抗氧化特性，尤其在清除 ABTS⁺· 方面展现出较强的能力。随着粉碎时间的延长，燕麦麸皮的 T-AOC、DPPH·、ABTS⁺· 以及 ·OH 清除率均呈先上升后下降趋势，各组之间存在显著性差异（$P<0.05$）。当粉碎时间为 5min 时，燕麦麸皮的 T-AOC 达到最高值 163.99 U/g，DPPH·、ABTS⁺· 以及·OH 清除率也均达到峰值，分别为 68.71%、82.48%、49.38%。由此可知，超微粉碎处理可有效提高燕麦麸皮粉的抗氧化能力。

（七）超微粉碎对燕麦麸皮结构特性的影响

此部分利用红外光谱测定粉体颗粒的分子特征，通过图谱检测是否有新的基团生成，从而确定超微粉碎处理是否破坏了燕麦麸皮中化合物的结构。超微粉碎处理后，燕麦麸皮结构的变化如图 3-6 所示。

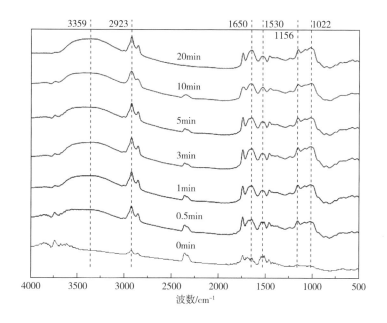

图 3-6　不同粉碎时间燕麦麸皮的傅里叶红外光谱图

由图 3-6 可知，超微粉碎前后，燕麦麸皮的出峰位置和形状基本相似，仅在强度上有一定差异。这可能是因为超微粉碎导致的部分基团暴露或是粉末大小不同引起的散射强度变化（Zhong et al.，2016）。由此可得，超微粉碎处理并未对燕麦麸皮官能团产生影响，其中的主要成分也未发生改变。3000~3600cm⁻¹ 较宽的峰，是天然纤维素类多糖和多酚结构中 O—H 的伸缩振动峰。随着粉碎时间的延长，该峰的强度逐渐增加，这与前面多酚含量的变化相一致。2800~3000cm⁻¹ 出现的吸收峰为半纤维素多糖中—CH₂ 或—CH₃ 上 C—H 的伸缩振动。在 1650cm⁻¹ 左右的吸收峰为木质素芳香族化合物苯环上的 C—H、糖醛酸和多酚中 C=O 和—COOH 的伸缩振动。在 1500cm⁻¹ 左右处有吸收峰，该峰为仲酰胺基的酰胺Ⅱ带，表明燕麦麸皮中含有少量蛋白质。1000~1200cm⁻¹ 出现的吸收峰是糖类 C—O 的伸缩振动峰，其中 1156cm⁻¹ 左右处的峰由半纤维素和纤维素 C—O—C 伸缩振动所致；

1022.86~1080.51cm⁻¹ 处较宽的吸收峰是半纤维素糖环中 C—O—C 的特征吸收峰（Zhao et al.，2020）。综上可知，燕麦麸皮中含有蛋白质、纤维素、半纤维素、多酚等物质，超微粉碎并未破坏燕麦麸皮中的营养成分。

（八）相关性及主成分分析（PCA）

对超微粉碎后燕麦麸皮 β-葡聚糖、总酚、总膳食纤维（TDF）、不溶性膳食纤维（IDF）、可溶性膳食纤维（SDF）含量与燕麦麸皮吸附特性、物理特性及抗氧化性进行相关性分析，相关性如表3-5所示。

表3-5　　　超微粉碎燕麦麸皮功能性成分与物理性质、抗氧化性的相关性

	性质	β-葡聚糖含量	总酚含量	TDF 含量	IDF 含量	SDF 含量
吸附特性	吸附胆酸盐能力 BAC	0.293	0.857**	-0.820**	-0.975**	0.802**
	吸附胆固醇能力 CAC（pH=7.0）	0.505*	0.984**	-0.504*	-0.886**	0.951**
	吸附胆固醇能力 CAC（pH=2.0）	0.468*	0.866**	-0.612**	-0.922**	0.901**
物理特性	持油力 OHC（动物油）	0.127	-0.512*	0.536*	0.648**	-0.531*
	持油力 OHC（植物油）	-0.243	-0.727**	0.690**	0.764**	-0.592**
	持水力 WHC	0.216	0.781**	-0.775**	-0.917**	0.754**
	水溶性指数 WSI	0.414	0.873**	-0.698**	-0.925**	0.834**
	膨胀力 SC	0.201	0.820**	-0.831**	-0.933**	0.734**
抗氧化性	总抗氧化能力 T-AOC	0.531*	0.957**	-0.509*	-0.854**	0.895**
	DPPH·清除率	0.706**	0.806**	-0.250	-0.710**	0.886**
	ABTS⁺·清除率	0.528*	0.941**	-0.531*	-0.902**	0.941**
	·OH 清除率	0.615**	0.962**	-0.443*	-0.817**	0.902**

注：* 表示显著相关（$P<0.05$）；** 表示极显著相关（$P<0.01$）。

β-葡聚糖含量与吸附胆固醇能力、T-AOC、ABTS⁺·清除率呈显著正相关（$P<0.05$），相关系数在 0.50 左右；与 DPPH·清除率、·OH 清除率呈极显著正相关（$P<0.01$）。与其他指标之间无显著相关性（$P>0.05$）。

总酚和 SDF 含量均与 OHC（动物油）呈显著负相关（$P<0.05$），与 OHC（植物油）呈极显著负相关（$P<0.01$）；而除 OHC 外，总酚和 SDF 含量与其他物理性质、吸附特性以及抗氧化性指标之间均呈极显著正相关（$P<0.01$），其中总酚含量与抗氧化指标之间的相关系数达到 0.81 以上。SDF 含量与吸附特性之间的相关系数大于 0.80，与抗氧化指标之间的相关系数在 0.90 左右。

TDF 含量与 OHC（动物油）呈显著正相关（$P<0.05$），与吸附胆固醇能力呈显著负相关（$P<0.05$），与其他吸附特性和物理特性呈极显著负相关（$P<0.01$）。除 DPPH·清除率外，TDF 含量与其他抗氧化指标呈显著负相关（$P<0.05$）。

IDF 含量与 OHC（动物油、植物油）呈极显著正相关（$P<0.01$），与其他吸附特性、物理特性以及抗氧化性之间呈极显著负相关（$P<0.01$）。

对 T-AOC 和 ABTS$^+$·清除率影响的贡献值排序为总酚含量>SDF 含量>IDF 含量>TDF 含量>β-葡聚糖含量。

以上相关性分析表明：总酚、TDF、SDF、IDF 含量与物理特性和吸附特性之间具有强相关性，其相关系数普遍在 0.70 左右。β-葡聚糖、总酚、SDF、IDF 含量与抗氧化指标间存在极强相关性，相关系数均大于 0.52。β-葡聚糖、总酚、TDF、SDF、IDF 可能是燕麦麸皮起到抗氧化能力的重要功能性成分。

表 3-6　　　　　　　　　　　KMO 检验和 Bartlett 球度检验

KMO 取样适切性量数		0.782
Bartlett 球度检验	近似卡方	694.328
	自由度	136
	显著性	0

KMO 检验是用于评估变量间是否适合进行主成分分析或因子分析的重要指标，若 KMO 取值小于 0.5 时，则该数据不宜做主成分分析或因子分析；Bartlett 球度检验用于检验变量间的相关矩阵是否偏离球形分布，若检验值（显著性）小于 0.05，则认为各变量存在相关性，适宜进行因子分析或主成分分析。经过标准化无量纲处理后的数据进行 KMO 检验和 Bartlett 球度检验，结果如表 3-6 所示。经检验发现 KMO 值为 0.782，Bartlett 球度检验结果显著性为 0，可以得出结论：此数据适宜进一步进行因子分析或主成分分析。

表 3-7　　　　　　　　　　　主成分分析的方差贡献率

主成分	特征值	方差贡献率/%	累计贡献率/%
1	12.953	76.197	76.197
2	2.115	12.439	88.635
3	0.582	3.422	92.057
4	0.519	3.052	95.110
5	0.344	2.022	97.131

为了准确评估燕麦麸皮超微粉各种性质的主导作用，对原始数据进行标准化处理后，进行主成分分析。通常依据特征值≥1 或者累积贡献率>80% 的标准，来确定主成分数目。由表 3-7 可知，前两个主成分的特征值均大于 1，并且累计贡献率达到 88.635%，适宜选取前两个主成分用于因子分析。

表 3-8　　　　　　　　　　　成分得分系数矩阵

指标	主成分 1（F_1）	主成分 2（F_2）
β-葡聚糖含量	0.035	0.348
总酚含量	0.074	0.076

续表

指标	主成分1（F_1）	主成分2（F_2）
TDF 含量	−0.052	0.273
IDF 含量	−0.075	0.080
SDF 含量	0.071	0.114
BAC	0.074	−0.110
CAC（pH=7.0）	0.074	0.090
CAC（pH=2.0）	0.073	0.046
OHC（动物油）	−0.049	0.262
OHC（植物油）	−0.061	0.149
WHC	0.070	−0.147
WSI	0.073	−0.006
SW	0.070	−0.167
T−AOC	0.073	0.093
DPPH·清除率	0.062	0.238
ABTS$^+$·清除率	0.074	0.074
·OH 清除率	0.071	0.135

成分得分系数矩阵见表3-8，据此可将因子得分模型表示如下：

$$F_1 = \sum_{i=1}^{17} a_i X_i, \quad F_2 = \sum_{i=1}^{17} b_i X_i$$

式中 a_i 和 b_i 分别代表第一和第二主成分中各变量的系数。

综合得分=［F_1×（对应的方差贡献率）+F_2×（对应的方差贡献率）］/累计贡献率。综合得分越高，综合性状就越好。计算结果见表3-9。由表3-9可知，燕麦麸皮经超微粉处理5min后，其综合得分最高，为1.087，综合性状最佳。

表3-9　　　　　　　　　　综合评价得分表

粉碎时间	综合得分	排名	粉碎时间	综合得分	排名
0min	−1.481	7	5min	1.087	1
0.5min	−0.769	6	10min	0.921	2
1min	−0.295	5	20min	0.270	3
3min	0.268	4	—	—	—

二、超微粉碎燕麦麸皮对消化酶的抑制作用

食物中与肥胖密切相关的主要营养物质是淀粉和脂肪。抑制这两种物质的降解对改善肥胖症状具有重要意义。α-淀粉酶和 α-葡萄糖苷酶是人体中主要降解淀粉、蔗糖以及麦芽糖等糖类化合物的消化酶，抑制其活性可有效减缓葡萄糖的产生速度，减少胃肠道的吸收，对降低餐后血糖具有重要作用，同时对脂肪合成具有调节作用（Ardeshirlarijani et al.，2019）。最近的研究表明，脂肪的消化是影响胃排空、胃肠激素分泌、食欲和能量摄

入的先决条件（Little et al.，2007）。与膳食脂肪有关的酶，包括十二指肠前脂肪酶（舌脂肪酶和胃脂肪酶）、胰脂肪酶、胆固醇酯酶和胆盐刺激脂肪酶。其中，膳食脂肪的消化主要依赖胰脂肪酶，它能够水解50%~70%的膳食脂肪（Birari et al.，2007）。而胆固醇酯酶的主要作用是水解胆固醇酯产生胆固醇和脂肪酸。因此，从源头上控制这四种消化酶的活性，减少食物中糖类和脂类物质的消化吸收，是控制和治疗肥胖的关键。

基于前期的研究发现，燕麦麸皮中含有丰富的 β-葡聚糖、多酚等功能性物质，具有抑制消化酶活性的作用。超微粉碎5min的燕麦麸皮具有最佳的综合特性。因此，本研究旨在探讨不同剂量的燕麦麸皮对相关酶活性的抑制作用，及其体外消化前后抗氧化性的变化，以确定燕麦麸皮的有效剂量，为进一步研究燕麦麸皮的减肥机制提供理论依据。

（一）燕麦麸皮超微粉对 α-淀粉酶活性的抑制作用

α-淀粉酶是人体中主要降解淀粉的消化酶之一，对餐后血糖的调节发挥着重要作用。燕麦麸皮超微粉对 α-淀粉酶的抑制作用见图3-7。

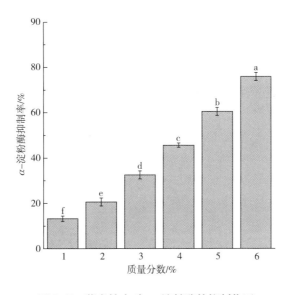

图3-7　燕麦麸皮对 α-淀粉酶的抑制作用

由图3-7可知，不同浓度的燕麦麸皮对 α-淀粉酶活性均有抑制作用，且呈浓度依赖性。随着燕麦麸皮浓度的升高，对 α-淀粉酶抑制作用显著增强（$P<0.05$），半抑制率（half maximal inhibitory concentration，IC_{50}）为4.23%。另外，5%燕麦麸皮对 α-淀粉酶抑制率达到了60.23%。这可能与燕麦麸皮中多酚和黄酮类化合物的含量相关。

（二）燕麦麸皮超微粉对 α-葡萄糖苷酶活性的抑制作用

α-葡萄糖苷酶是人体中主要降解糖类化合物的消化酶，抑制其活性可有效减缓葡萄糖的产生速度。燕麦麸皮体外消化物对 α-葡萄糖苷酶的抑制作用如图3-8所示。

由图3-8可知，不同浓度的燕麦麸皮对 α-葡萄糖苷酶活性均有抑制作用，且呈浓度依赖性。随着燕麦麸皮浓度的升高，对 α-葡萄糖苷酶的抑制作用显著增强（$P<0.05$），

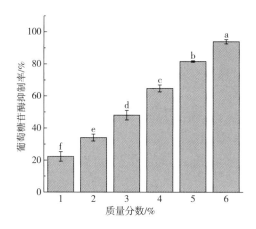

图3-8　燕麦麸皮对 α-葡萄糖苷酶的抑制作用

IC_{50}值为2.94%。另外，3%燕麦麸皮对 α-葡萄糖苷酶的抑制率达到了48.09%。与 α-淀粉酶相比，在相同浓度下，燕麦麸皮对 α-葡萄糖苷酶的抑制率更高。燕麦麸皮体外消化后，多酚和黄酮类物质含量提高，进而燕麦麸皮对 α-淀粉酶、α-葡萄糖糖苷酶的抑制效果增强。

（三）燕麦麸皮超微粉对胰脂肪酶活性的抑制作用

　　脂肪的消化对胃排空、胃肠激素分泌、食欲影响和能量摄入起着至关重要的作用。燕麦麸皮超微粉在模拟体外消化后，其产物对胰脂肪酶活性的抑制作用如图3-9所示。

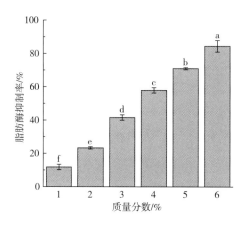

图3-9　燕麦麸皮对胰脂肪酶的抑制作用

　　由图3-9可知，不同浓度燕麦麸皮对胰脂肪酶的活性均有抑制作用，且呈浓度依赖性。随着燕麦麸皮浓度的增加，对胰脂肪酶的抑制作用显著升高（$P<0.05$），IC_{50}值为3.63%。另外，4%燕麦麸皮对胰脂肪酶的抑制率达到了57.82%。这可能是由于消化后，燕麦麸皮膳食纤维含量明显上升，使得燕麦麸皮对胰脂肪酶的活性产生抑制作用。

（四）燕麦麸皮超微粉对胆固醇酯酶活性的抑制作用

燕麦麸皮中膳食纤维的多孔结构，使其具有很好的吸附作用。它可以吸附胰脂肪酶和胆固醇酯酶，使二者与底物的结合面积变少。图3-10为燕麦麸皮超微粉模拟体外消化后，其产物对胆固醇酯酶的抑制作用。

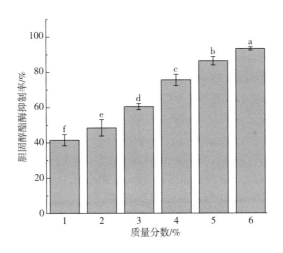

图3-10　燕麦麸皮对胆固醇酯酶的抑制作用

由图3-10可知，不同浓度的燕麦麸皮对胆固醇酯酶活性均有抑制作用，且呈浓度依赖性。随着燕麦麸皮浓度的增加，对胆固醇酯酶抑制作用呈显著升高趋势（$P<0.05$），IC_{50}值为1.94%。另外，2%燕麦麸皮对胆固醇酯酶的抑制率达到了48.52%。与胰脂肪酶相比，在相同浓度下，燕麦麸皮对胆固醇酯酶的抑制率更高。

（五）体外消化对燕麦麸皮超微粉抗氧化性、功能性成分的影响

多酚能够与食物中的蛋白质、碳水化合物等大分子通过共价键和非共价键相结合。在胃肠消化过程中，酸碱环境和各种消化酶的作用有利于多酚从食物基质中释放，使总酚和类黄酮含量提高，进而增强燕麦麸皮消化后的抗氧化活性（Li et al.，2021）。不同剂量的燕麦麸皮超微粉对抗氧化性的影响如表3-10所示。

表3-10　　　　　　　　　不同剂量燕麦麸皮对抗氧化性的影响

质量分数/%		AOC/（U/g）	DPPH·清除率/%	ABTS⁺·清除率/%	·OH 清除率/%
	1	152.72±1.15[f]	22.53±0.79[f]	65.40±0.26[f]	62.34±3.89[c]
	2	168.23±5.77[e]	28.42±1.01[e]	70.87±1.49[e]	89.95±2.18[b]
DOB	3	183.21±1.15[d]	37.90±0.23[d]	73.54±0.18[d]	93.36±0.16[ab]
	4	210.50±2.60[c]	46.42±0.56[c]	77.70±0.26[c]	94.50±1.24[ab]
	5	222.95±1.62[b]	56.21±0.23[b]	82.55±1.67[b]	97.36±0.31[a]
	6	232.61±1.73[a]	68.15±1.13[a]	88.63±0.61[a]	97.62±0.26[a]

续表

质量分数/%		AOC/（U/g）	DPPH·清除率/%	ABTS⁺·清除率/%	·OH 清除率/%
UOB	3	67.23±1.84[g]	21.33±0.45[f]	45.84±8.36[g]	53.25±3.45[d]

注：表中同列不同字母表示差异显著（$P<0.05$）。

由表 3-10 可知，与未消化燕麦麸皮（UOB）相比，体外消化后燕麦麸皮（DOB）的抗氧化性显著提高（$P<0.05$）。以 3% 含量的 DOB 为例，其 DPPH·清除率提高了 42.7%，ABTS⁺·清除率提高了 37.6%，·OH 清除率提高了 43.0%，总抗氧化性（T-AOC）提高了 62.3%。随着燕麦麸皮质量分数的增加，DOB 的抗氧化性呈逐渐增强的趋势。其中 1% DOB 的 ABTS⁺·清除率和·OH 清除率均超过 50%，5% DOB 的 DPPH·清除率也超过了 50%。由此可得，燕麦麸皮经胃肠消化后，其抗氧化能力明显提高，且提高程度随着浓度的升高而显著升高（$P<0.05$）。

体外消化对超微粉燕麦麸皮功能性成分的影响见表 3-11。

表 3-11　　　　　　体外消化对超微粉燕麦麸皮功能性成分的影响

功能性成分	UOB	DOB
β-葡聚糖/（g/100g）	11.59±0.02[b]	11.90±0.11[a]
总酚/（mg/100g）	579.85±10.69[b]	836.35±13.58[a]
总黄酮/（mg/100g）	2.01±0.09[a]	1.23±0.08[b]
皂苷/（mg/100g）	1.16±0.01[b]	5.64±0.11[a]
TDF/（g/100g）	25.64±0.06[b]	31.16±2.10[a]
IDF/（g/100g）	9.38±0.56[b]	13.42±1.21[a]
SDF/（g/100g）	16.25±0.50[b]	17.75±1.90[a]

注：表中同列不同字母表示差异显著（$P<0.05$）。

由表 3-11 可知，与未消化燕麦麸皮（UOB）相比，体外消化后燕麦麸皮（DOB）中除总黄酮外，其余功能性成分含量均有不同程度的提高。其中，β-葡聚糖含量显著提高了 2.67%（$P<0.05$），总酚含量显著提高了 44.24%（$P<0.05$），TDF 含量提高了 21.53%，IDF 含量提高了 43.07%，SDF 含量提高了 9.23%。此外，皂苷含量受消化的影响最大，从 1.16mg/100g 增加至 5.64mg/100g，提高了 4.86 倍。

第二节　体外发酵燕麦麸皮对人肠道菌群的干预作用

越来越多的研究结果表明，肠道微生物群的失衡在肥胖的进程中起着关键作用，其中由微生物发酵膳食纤维产生的短链脂肪酸（SCFAs）被广泛认为是微生物群诱导宿主代谢作用的关键介质（Fluitman et al.，2018）。

新食品的开发需要一系列实验证明，而人类和动物模型实验不仅费力，还受到成本和道德问题的限制。模拟体外消化能反映食物摄入后的消化利用情况，具有耗时短、成本低、可重复性强且不受道德伦理约束的优点，已成为一种研究食物在人体中变化的重要手段。此外，用于研究人类微生物群的体内动物模式并不能反映人类消化系统环境的整体共谋性。体外肠道微生物群模型已被证明是研究食物成分、益生菌和药物分子对肠道微生物群组成影响的有效工具。燕麦麸皮中含有大量的膳食纤维，这种纤维不能在小肠中被消化酶分解，而在结肠中能被肠道微生物代谢（Flint et al.，2012）。因此，结肠模型是研究膳食纤维潜在益生元特性的最适工具。研究人员已开发出多种模型，用于研究不同化合物对人类肠道微生物群及其代谢功能的影响。

燕麦、多糖、菊糖型果聚糖、抗性淀粉、β-葡聚糖和其他复合碳水化合物的益生元潜力，已通过分批发酵模型进行了研究（Guan et al.，2022）。然而，关于燕麦麸皮体外消化和发酵过程中抗氧化性变化及其对肠道微生物影响的研究甚少。分批发酵系统特别适用于研究肠道微生物群对膳食化合物的活性及其代谢物（主要是 SCFAs）的影响。该系统易于建立、成本低廉，可以快速检测大量底物或粪便样本，特别是用于评估底物消化，因此本研究采用分批发酵模型进行实验。

前文研究结果表明，超微粉碎处理 5min，1%、3%、5% 剂量的燕麦麸皮具有良好的抑制酶和抗氧化作用。本实验以燕麦麸皮超微粉为原料（0%、1%、3%、5% 剂量），模拟胃肠道环境进行体外消化，采集正常和肥胖人群的粪便进行体外 24 小时、48 小时发酵实验，分组如下：正常组（CB0、CB1、CB3、CB5），肥胖组（FB0、FB1、FB3、FB5），建立不同人群的模型，以探讨不同剂量燕麦麸皮对肠道微生物的影响。利用 16S rRNA 高通量测序技术分析肠道微生物的多样性和组成；利用气质联用仪测定 SCFAs 的组成和含量，以期为燕麦麸皮改善肥胖症状的机制提供理论依据，并为燕麦麸皮的开发利用提供参考。

一、体外发酵燕麦麸皮对人群粪便 pH 和微生物 OTU 分析

（一）体外消化、发酵燕麦麸皮超微粉对正常和肥胖人群粪便 pH 的影响

燕麦麸皮超微粉在体外发酵过程中可产生 SCFAs，导致人群粪便 pH 下降。经体外模拟消化与发酵后，燕麦麸皮超微粉对正常和肥胖人群粪便 pH 的影响如图 3-11 所示。CB 和 FB 分别代表正常和肥胖人群粪便的发酵实验，后跟数字 0、1、3、5 分别表示 0%、1%、3%、5% 剂量的燕麦麸皮。

由图 3-11（1）可知，随着发酵时间的增加，各组 pH 均呈下降趋势。其中，CB0 组在第 10 小时时 pH 最低为 5.06；其他三组在第 12 小时时达到最低分别为 4.82、4.57、4.47。CB3 组在前 10h 内下降速度最快。24h 与 48h 之间，各组 pH 变化不明显。随着燕麦麸皮超微粉剂量的增加，粪便发酵终点 pH 呈降低趋势，依次为 5.31、5.05、4.77、4.78。

由图 3-11（2）可知，随着发酵时间的延长，各组 pH 均呈下降趋势。其中，FB0 和 FB1 组在第 12 小时时 pH 最低，分别为 4.61 和 4.45；FB3 组和 FB5 在第 20 小时时达到最低，分别为 4.24、4.36。在达到最低点之后，pH 变化均呈平缓趋势，此外 CB3 组在前 6h 内下降最快，FB5 组在 6h 之后下降最快。24h 与 48h 之间，各组 pH 变化不明显。随着燕麦麸皮剂量的增加，肥胖人群粪便的最终发酵 pH 呈降低趋势，分别为 5.06、4.77、4.28、4.33。该结果与上述正常

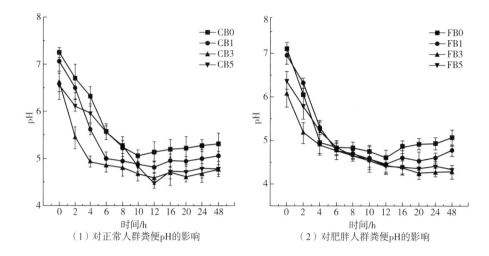

（1）对正常人群粪便pH的影响　　　　　（2）对肥胖人群粪便pH的影响

CB0、CB1、CB3、CB5 表示正常组分别添加 0%、1%、3%、5%剂量的燕麦麸皮超微粉；
FB0、FB1、FB3、FB5 表示肥胖组分别添加 0%、1%、3%、5%剂量的燕麦麸皮超微粉。下同。

图 3-11　燕麦麸皮超微粉体外消化发酵对正常人群和肥胖人群粪便 pH 的影响

人群 pH 变化趋势相一致，但肥胖人群粪便 pH 普遍低于正常人群。

（二）正常和肥胖人群粪便微生物操作分类单元分析

OTU，即操作分类单元，在系统发生学研究或群体遗传学研究中，为了便于分析，人为给某一分类单元（品系，种，属，分组等）设定的同一标志。图 3-12（1）为正常人群各组 OTU 个数，图 3-12（2）为正常人群各组 OTU 聚类分析 Venn 图。

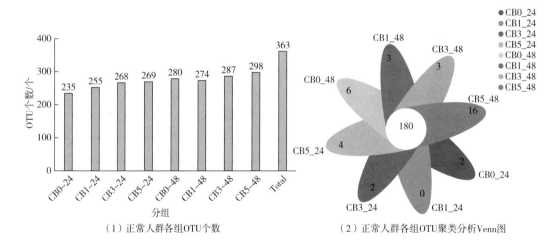

（1）正常人群各组OTU个数　　　　　（2）正常人群各组OTU聚类分析Venn图

图 3-12　正常人群各组 OTU 个数和正常人群各组 OTU 聚类分析 Venn 图

由图 3-12（1）可知，共鉴定出 363 个 OTU。在 24h 发酵条件下，各组鉴定出的 OTU 个数在 235~269。与对照组 CB0 相比，添加燕麦麸皮组的 OTU 个数有明显的增加。在 48h 发酵时间下，各组鉴定出的 OTU 个数在 274~298 之间。48h 发酵时间与 24h 发酵时间的变化趋势一样，但 48h 发酵时间下的 OTU 个数明显增加。

由图 3-12（2）可知，各组 OTU 个数按照 97% 相似性进行分类学分析。图中展示了正常人群各组 OTU 的聚类分析 Venn 图。在所有样本中共鉴定出 1 个界、13 个门、18 个纲、42 个目、68 个科、152 个属、241 个种、363 个 OTU。各组共有 180 个 OTU。与对照组 CB0-24 相比，CB5-24 有 4 个特有的 OTU，CB5-48 有 16 个特有的 OTU，表明高剂量燕麦麸皮对正常人群肠道微生物的影响最大，且持续时间最长。

肥胖人群各组 OTU 个数和肥胖人群各组 OTU 聚类分析 Venn 图分别见图 3-13（1）和图 3-13（2）。

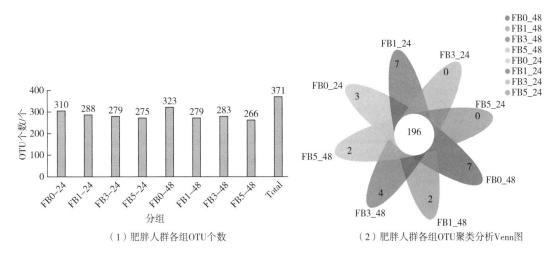

（1）肥胖人群各组OTU个数　　　　　（2）肥胖人群各组OTU聚类分析Venn图

图 3-13　肥胖人群各组 OTU 个数和肥胖人群各组 OTU 聚类分析 Venn 图

由图 3-13（1）可知，共鉴定出 371 个 OTU。在 24h 发酵条件下，各组鉴定出的 OTU 个数在 275~310。与对照组 CB0 相比，添加燕麦麸皮组的 OTU 个数有明显下降。在 24h 发酵时间下，各组鉴定出的 OTU 个数在 266~323。48h 发酵时间与 24h 发酵时间的变化趋势一样，且添加麸皮组的 OTU 个数在两种发酵时间之间相差不大。

由图 3-13（2）可知，各组 OTU 个数按照 97% 相似性进行分类学分析。在所有样本中共鉴定出 1 个界、9 个门、14 个纲、33 个目、62 个科、149 个属、231 个种、371 个 OTU。各组共有 196 个 OTU，与对照组 FB0-24 相比，FB1-24 有 7 个特有的 OTU，FB1-48 有 2 个特有的 OTU，FB3-48 有 4 个特有的 OTU，FB5-48 有 2 个特有的 OTU。这表明燕麦麸皮对肥胖人群肠道微生物具有调节作用，且与发酵时间相关。

二、体外发酵燕麦麸皮对肠道微生物 α-多样性和 β-多样性的影响

（一）体外发酵燕麦麸皮超微粉对肠道微生物 α-多样性的影响

微生物多样性分析依据三个空间尺度展开：α-多样性、β-多样性、γ-多样性。α-多样性是衡量单一样本内微生物物种多样性的指标，包含样品中物种类别的多样性（丰富度）和每个物种所占比例（均匀度）两个因素。其中 Sobs 指数为该样本实际包含的 OTU（或 ASV 等）的物种数目；Ace 指数为估计群落中含有 OTU 数目的指数；Chao 指数为修正后的物种数目；

Shannon 指数反映的是物种丰度与均匀度；Simpson 指数为在样本中抽取两条序列属于不同种的概率。燕麦麸皮超微粉对正常人群肠道微生物 α-多样性的影响如表 3-12 所示。

表 3-12　　　　　燕麦麸皮超微粉对正常人群肠道微生物 α-多样性的影响

分组		Sobs 指数	Ace 指数	Chao 指数	Shannon 指数	Simpson 指数
24h	CB0	178.75 ± 12.09^d	212.86 ± 10.78^c	227.78 ± 22.44^c	1.98 ± 0.26^e	0.33 ± 0.09^a
	CB1	208.25 ± 2.63^c	243.71 ± 5.93^b	252.86 ± 16.66^{abc}	2.11 ± 0.08^{de}	0.30 ± 0.03^a
	CB3	210.5 ± 10.97^{bc}	249.16 ± 15.09^b	246.76 ± 14.40^{bc}	1.90 ± 0.13^e	0.34 ± 0.02^a
	CB5	215.5 ± 1.91^{bc}	246.67 ± 5.08^b	251.10 ± 9.59^{abc}	2.28 ± 0.13^{cd}	0.24 ± 0.03^b
48h	CB0	216.25 ± 5.32^{bc}	253.31 ± 10.03^b	254.36 ± 15.67^{ab}	2.40 ± 0.04^{bc}	0.24 ± 0.01^b
	CB1	220 ± 9.70^{bc}	252.05 ± 9.60^b	256.82 ± 13.91^{ab}	2.38 ± 0.10^{bc}	0.23 ± 0.03^b
	CB3	223 ± 5.23^b	256.02 ± 4.23^{ab}	267.40 ± 15.52^{ab}	2.59 ± 0.14^{ab}	0.16 ± 0.03^c
	CB5	237.75 ± 12.69^a	268.80 ± 12.92^a	275.29 ± 18.38^a	2.73 ± 0.11^a	0.15 ± 0.02^c

注：表中同列不同字母表示差异显著（$P<0.05$）。

由表 3-12 可知，在体外发酵 24h 时，与未添加燕麦麸皮组（CB0）相比，添加燕麦麸皮后，正常人群粪便微生物的 Sobs 指数、Ace 指数呈显著增加趋势（$P<0.05$）。此外，CB5 组的 Shannon 指数最大，为 2.28；Simpson 指数最小，为 0.24，与其他各组之间均呈显著性差异（$P<0.05$）。燕麦麸皮对微生物 Chao 指数没有显著性影响（$P>0.05$），但整体呈上升趋势。在体外发酵 48h 时，与 CB0 组相比，添加燕麦麸皮后，正常人群粪便微生物的 Sobs 指数、Ace 指数、Shannon 指数均有明显增加趋势，而 Simpson 指数呈逐渐降低趋势，其中 CB5 组的变化最显著（$P<0.05$）。随着发酵时间的增加，各组 Sobs 指数、Ace 指数、Chao 指数、Shannon 指数逐渐增高，尤其是 CB5 组在 24h 和 48h 之间存在显著性差异（$P<0.05$）。

上述各指数均能表明燕麦麸皮可以提高正常人群肠道微生物 α-多样性，且随着剂量的增加，提高的作用越明显。尤为重要的是，燕麦麸皮对微生物 α-多样性的提升作用可持续到 48h，且效果优于 24h。

体外消化、发酵燕麦麸皮对肥胖人群肠道微生物 α-多样性的影响如表 3-13 所示。

表 3-13　　　　　燕麦麸皮对肥胖人群肠道微生物 α-多样性的影响

分组		Sobs 指数	Ace 指数	Chao 指数	Shannon 指数	Simpson 指数
24h	FB0	251.75 ± 11.30^b	282.57 ± 16.04^{abc}	283.82 ± 8.51^{abc}	2.90 ± 0.08^a	0.12 ± 0.01^d
	FB1	229.5 ± 17.41^c	309.44 ± 12.02^{ab}	297.06 ± 9.85^{ab}	2.49 ± 0.11^b	0.17 ± 0.01^{cd}
	FB3	219.5 ± 3.32^{cd}	262.14 ± 6.76^{bc}	265.59 ± 11.51^{bc}	2.02 ± 0.05^c	0.33 ± 0.02^b
	FB5	215.5 ± 5.45^{cd}	258.87 ± 6.82^{bc}	256.74 ± 8.11^c	1.74 ± 0.09^d	0.43 ± 0.01^a
48h	FB0	270.75 ± 4.79^a	304.12 ± 1.56^a	308.35 ± 6.95^a	3.03 ± 0.03^a	0.14 ± 0.03^{cd}
	FB1	219.5 ± 6.03^{cd}	264.60 ± 5.13^{bc}	265.46 ± 5.41^{bc}	2.36 ± 0.04^b	0.19 ± 0.01^c
	FB3	215 ± 4.99^{cd}	284.43 ± 11.33^{ab}	286.32 ± 8.95^{abc}	2.37 ± 0.06^b	0.19 ± 0.02^c
	FB5	209.25 ± 8.85^d	249.03 ± 10.80^c	255.19 ± 9.33^c	1.94 ± 0.03^c	0.33 ± 0.11^b

注：表中同列不同字母表示差异显著（$P<0.05$）。

由表 3-13 可知，在体外发酵 24h 时，与未添加燕麦麸皮组（FB0）相比，添加燕麦麸皮后，肥胖人群粪便微生物的 Sobs 指数呈显著下降趋势（$P<0.05$），Ace 指数呈先增大后减小趋势，各组之间没有显著性差异（$P>0.05$）。此外，FB5 组的 Shannon 指数和 Chao 指数最小，分别为 1.74、256.74；Simpson 指数最大，为 0.43，与其他各组之间均呈显著性差异（$P<0.05$）。由此可得燕麦麸皮发酵 24h 后，会降低肥胖人群肠道微生物 α-多样性，且随着剂量的增加，影响更显著。

在体外发酵 48h 时，与 FB0 组相比，添加燕麦麸皮后，肥胖人群粪便微生物的 Sobs 指数、Shannon 指数具有显著下降趋势，Simpson 指数呈逐渐上升趋势，且该变化趋势与 24h 时相同。此外，FB5 组与其他各组之间存在显著性差异（$P<0.05$）。随着发酵时间的延长，各组的 Ace 指数、Chao 指数先增加后下降，且 FB5 组显著低于其他各组（$P<0.05$）。因此，燕麦麸皮发酵 48h 后，同样会降低肥胖人群肠道微生物 α-多样性，且剂量越大，影响越明显。

与发酵时间 24h 相比，48h 下，FB0 组的 Sobs 指数、Ace 指数、Chaos 指数和 Shannon 指数有一定程度的提高，而 FB1、FB3 和 FB5 组的这些指数则相反，且各组存在显著差异（$P<0.05$）。综上可知，燕麦麸皮对肥胖人群肠道微生物 α-多样性具有降低的作用，且效果随时间持续。因此，燕麦麸皮是否通过改变肠道微生物 α-多样性进而影响肥胖，需要进一步实验验证。

（二）体外发酵燕麦麸皮超微粉对正常和肥胖人群粪便微生物 β-多样性的影响

β-多样性是指样本间多样性，其值的大小反映每个组内各个样本间群落物种组成的差异。燕麦麸皮对正常和肥胖人群肠道微生物 β-多样性的影响如图 3-14 所示。通过加权 unifrac 距离的非度量多维标度分析法（non-metric multidimensional scaling，NMDS），分析研究不同剂量燕麦麸皮干预正常和肥胖人群肠道微生物的群落组成。通过胁强系数（Stress）判断模型的优劣，通常 stress<0.1，表示模型可接受，数值越接近 0，表明模型效果越好。

由图 3-14（1）可知，正常人群肠道微生物 β-多样性 NMDS 分析的 Stress 为 0.044（小于 0.05），表明该分组具有很好的代表性。通过 ANOSIM 组间差异检验分析，$R=0.835$，且 $P=0.01$，表明组间差异显著大于组内差异。组间距离越远说明菌落组成差异越大。在 24h 发酵时间下，与未添加燕麦麸皮组（CB0-24）相比，随着燕麦麸皮剂量的增加，麸皮组依次远离对照组，差异增大，其中 CB5 组距离对照组最远。在 48h 发酵时间下，也得到同样的结果。并且，燕麦麸皮剂量对微生物群落组成的影响大于发酵时间。

由图 3-14（2）可知，肥胖人群肠道微生物 β-多样性 NMDS 分析的 Stress 为 0.029，小于 0.05，表明该分组具有很好的代表性。通过 ANOSIM 组间差异检验分析，$R=0.8060$，且 $P=0.01$，表明组间差异显著大于组内差异。在 24h 发酵期间，与未添加燕麦麸皮组（FB0-24）相比，随着燕麦麸皮剂量的增加，麸皮组依次远离对照组，差异增大，其中 FB5 组距离对照组最远。在 48h 发酵条件下，也得到同样的现象。虽然 24h 和 48h 发酵期间内，肥胖人群肠道微生物都发生了显著性变化（$P<0.05$），但燕麦麸皮剂量对其影响大于发酵时间。

综上所述，燕麦麸皮对正常和肥胖人群肠道微生物群落组成均具有显著的调节作用，且具有剂量依赖性。

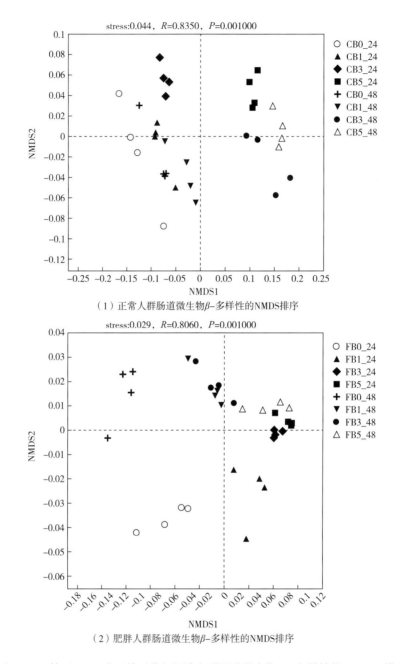

图 3-14　基于 OTU 水平的正常和肥胖人群肠道微生物 β-多样性的 NMDS 排序

三、体外发酵燕麦麸皮对人群粪便微生物菌群结构的影响分析

（一）体外发酵燕麦麸皮对正常和肥胖人群粪便微生物菌群结构的影响

在门水平下，燕麦麸皮体外消化、发酵对正常人群肠道微生物群落组成及其相对丰度的影响如图 3-15、表 3-14 所示。

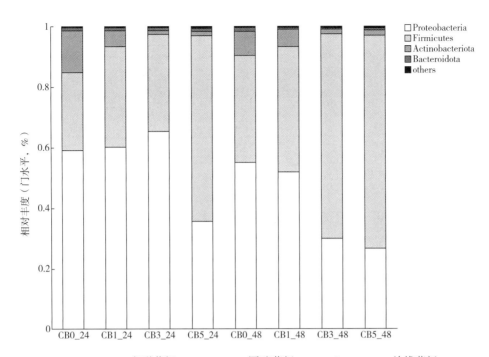

Proteobacteria—变形菌门；Firmicutes—厚壁菌门；Actinobacteriota—放线菌门；

Bacteroidota—拟杆菌门；others—其他菌门。

图 3-15 燕麦麸皮体外消化发酵对正常人群肠道微生物群落组成的影响（门水平）

表 3-14 燕麦麸皮体外发酵对正常人群肠道微生物组成及

其相对丰度的影响（门水平） 单位:%

组别		变形菌门	厚壁菌门	放线菌门	拟杆菌门	其他菌门
24h	CB0	59.12±9.42	25.69±7.21	13.73±1.55	1.09±0.72	0.37±0.02
	CB1	60.17±4.18	33.04±4.43	5.07±0.17	1.14±0.47	0.57±0.01
	CB3	65.30±1.89	31.97±1.73	1.34±0.16	0.98±0.23	0.40±0.01
	CB5	35.16±1.42	61.16±1.16	1.36±0.16	1.25±0.32	0.57±0.06
48h	CB0	55.11±3.32	35.24±3.88	7.85±0.53	1.38±0.50	0.42±0.03
	CB1	51.89±4.73	41.25±4.80	5.81±0.57	0.59±0.20	0.42±0.03
	CB3	29.92±6.80	67.50±6.72	1.56±0.65	0.49±0.15	0.53±0.01
	CB5	26.49±2.07	70.55±1.93	1.65±0.36	0.69±0.04	0.63±0.02
P 值		0.0002976	0.0004013	0.0003202	0.0063	0.001166

由图 3-15 和表 3-14 所示，在门水平下，正常人群中主要存在四种微生物，分别为变形菌门、厚壁菌门、放线菌门以及拟杆菌门。当发酵时间为 24h 时，变形菌门的相对丰度最大。燕麦麸皮的添加，促进了厚壁菌门的相对丰度，抑制了放线菌门的相对丰度。此外，燕麦麸皮添加量为 5% 时，拟杆菌门的相对丰度最大，为 1.25%，变形菌门的相对丰度最小，为 35.16%。当发酵时间为 48h 时，与 CB0 组相比，厚壁菌门的相对丰度随着燕麦麸皮添加量的增加显著上升，变形菌门和放线菌门的相对丰度则呈下降趋势，表明这些菌门的相对丰度与燕麦麸皮之间存在剂量关系。通过 Kruskal-Wallis 秩和检验组间差异，

结果表明各组之间存在显著性差异（$P<0.05$）。

燕麦麸皮发酵24h和48h后，变形菌门和厚壁菌门的占比最大。但两个时间点下其变化趋势正好相反，即在24h时厚壁菌门的相对丰度小于48h时。此外，在24h发酵条件下，变形菌门的相对丰度大于48h。变形菌门包括大肠杆菌（*Escherichia coli*）、沙门菌（*Salmonella*）、幽门螺杆菌（*Helicobacter pylori*）等病原菌（Shin etal.，2015）。放线菌门、拟杆菌门及其他菌门变化趋势不明显。由此可得，5%燕麦麸皮发酵可降低正常人群肠道微生物中病原菌的相对丰度，且存在长期影响的趋势。

图3-16（彩插）为不同剂量燕麦麸皮发酵24h和48h在属水平下的正常人群肠道微生物组成。由图3-16（彩插）可知，在正常人群肠道微生物中，优势菌属主要包括埃希-志贺菌属（*Escherichia-Shigella*）、肠球菌属（*Enterococcus*）、巨噬单胞菌属（*Megamonas*）、柠檬酸杆菌属（*Citrobacter*）、双歧杆菌属（*Bifidobacterium*）、普拉梭菌属（*Faecalibacterium*）、乳酸杆菌属（*Lactobacillus*）和布劳特菌属（*Blautia*）等。除CB5-24组、CB3-48组、CB5-48组中肠球菌属占比最大外，其他各组中埃希-志贺菌属占比最大。在24h发酵条件下，随着燕麦麸皮剂量的增加，埃希-志贺菌属的相对丰度呈显著下降趋势（$P<0.05$），48h的变化趋势与24h相同，但在48h发酵时间下其相对丰度更低，这可能是因为燕麦麸皮中的功能性成分（如总酚）对该菌群具有长期抑制作用。在不同发酵时间下，肠球菌属的相对丰度均随着燕麦麸皮剂量的增加而显著上升（$P<0.05$）。

在门水平下，燕麦麸皮体外发酵对肥胖人群肠道微生物群落的组成及其相对丰度的影响如图3-17、表3-15所示。

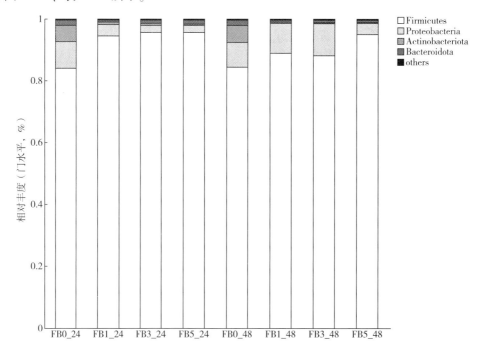

Firmicutes—厚壁菌门；Proteobacteria—变形菌门；Actinobacteriota—放线菌门；

Bacteroidota—拟杆菌门；others—其他菌门。

图3-17　燕麦麸皮体外发酵对肥胖人群肠道微生物群落组成的影响（门水平）

表 3-15　　　　　　　　　燕麦麸皮体外发酵对肥胖人群肠道微生物组成及
其相对丰度的影响（门水平）　　　　单位:%

组别		变形菌门	厚壁菌门	放线菌门	拟杆菌门	其他菌门
24h	FB0	8.56±0.87	84.03±1.87	5.24±1.29	1.94±0.54	0.23±0.02
	FB1	3.76±0.59	94.47±1.02	0.73±0.33	0.74±0.20	0.30±0.02
	FB3	2.47±0.30	95.56±0.48	0.54±0.05	1.06±0.08	0.37±0.05
	FB5	2.21±0.46	95.69±0.72	0.42±0.12	1.34±0.13	0.33±0.04
48h	FB0	7.92±1.52	84.36±0.84	5.68±2.24	1.75±0.33	0.30±0.02
	FB1	9.65±0.68	88.94±0.88	0.31±0.06	0.71±0.22	0.39±0.03
	FB3	10.24±1.39	88.24±1.58	0.23±0.03	0.82±0.13	0.48±0.04
	FB5	3.58±1.09	95.02±1.41	0.22±0.05	0.77±0.19	0.42±0.09
P 值		0.0002832	0.000312	0.0001836	0.0005608	0.0009647

由图 3-17 可以看到，在肥胖人群中主要优势菌门的组成与正常人群一样，分别为变形杆菌、厚壁菌门、放线菌门以及拟杆菌门。不过，各菌门的相对丰度存在差异。由表 3-15 可知，厚壁菌门的相对丰度最大，为 84.03~95.69%；其次为变形菌门，其相对丰度为 2.21~10.24%；然后是放线菌门以及拟杆菌门。在发酵时间 24h 时，与 FB0 组相比，燕麦麸皮组中厚壁菌门的相对丰度明显升高，变形菌门和放线菌门的相对丰度明显降低，且对放线菌门的影响延续至 48h，与正常人群肠道微生物的变化趋势相一致。随着燕麦麸剂量的增加，拟杆菌门的相对丰度呈先下降后上升趋势。在发酵时间为 48h 时，随着燕麦麸剂量的增加，变形菌门的相对丰度呈增加后下降趋势；拟杆菌门呈下降趋势。此外，与 FB0 组相比，FB5 组中变形菌门和放线菌门的相对丰度最低，分别为 3.58% 和 0.22%。通过 Kruskal-Wallis 秩和检验组间差异，结果表明各组之间存在显著性差异（$P<0.05$）。

对比燕麦麸皮发酵 24h 和 48h，厚壁菌门的占比均是最大。随着发酵时间增加，厚壁菌门的相对丰度呈下降趋势，尤其是 FB3 组的下降程度最大。放线菌门的变化趋势与之相同，这表明燕麦麸皮的剂量和发酵时间均对这两种菌的相对丰度存在影响。除 FB0 组外，其他各组变形菌门的相对丰度有一定程度升高，其中 FB3 组提升程度最大，FB5 组提升程度最小。综上可得，在不同剂量下，燕麦麸皮对肥胖人群肠道微生物的影响不同，既可以促进微生物生长，又可以抑制微生物繁殖，所以应该选择合适的剂量干预肥胖的发生。

厚壁菌门和拟杆菌门都是人和小鼠肠道中的主要细菌门，在肠道中的占比分别为 60%~80% 和 20%~40%，能够发酵膳食纤维。厚壁菌门具有"营养高度专业化"的特征，这是因为它能够产生用于降解燕麦和燕麦麸皮中碳水化合物的活性酶（CAZymes）（Rawat et al.，2022），这可能是本研究中燕麦麸皮发酵后厚壁菌门富集的原因。

图 3-18（彩插）为不同剂量燕麦麸皮发酵 24h 和 48h 在属水平下肥胖人群肠道微生物的组成。由图 3-18（彩插）可知在肥胖人群的肠道微生物中优势菌属包括乳酸杆菌属、肠球菌属、埃希-志贺菌属、未分类乳酸杆菌属（unclassified Lactobacillales）、普拉梭菌属、双歧杆菌属、罗姆布茨菌属（Romboutsia）、布劳特菌属等。该人群属水平下肠道微生物群

落组成与正常人群组成类似，但各个菌群的相对丰度不同。在发酵 24h 时，各组中乳酸杆菌属占比最大，尤其是 FB5 组中占比达到了 74.31%。在发酵 48h 时，FB3 组和 FB5 组中依然是乳酸杆菌属占比最大，分别为 37.15% 和 62.02%，而 FB0 组和 FB1 组中肠球菌属占比较大，略高于乳酸杆菌属。

（二）体外发酵燕麦麸皮超微粉对正常和肥胖人群粪便微生物主要差异物种的影响

燕麦麸皮经体外消化、发酵后对正常人群肠道微生物差异性物种（属水平）的影响见表 3-16。

表 3-16   体外消化发酵燕麦麸皮对正常人群肠道微生物主要的
差异物种的影响（属水平）   单位：%

物种名称		埃希-志贺菌属	巨噬单胞菌属	双歧杆菌属	乳酸杆菌属	布劳特菌属	拟杆菌属
24h	CB0	54.90±9.33	13.48±6.26	13.60±1.53	0.012±0.01	2.31±0.59	0.98±0.29
	CB1	53.16±3.79	15.96±4.87	4.91±0.19	0.046±0.02	1.31±0.25	0.99±0.47
	CB3	55.50±1.76	3.69±1.09	1.20±0.14	0.023±0.01	1.43±0.24	0.84±0.20
	CB5	27.13±1.38	4.19±1.78	1.11±0.08	0.066±0.02	2.22±0.36	0.99±0.32
48h	CB0	46.64±2.45	14.99±4.82	7.30±0.54	1.51±0.36	3.10±0.63	1.25±0.47
	CB1	45.03±3.88	16.28±3.82	5.34±0.63	9.02±2.37	1.72±0.23	0.51±0.18
	CB3	21.85±4.76	16.10±5.94	0.75±0.19	0.88±0.26	2.34±0.48	0.36±0.13
	CB5	18.57±2.10	9.49±1.39	1.12±0.14	6.85±1.24	2.05±0.17	0.56±0.03
P 值		0.0004326	0.005731	0.0001528	0.0001337	0.003231	0.01008

由表 3-16 可知，在发酵时间 24h 和 48h 时，CB5 组中埃希-志贺菌属的相对丰度最低，分别为 27.13% 和 18.57%。巨噬单胞菌属的相对丰度均随着燕麦麸皮剂量的增加而下降，并且，5% 燕麦麸皮对以上两种菌属的相对丰度均有显著持续的抑制作用（$P<0.05$）。与 CB0 组相比，乳酸杆菌属在 48h 发酵时间下，CB1 组的相对丰度最高，为 9.01%；其次是 CB5 组，为 6.85%。双歧杆菌属的相对丰度在 CB1-48 组中大于 CB1-24 组，在其他各组中的变化均是 24h 大于 48h。双歧杆菌属和乳酸杆菌属是人体中主要的益生菌，可以调节人体肠道内环境，并且对肥胖、糖尿病、炎症性肠病等疾病具有治疗和干预作用（Uusitupa et al.，2020）。在发酵时间 24h 时，CB1 组中布劳特菌属的相对丰度最低，为 1.31%。CB5 组的相对丰度与 CB0 组相差最小，为 0.09%，这可能与燕麦麸皮中的黄酮相关。在 24h 发酵时间下，拟杆菌属的相对丰度在各组之间差异较小，但在 48h 下，该菌的相对丰度呈先下降后上升趋势，与门水平下拟杆菌门的变化规律相同。综上，燕麦麸皮可以在一定程度上抑制正常人群肠道中病原菌的丰度，提高益生菌的丰度。

燕麦麸皮对肥胖人群肠道微生物在属水平上的影响如表 3-17 所示。

表 3-17　　　　　　　体外消化发酵燕麦麸皮对肥胖人群肠道微生物主要的

差异物种的影响（属水平）　　　　　　　单位:%

物种名称		乳酸杆菌属	肠球菌属	未分类乳酸杆菌属	双歧杆菌属	布劳特菌属	多尔菌属	小杆菌属	罗姆布茨菌属
24h	FB0	48.86±6.42	13.18±2.24	4.50±0.32	5.16±1.29	0.61±0.20	0.73±0.09	1.45±0.07	0.81±0.24
	FB1	57.95±6.54	18.71±3.49	6.23±0.66	0.70±0.31	0.92±0.52	0.90±0.12	0.98±0.11	0.87±0.43
	FB3	68.25±1.76	13.29±1.15	4.11±0.14	0.48±0.03	0.85±0.06	0.84±0.12	1.08±0.18	0.53±0.09
	FB5	74.31±2.01	9.751±0.55	3.37±0.17	0.39±0.10	0.51±0.08	0.55±0.11	0.81±0.07	0.34±0.01
48h	FB0	19.1±3.30	33.56±2.83	3.19±0.55	5.52±2.09	1.22±1.08	0.85±0.17	2.03±0.26	1.74±1.32
	FB1	33.86±5.68	35.78±3.46	5.74±0.41	0.27±0.06	0.70±0.11	0.40±0.04	1.30±0.11	1.46±0.19
	FB3	37.15±10.24	32.81±7.45	5.56±0.08	0.20±0.03	0.81±0.16	0.30±0.04	1.54±0.19	1.42±0.14
	FB5	62.02±13.45	17.68±8.48	4.45±1.20	0.18±0.06	0.78±0.34	0.31±0.08	1.36±0.45	0.92±0.37
P 值		0.0002395	0.0003985	0.0008004	0.0001634	0.2534	0.00029	0.001114	0.002018

乳酸杆菌属、肠球菌属、布劳特菌属、多尔菌属、小杆菌属和罗姆布茨菌属属于厚壁菌门，双歧杆菌属属于放线菌门。由表 3-17 可知，在 24h 和 48h 发酵条件下，乳酸杆菌属相对丰度的变化趋势相同，均随着燕麦麸皮添加量的增加而显著增加（$P<0.05$）。但在 24h 发酵时间下，乳酸杆菌属的相对丰度（48.86% ~ 74.31%）显著大于 48h 发酵时（19.1% ~ 62.02%），这可能是由于随着发酵时间延长，乳酸杆菌的生长受酸性环境抑制。

与 FB0 组相比，添加燕麦麸皮后，双歧杆菌属的相对丰度显著下降（$P<0.05$），且该变化趋势与本研究中正常人群的结果相一致。双歧杆菌属的生长与低聚糖的结构相关，即单糖不利于双歧杆菌属生长，双糖或者多糖可以促进该菌属生长（Rivière et al.，2014）。哈兹达狩猎者和食用低谷物类食品的成年人肠道中双歧杆菌丰度较低（Hansen et al.，2018），而本研究中，燕麦麸皮经体外消化后，会产生大量的葡萄糖，这可能是导致双歧杆菌相对丰度下降的原因。

在 24h 发酵条件下，与 FB0 组相比，FB1 组中布劳特菌属和多尔菌属的相对丰度均较高，分别为 0.92% 和 0.90%；而这两种菌在 FB5 组中相对丰度较低，分别为 0.51% 和 0.55%。因此，选择合适剂量的燕麦麸皮才能有效干预肥胖症状。

与 FB0 组相比，各组之间罗姆布茨菌属的相对丰度存在显著性差异（$P<0.05$），其中

在 FB5 组中其相对丰度最低，在两种发酵时间下分别为 0.34% 和 0.92%。由此可见，添加 5% 燕麦麸皮可降低患糖尿病的风险。由表 5-6 可知，在 24h 发酵时间下，FB0 组中小杆菌属的相对丰度为 1.45%，而添加燕麦麸皮后，该菌的相对丰度显著降低（$P<0.05$），尤其是添加 5% 燕麦麸皮后，其相对丰度降至 0.81%，效果更为明显。在 48h 发酵时间下，小杆菌属的相对丰度从小到大依次为 FB1 组、FB5 组、FB3 组、FB0 组，各组之间存在显著性差异（$P<0.05$）。小杆菌属常见于牙周炎、肺炎、脊柱炎等病人体内。在燕麦 β-葡聚糖体外发酵中得到了相似的结果（Dong et al.，2020），这表明燕麦麸皮可以有效抑制病原菌的生长，调节肥胖人群肠道微生物组成。

（三）正常和肥胖人群肠道微生物 LEfSe 多级物种差异分析

LEfSe 多级物种差异判别分析用于估算每个模型组中物种丰度对差异效果影响的大小。本研究采用非参数 Kruskal-Wallis 秩和检验比较组别中显著丰富的细菌类群。LDA>2 且 $P \le 0.05$ 的类群被认定具有显著性差异，以确定在不同剂量燕麦麸皮干预下，正常和肥胖人群显著富集的细菌类群。燕麦麸皮体外干预后，正常和肥胖人群肠道微生物群落 LEfSe 多级物种差异分析结果显示，在 24h 发酵时间下，CB0、CB1、CB3、CB5 组中分别有 3 个、2 个、5 个、13 个差异物种。其中 CB1 组富含韦荣球菌科（Veillonellaceae）、瘤胃球菌科（Ruminococcaceae）；CB5 组富含颤螺旋菌科（UCG-005 属）、共生菌属（Parasutterella）、真杆菌科未命名菌属（Agathobacter）、罗氏菌属（Roseburia）、副拟杆菌属（Parabacteroides）。在 48h 发酵时间下，CB0、CB1、CB3、CB5 这四个实验组分别显示出 23 个、6 个、25 个、32 个差异显著的物种。具体而言 CB1 组中富含乳酸菌属（Lactobacillus）。CB5 组中的主要差异物种包括乳酸菌科（Lactobacillaceae）、韦荣球菌科（Veillonellaceae）、巴斯德菌科（Pasteurellaceae）、链球菌科（Streptococcaceae）、瘤胃球菌科（Ruminococcaceae）、乳酸杆菌属（Lactobacillus）、共生菌属（Parasutterella）。

罗氏菌属是人体肠道微生物群的重要成员，可将复杂多糖发酵成丁酸酯，作为最终发酵产物，影响人体生理，并作为结肠细胞的能量来源。此外，罗氏菌属可能会影响多种代谢途径，并与多种疾病（包括肠易激综合征、肥胖、2 型糖尿病、神经系统疾病和过敏）有关（Hillman et al.，2020）。黑木耳多糖发酵后提高了拟杆菌属和罗氏菌属的相对丰度，促进了丙酸和丁酸的产生，而本研究同样发现，发酵高剂量燕麦麸皮可以促进罗氏菌属的增殖。Agathobacter 属于厚壁菌门，该菌属在 CB5 组中富集，推测其原因可能是本组中酚类物质含量最高。副拟杆菌通过产生琥珀酸和次生胆汁酸缓解肥胖和代谢功能障碍（Wang et al.，2019）。共生菌属（Parasutterella）的相对丰度与含碳水化合物饮食的摄入量呈正相关，并且该菌参与维持胆汁酸稳态、胆固醇代谢以及脂肪酸生物合成途径，这表明其可以作为干预和治疗肥胖和 2 型糖尿病的新靶点（Henneke et al.，2022）。因此，燕麦麸皮可以作为一种新型益生元，通过调节肠道微生物，进而对肥胖、糖尿病等疾病产生积极的干预作用。

在 24h 发酵条件下，FB0、FB1、FB3、FB5 这四个组中分别有 15 个、7 个、0 个、5 个差异物种。其中 FB0 组富集了拟杆菌属、产丁酸菌属、乳球菌属（Lactococcus）等。FB1 组富集了乳杆菌属、多尔菌属、毛螺菌属（Lachnospiraceae_ UCG-010）等。FB5 组富集了乳杆菌科

（Lactobacillaceae）、普雷沃菌科、乳酸杆菌属、普雷氏菌属、链球菌（Streptococcus）属。不同来源的 β-葡聚糖会影响肠道微生物的结构组成，据报道，青稞和大麦中 β-葡聚糖可以显著增加双歧杆菌属、普雷沃菌科、普雷沃菌属、粪球菌属等微生物。综上，添加更多的燕麦麸皮（β-葡聚糖）有利于这些菌的富集。

在48h发酵时间下，科至属的分类水平上，FB0、FB1、FB3、FB5这四个组中分别有65个、5个、5个、4个差异物种。其中FB0组富集了毛螺菌科（Lachnospiraceae）、瘤胃球菌科、双歧杆菌科（Bifidobacteriaceae）、未命名真杆菌科（Agathobacter）、小杆菌属、未命名厚壁菌属（unclassified-Firmicutes）、巨球型菌属（Megasphaera）、共生菌属等。FB1组富集了肠球菌科（Enterococcaceae）、未命名脱硫弧菌科（unclassified-Desulfovibrionaceae）、颤螺旋菌科（Oscillospiraceae）、肠球菌属、肠杆菌属（Intestinibacter）。FB3组富集了肠杆菌科（Enterobacteriaceae）、未命名消化链球菌科（unclassified-Peptostreptococcaceae）、梭杆菌科（Fusobacteriaceae）、埃希-志贺菌属、梭杆菌属。FB5组富集了莫拉菌科（Moraxellaceae）、霍氏真杆菌属（Eubacterium-hallii-group）、未命名肠杆菌属（unclassified Enterobacteriaceae）、不动杆菌属。

四、体外发酵燕麦麸皮对正常和肥胖人群粪便中短链脂肪酸的影响

水解膳食淀粉、纤维和糖时，微生物发酵产生的短链脂肪酸（SCFAs）为宿主提供了约10%的每日膳食能量（Backhed et al.，2004）。SCFAs是肠道微生物的主要代谢物，其中乙酸、丙酸以及丁酸占SCFAs含量的95%以上。SCFAs不仅在维护肠道健康中具有重要意义，还作为信号分子调节肠道微生物的生长环境，促进有益菌的生长繁殖，抑制有害菌的生长，进而预防和缓解肥胖及其并发的糖代谢紊乱和胰岛素抵抗（He et al.，2020）。不同剂量燕麦麸皮对正常人群SCFAs含量的影响见表3-18。

表3-18　　　　　　　　　　　正常人群粪便中SCFAs组成　　　　　　　单位：μg/mL

分组	24h				48h			
	CB0	CB1	CB3	CB5	CB0	CB1	CB3	CB5
乙酸	75.94±1.16[a]	68.95±1.01[b]	56.42±1.90[c]	37.10±1.76[d]	77.14±4.80[a]	75.15±1.81[a]	63.46±4.88[b]	64.42±6.07[b]
丙酸	8.97±0.06[cd]	9.28±0.09[bcd]	9.95±0.29[b]	8.62±0.49[d]	8.70±0.18[cd]	8.55±0.05[d]	9.60±0.94[bc]	11.10±0.79[a]
异丁酸	1.62±0.09[ab]	1.57±0.07[ab]	1.56±0.04[ab]	1.32±0.09[b]	1.61±0.26[ab]	1.54±0.02[ab]	1.62±0.42[ab]	1.96±0.57[a]
丁酸	11.69±0.10[b]	12.34±0.08[ab]	12.50±0.27[ab]	10.24±0.50[c]	12.34±0.85[ab]	12.25±0.19[b]	11.54±1.08[b]	13.42±0.75[a]
异戊酸	1.87±0.19[c]	2.33±0.04[b]	2.38±0.06[b]	2.18±0.14[bc]	2.29±0.09[b]	2.34±0.06[b]	2.86±0.41[a]	2.79±0.21[a]
戊酸	0.57±0.01[bc]	0.62±0.01[ab]	0.63±0.02[a]	0.53±0.03[c]	0.62±0.03[ab]	0.60±0.02[ab]	0.60±0.05[ab]	0.65±0.04[a]

续表

分组	24h				48h			
	CB0	CB1	CB3	CB5	CB0	CB1	CB3	CB5
异己酸	0.28 ± 0.05[c]	0.35 ± 0.34[c]	0.26 ± 0.29[c]	0.36 ± 0.28[c]	0.15 ± 0.08[d]	0.33 ± 0.09[c]	0.65 ± 0.29[b]	0.80 ± 0.03[a]
己酸	0.06 ± 0.01[c]	0.59 ± 0.09[b]	3.05 ± 0.82[a]	0.22 ± 0.20[b]	0.75 ± 1.16[b]	0.07 ± 0.04[c]	0.22 ± 0.10[b]	0.59 ± 0.16[b]
总 SACFs	101.00± 1.29[a]	96.02 ± 0.96[ab]	86.77 ± 4.49[bc]	60.56 ± 2.70[d]	103.61 ± 3.04[a]	100.83 ± 1.63[a]	90.54 ± 6.68[bc]	95.73 ± 7.63[ab]

注：表中同行不同字母表示差异显著（$P<0.05$）。

根据表 3-18 所示，在 24h 发酵时间下，总 SCFAs 的含量随着燕麦麸皮剂量的增加呈显著下降趋势（$P<0.05$），该趋势与肠道微生物多样性的变化趋势相一致。在 48h 发酵时间下，总 SCFAs 含量大小依次为 CB0>CB1>CB5>CB3，除 CB3 组之外，其他各组之间短链脂肪酸含量的差异不显著（$P>0.05$）。各组中短链脂肪酸的主要成分为乙酸、丙酸、丁酸。其中乙酸含量是 SCFAs 中占比最大的，并且随着燕麦麸皮剂量的增加，其含量逐渐下降，各组之间存在显著差异（$P<0.05$）。此外，随着发酵时间的增加，乙酸含量普遍呈上升趋势。在 24h 发酵条件下，CB3 组中的丙酸和丁酸含量最高，分别为 9.95μg/mL 和 12.50μg/mL，与其他各组存在显著性差异（$P<0.05$）；而丙酸和丁酸含量在 CB5-48 组中是最大的，分别为 11.10μg/mL 和 13.42μg/mL，与其他各组存在显著性差异（$P<0.05$），这表明高剂量的燕麦麸皮对丙酸和丁酸的产生具有持续的促进作用。

不同剂量燕麦麸皮对肥胖人群 SCFAs 的影响见表 3-19。

表 3-19　　　　　　　　　肥胖人群粪便中 SCFAs 组成　　　　　单位：μg/mL

分组	24h				48h			
	FB0	FB1	FB3	FB5	FB0	FB1	FB3	FB5
乙酸	65.49± 3.10[a]	50.8± 1.32[bc]	44.3± 0.69[d]	52.01± 4.30[b]	44.60± 3.85[d]	32.58± 1.92[e]	46.4± 4.45[cd]	45.8± 0.23[cd]
丙酸	33.34± 1.29[a]	28.35± 0.07[b]	19.88± 0.29[e]	19.76± 0.47[e]	21.42± 0.93[d]	21.73± 1.27[d]	24.19± 0.39[c]	19.33± 0.01[e]
异丁酸	3.06 ± 0.25[a]	2.67± 0.32[b]	1.75 ± 0.13[e]	2.13± 0.22[cd]	2.08± 0.01[cd]	1.77± 0.09[cd]	2.17± 0.30[c]	2.14± 0.19[cd]
丁酸	15.99± 0.74[a]	15.47± 0.09[a]	12.48± 0.21[c]	13.32± 0.11[b]	13.63± 0.33[b]	12.59± 0.65[c]	13.53± 0.24[b]	13.0± 0.06[bc]
异戊酸	4.09 ± 0.21[a]	4.06 ± 0.03[a]	2.80 ± 0.06[c]	3.02 ± 0.14[b]	3.04 ± 0.03[b]	2.46 ± 0.10[d]	2.90± 0.09[bc]	2.61 ± 0.01[d]
戊酸	3.20± 0.21[a]	2.98 ± 0.02[b]	2.37 ± 0.05[e]	2.5± 0.01[cde]	2.66± 0.07[c]	2.43± 0.13[de]	2.55± 0.04[cd]	2.36 ± 0.03[e]
异己酸	1.17 ± 0.92[a]	1.46 ± 0.58[a]	1.31 ± 1.72[a]	2.29 ± 0.64[a]	0.74 ± 0.73[a]	0.61 ± 0.36[a]	1.71 ± 0.88[a]	2.20 ± 0.18[a]
己酸	0.36 ± 0.05[b]	0.67 ± 0.23[b]	8.85 ± 0.27[b]	9.97± 0.74[ab]	0.33 ± 0.01[b]	0.33 ± 0.04[b]	1.39 ± 0.92[b]	18.44± 3.22[a]

续表

分组	24h				48h			
	FB0	FB1	FB3	FB5	FB0	FB1	FB3	FB5
总 SACFs	126.7± 5.92[a]	106.4± 2.58[b]	93.7± 11.46[c]	105.0± 1.48[b]	88.48± 2.69[c]	74.49± 4.37[c]	94.86± 5.18[c]	105.9± 3.56[b]

注：表中同行不同字母表示差异显著（$P<0.05$）。

如表 3-19 所示，在 24h 发酵条件下，总 SCFAs 含量随着燕麦麸皮剂量的增加呈先下降后上升趋势，在 FB3 组中其含量降至最低，为 93.7μg/mL，与其他各组之间存在显著差异（$P<0.05$）。该趋势与肥胖人群肠道微生物多样性的变化趋势相一致。在 48h 发酵条件下，总 SCAFs 含量大小依次为 FB5＞FB3＞FB0＞FB1。除 FB5 组之外，其他各组之间总 SCFAs 含量的差异不显著（$P>0.05$）。与正常人群相比，肥胖人群的总 SCFAs 含量更高。

在本研究中乙酸含量是 SCFAs 中占比最大的。在 24h 发酵条件下，除 FB0 组外，FB5 组乙酸含量最高，为 52.01μg/mL，而在 48h 发酵条件下，FB3 组乙酸含量最高，为 46.4μg/mL，其次是 FB5 组，含量为 45.8μg/mL。此外，随着发酵时间的延长，除 FB3 组外，其他各组的乙酸含量均呈显著下降趋势（$P<0.05$）。其中，FB5 组乙酸含量下降速率最低。与正常人群相比，肥胖人群的乙酸含量更低。

除 FB0 组外，在 24h 发酵条件下，FB1 组中的丙酸含量最高，为 28.35μg/mL；而在 48h 发酵条件下，FB3 组中丙酸含量最高，为 24.19μg/mL，与其他各组存在显著性差异（$P<0.05$）。在 24h 发酵条件下，丁酸在各组中含量高低依次为 FB0＞FB1＞FB5＞FB3；而在 48h 发酵条件下，在各组中丁酸含量高低依次为 FB0＞FB3＞FB1＞FB5。这表明，中剂量的燕麦麸皮对丙酸和丁酸含量的提升具有一定的持续作用。与正常人群相比，肥胖人群的丙酸和丁酸含量更高。

由表 3-19 可知，在发酵 24h 后，异丁酸、戊酸和异戊酸含量与丁酸的变化趋势相一致，各组之间存在显著性差异（$P<0.05$）。这表明，燕麦麸皮中的蛋白质和氨基酸对肥胖人群的肠道微生物和 SCFAs 也产生显著的影响。

己酸又称羊油酸，是一种含 6 个碳原子的中链羧酸，在香料、食品添加剂、抗菌剂等领域被广泛应用。（Mugabe et al. , 2020）。*Megasphaera hexanoica* 菌株可通过丁酸转化为己酸。在本研究中，FB5 组在 48h 发酵条件下，己酸含量最高，达到 18.44μg/mL。这一结果可能与燕麦麸皮中含有大量的葡萄糖有关，同时，由上述研究结果可知，FB5 组中乳杆菌和瘤胃菌的丰度较其他组更高，进一步印证了该结果。

综上所述，人类肥胖患者肠道和粪便中的 SCFAs 可能会增加。然而，SCFAs 含量与粪便中细菌丰度之间的关系仍不清楚。未来的人类干预研究将有助于确定微生物发酵和能源利用对控制体重和肥胖症的影响。

第三节　超微粉碎燕麦麸皮在肥胖干预中的生物效应与机制

近年来，大量研究证据表明，肥胖与肠道微生物群的组成和功能密切相关。对肠道微生物群的调控已成为治疗肥胖的一种新方法。影响肠道微生物的因素繁多，其中饮食是最关键的因素之一。谷物纤维在促进肠道微生物多样性和丰富性方面可发挥重要作用，这主要归因于谷类纤维中含有多种关键活性成分。有研究发现，肠道微生物发酵膳食纤维的主要代谢物——SCFAs，不仅具有调节能量代谢和能量供应、维持肠道环境的内稳态的作用，而且通过参与脂质代谢，影响肥胖的发生（Tuncil et al.，2018）。

前期体外酶活抑制实验、正常人群和肥胖人群粪便的体外消化发酵实验结果显示，5%燕麦麸皮可有效抑制 α-葡萄糖苷酶、α-淀粉酶、胰脂肪酶以及胆固醇酯酶的活性，同时在抗氧化方面也具有明显的作用。对于肠道微生物而言，5%燕麦麸皮体外发酵后，可以降低肠道内环境的 pH，调节肠道微生物群，尤其是乳酸杆菌等有益菌的丰度显著增加，大肠杆菌等病原菌的丰度显著降低。

本实验利用 C57BL/6 小鼠构建了五组模型，旨在研究燕麦麸皮对高脂饮食小鼠糖代谢、血脂代谢的影响，及其对高脂饮食诱导小鼠肥胖的干预作用。我们进一步通过 16S rRNA 高通量测序技术，探讨燕麦麸皮对 5 组小鼠肠道微生物的多样性和组成的影响，以期为燕麦麸皮改善饮食诱导肥胖的干预机制提供理论依据。

一、超微粉碎燕麦麸皮对高脂饮食诱导小鼠肥胖的干预作用

（一）燕麦麸皮超微粉对小鼠体重和腹部脂肪重量的影响

体重变化是最直接的减肥证据。如图 3-19（1）所示，在喂养初期，各组小鼠的平均体重约为 20.89g，组间差异不显著（$P>0.05$），符合实验模型。随着喂养周期的延长，各组小鼠的体重均呈上升趋势，这符合小鼠正常的生长规律。然而，各组小鼠的体重增长幅度存在差异。随着喂养时间的增加，P 组小鼠体重增长速率显著高于其他四组。PB 组和 Y 组小鼠体重逐渐与 P 组拉开距离，趋向于 C 组水平。此外，在第四周之后，CB 组小鼠的体重低于 C 组小鼠，这表明燕麦麸皮超微粉对正常饮食小鼠的体重也具有明显的控制作用。

如图 3-19（2）所示，P 组小鼠的体重较 C 组高了 32.02%，肥胖度超过 20%，这一结果证明本实验中高脂饮食小鼠造模成功。

如图 3-19（3）所示，各组小鼠的腹部脂肪重量大小次序与体重次序相一致，依次为 P 组>PB 组>Y 组>C 组>CB 组。P 组小鼠的腹部脂肪重量极显著高于其他四组（$P<0.01$）。与 C 组相比，PB 组小鼠腹部脂肪重量显著增加（$P<0.05$），但 CB 组和 Y 组与 C 组之间没有显著性差异（$P>0.05$）。此外，PB 组小鼠的腹部脂肪重量与 Y 组之间没有显著差异（$P>0.05$）。

综上所述，燕麦麸皮和奥利司他均可以有效干预小鼠高脂饮食引起的肥胖，减缓小鼠体重过度增长和脂肪的堆积。虽然与减肥药相比，燕麦麸皮对高脂饮食诱导的肥胖小鼠减肥效果略差，但二者差异不显著。此外，燕麦麸皮超微粉在不影响小鼠正常生长的前提下，也可以在一定程度上控制由正常饮食带来的体重增加。这可能归因于燕麦麸皮富含膳食纤维，具有良好的膨胀性、持水力和持油力等特性，其摄入之后可使机体胃肠具有饱腹感，从而缓解高脂饮食诱导的肥胖。

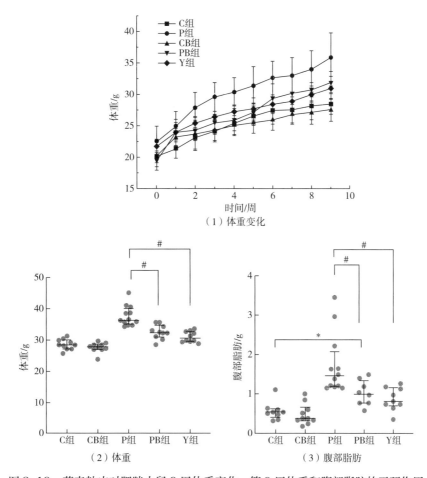

图3-19 燕麦麸皮对肥胖小鼠9周体重变化、第9周体重和腹部脂肪的干预作用

注：C组代表正常饮食组，P组代表高脂饮食组，CB组代表正常饮食+燕麦麸皮组，PB组代表高脂饮食+燕麦麸皮组，Y组代表阳性对照组（喂食奥利司他药品）。下同。#代表两组之间差异极显著（$P<0.01$），＊代表两组之间差异显著（$P<0.05$）。

（二）燕麦麸皮超微粉对高脂饮食小鼠空腹血糖和胰岛素的影响

血糖浓度受神经系统和激素调节维持着动态平衡，失去平衡后会导致血糖水平异常，表现为低血糖或高血糖现象。测定血糖浓度和胰岛素水平对诊断糖尿病病情的严重程度具有重要意义。燕麦麸皮对高脂饮食小鼠空腹血糖浓度和胰岛素水平的影响如图3-20所示。

如图3-20（1）所示，P组和Y组小鼠的血糖浓度显著高于C组（$P<0.05$），表明高脂饮食会显著提高小鼠的空腹血糖浓度，增加其患糖尿病的风险。CB组小鼠血糖浓度与其他各组相比最低，仅为5.14mmol/L，且显著低于P组、PB组和Y组（$P<0.05$）。尽管PB组血糖浓度与C组和P组无显著差异（$P>0.05$），且其浓度居于二者之间，但与Y组相比，PB组的血糖浓度存在显著差异（$P<0.05$）。这可能归因于燕麦麸皮中的膳食纤维具有独特的吸附作用，其孔状结构能够包裹住葡萄糖分子，从而限制其被吸收进入血液中，有效控制血糖浓度。

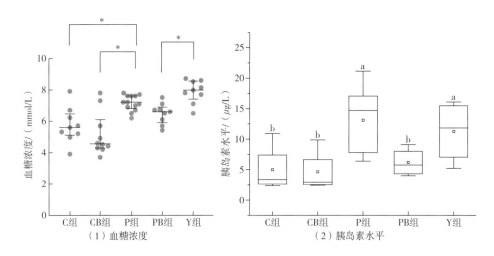

图 3-20　燕麦麸皮对高脂饮食小鼠空腹血糖浓度和胰岛素水平的影响

注：不同字母之间代表差异显著（$P<0.05$）。

如图 3-20（2）所示，P 组和 Y 组小鼠血清中胰岛素水平显著高于其他各组（$P<0.05$），这一结果与血糖浓度的升高趋势一致，表明 P 组和 Y 组小鼠发生了胰岛素抵抗。而在 C 组、CB 组和 PB 组小鼠中，血清胰岛素水平从高到低依次为 PB 组>C 组>CB 组，但三组之间差异不显著（$P>0.05$）。这表明燕麦麸皮不仅可以干预高脂饮食引起的胰岛素抵抗，对正常饮食小鼠的胰岛素水平也起到了同样的作用。这是因为燕麦麸皮中的膳食纤维和多酚可以抑制 α-淀粉酶、α-葡萄糖苷酶的活性，延缓葡萄糖释放。本研究结果为高脂饮食引起的糖尿病提供新的干预手段。

（三）燕麦麸皮超微粉对高脂饮食小鼠血脂和胆汁酸的影响

燕麦麸皮对高脂饮食诱导肥胖小鼠血脂水平和胆汁酸（TBA）含量的影响如图 3-21 所示。

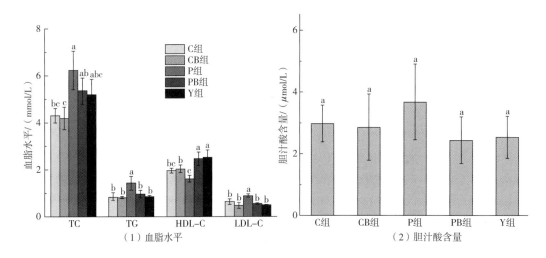

TC—总胆固醇；TG—总甘油三酯；HDL-C—高密度脂蛋白胆固醇；LDL-C—低密度脂蛋白胆固醇。

图 3-21　燕麦麸皮对高脂饮食小鼠血脂水平和胆汁酸含量的影响

由图 3-21（1）可知，P 组小鼠血清中 TC 含量最高，而 CB 组小鼠血清中 TC 含量最低。PB 组小鼠血清中 TC 含量与 C 组、Y 组之间无显著差异（$P>0.05$）。P 组小鼠血清中 TG 含量显著高于其他各组（$P<0.05$），而其他各组之间小鼠血清中 TG 含量无显著差异（$P>0.05$）。这表明燕麦麸皮和奥利司他可以明显降低血清中的 TC 和 TG 含量，且二者效果相似。燕麦麸皮中的 β-葡聚糖可以改善高脂饮食引起的高血脂，减少脂肪堆积。因此，燕麦麸皮可以减少高脂饮食诱导肥胖的风险，本结果也为预防心血管疾病提供新的方案。

P 组小鼠血清中 HDL-C 含量显著低于其他各组（$P<0.05$），而 LDL-C 含量显著高于其他各组（$P<0.05$）。PB 组小鼠血清中 HDL-C 含量显著高于 C 组和 CB 组（$P<0.05$），与 Y 组之间无显著性差异（$P>0.05$）。除 P 组外，其他各组小鼠中 LDL-C 含量无显著性差异（$P>0.05$）。已有研究表明，LDL-C 会导致心血管疾病，而 HDL-C 对维持血管健康具有保护作用（Barter et al.，2011）。减肥会降低血清 TG 和 LDL-C 水平，同时增加 HDL-C 水平（Perino et al.，2021）。

胆汁酸是人体胆汁的重要成分，在人体内发挥着促进脂肪吸收的功能，并作为重要的信号分子调节脂质和葡萄糖代谢，在糖尿病、肥胖、非酒精性脂肪肝病等代谢性疾病中发挥作用（Chiang et al.，2018）。胆汁酸主要是由肝脏代谢胆固醇而合成的初级胆汁酸，而初级胆汁酸可以进入肠道，由肠道细菌进一步合成为次级胆汁酸。因此胆汁酸的产生和排泄对维持胆固醇代谢平衡至关重要。图 3-21（2）为燕麦麸皮对高脂饮食小鼠血清中胆汁酸含量的影响。由图可知，五组小鼠血清 TBA 含量为 $3.66 \sim 2.45\mu mol/L$，其中 P 组 TBA 含量最大，PB 组最小，各组之间无显著差异（$P>0.05$）。

（四）燕麦麸皮超微粉对高脂饮食小鼠瘦素含量的影响

燕麦麸皮对高脂饮食小鼠脂肪和血清中瘦素含量的影响见图 3-22。

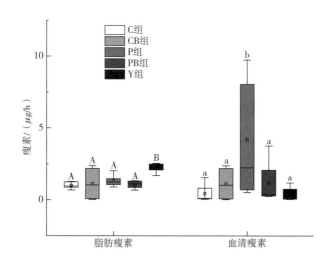

图 3-22　燕麦麸皮对高脂饮食小鼠脂肪和血清中瘦素含量的影响

注：不同字母之间代表差异显著（$P<0.05$），大小写字母之间不进行比较。

对比各组小鼠腹部脂肪中瘦素含量，结果由图 3-22 可知，Y 组脂肪中瘦素含量最多，为 2.21μg/L，显著高于其他各组（$P<0.05$）。C 组瘦素含量最少，为 1.01μg/L，与除 Y 组外其他各组差异不显著（$P>0.05$）。其他各组大小依次为 P 组、PB 组、CB 组。对比各组小鼠血清中瘦素含量，结果显示 P 组血清中瘦素含量最多，为 4.22μg/L，显著高于其他各组（$P<0.05$）。结合脂肪中瘦素含量的结果，推测 P 组小鼠长期高脂饮食可能发生了瘦素抵抗，瘦素敏感性降低，引起了高瘦素血症。这可能是因为由脂肪细胞分泌的瘦素无法与下丘脑弓状核上的瘦素受体结合，不能刺激下丘脑释放激素和信号，进而无法抑制摄食行为以及促进脂肪分解，使得机体产生肥胖症状（Xu et al., 2018）。C 组、CB 组、PB 组和 Y 组血清瘦素之间均无显著差异（$P>0.05$）。综上可得，燕麦麸皮可能通过改善高脂饮食引起的瘦素抵抗，逐渐恢复肥胖小鼠下丘脑神经元对瘦素的敏感性，进而达到减肥的效果。

（五）燕麦麸皮超微粉对高脂饮食小鼠血清谷丙转氨酶和谷草转氨酶活性影响

谷丙转氨酶（ALT）主要存在于肝细胞中，谷草转氨酶（AST）主要分布于心肌细胞中，这两种酶在正常机体内含量都较低。当肝细胞膜的通透性提高时，这两种酶会从细胞中溶出进入血液。因此，这两种酶在血液中的含量升高，通常意味着肝脏可能受到损伤（Henao et al., 2012）。燕麦麸皮对高脂饮食小鼠血清中 ALT 和 AST 的活性影响见表 3-20。

表 3-20　　　　　　　　燕麦麸皮对高脂饮食小鼠血清 ALT 和 AST 活性影响

组别	C 组	CB 组	P 组	PB 组	Y 组
ALT/（U/L）	45.78±12.46[ab]	42.47±6.23[b]	49.78±7.21[ab]	48.51±9.46[ab]	63.88±12.24[a]
AST/（U/L）	170.99±34.9[a]	172.20±24.91[a]	207.03±25.17[a]	178.13±39.97[a]	194.56±16.1[a]

注：同一列不同小写字母代表差异显著（$P<0.05$）。

由表 3-20 可知，PB 组与 P 组相比，ALT 和 AST 含量明显较低，且接近 C 组小鼠；CB 组与 C 组相比，ALT 含量也明显较低。这一结果表明，燕麦麸皮可以保护肝脏，减少高脂饮食引发的肝脏损伤。Y 组小鼠血清中 ALT 含量显著高于 CB 组（$P<0.05$），但与其他各组无显著性差异（$P>0.05$）。此外，Y 组和 P 组小鼠血清中 AST 含量明显高于其他各组，但各组小鼠血清中的 AST 含量无显著差异（$P>0.05$）。这是因为高脂饮食会造成肝脏受损，长期服用减肥药虽然可以降低体重，但会使肝脏受损，这种损害甚至超过高脂饮食对肝脏的影响。

（六）燕麦麸皮超微粉对高脂饮食小鼠肝脏各指标的影响

燕麦麸皮对高脂饮食小鼠肝脏各指标的影响见表 3-21。

表 3-21　　　　　　　　燕麦麸皮对高脂饮食小鼠肝脏各指标的影响

组别	肝质量/g	肝脏系数	TC 含量/（μmol/g）	TG 含量/（μmol/g）
C 组	0.98±0.11[b]	34.37±2.93[b]	8.04±0.84[bc]	27.96±3.64[e]
CB 组	1.01±0.11[b]	31.76±3.79[b]	9.22±1.30[bc]	45.26±6.22[d]

续表

组别	肝质量/g	肝脏系数	TC 含量/（µmol/g）	TG 含量/（µmol/g）
P 组	1.30±0.15[a]	38.00±5.30[a]	26.12±2.22[a]	126.35±9.36[a]
PB 组	0.85±0.05[b]	30.86±1.59[b]	12.25±2.22[b]	69.83±7.30[b]
Y 组	1.02±0.11[b]	33.29±2.86[b]	4.10±0.4[c]	60.74±4.83[c]

注：同一列不同小写字母代表差异显著（$P<0.05$）。

由表 3-21 可知，P 组小鼠的肝重和肝脏系数显著高于其他各组（$P<0.05$），PB 组小鼠的肝重和肝脏系数明显低于其他各组。这表明高脂饮食会引发小鼠肝脏异常，而燕麦麸皮可以保护肝脏，缓解高脂饮食引起的肝脏异常。此外，P 组小鼠肝脏中 TC 和 TG 的含量显著高于其他四组（$P<0.05$）。CB 组和 PB 组小鼠肝脏中 TC 含量与 C 组之间不存在显著性差异（$P>0.05$），但 CB 组和 PB 组小鼠肝脏中 TG 的含量显著高于 C 组（$P<0.05$）。与 Y 组相比，PB 组小鼠肝脏中 TC 和 TG 的含量显著较高（$P<0.05$）。这说明燕麦麸皮可以降低高脂饮食小鼠肝脏中的 TC、TG 含量，使其含量接近正常饮食小鼠的水平，但其效果较减肥药差。

（七）燕麦麸皮超微粉对肥胖小鼠体态及粪便形状的影响

燕麦麸皮对高脂饮食小鼠粪便脂质的影响见表 3-22。

表 3-22　　　　　　　　燕麦麸皮对高脂饮食小鼠粪便脂质的影响

组别	C 组	CB 组	P 组	PB 组	Y 组
TC 含量/（mmol/L）	0.67±0.36[c]	0.55±0.23[c]	1.33±0.19[b]	1.03±0.18[bc]	2.03±0.12[a]
TG 含量/（mmol/L）	0.03±0.01[b]	0.12±0.05[b]	1.18±0.24[b]	1.04±0.13[b]	6.65±0.45[a]

注：同一列不同小写字母代表差异显著（$P<0.05$）。

由表 3-22 可知，Y 组小鼠粪便中 TC 和 TG 含量显著高于其他四组（$P<0.05$）。P 组小鼠粪便中 TC 含量显著高于 C 组和 CB 组（$P<0.05$）。C 组、CB 组和 PB 组小鼠粪便中 TC 和 TG 含量无显著差异（$P<0.05$）。

本研究供试的 5 组小鼠在体态、行为特征及粪便特性上具有明显差异，C 组和 CB 组小鼠活跃好动，毛发光亮，新鲜粪便呈黑色，质地较硬，体积较小。PB 组小鼠毛发光亮，粪便颜色呈黄黑色，质地较软，体积较大。这可能是因为燕麦麸皮具有持水性、持油性以及吸附胆固醇的性质，使得燕麦麸皮组小鼠的粪便质地较软，颜色较深。P 组小鼠毛发较暗沉无光泽，存在嗜睡、懒动的症状，且存在互相打架现象，新鲜粪便呈米黄色，质地软糯，体积较大；Y 组小鼠毛发不光滑，存在出油的症状，不活跃，新鲜粪便呈黄色，质地较软，体积偏小，且粪便量较其他各组偏多。

（八）燕麦麸皮超微粉对高脂饮食小鼠肝脏组织、腹部脂肪组织和小肠上皮组织形态的影响

小鼠肝脏组织、腹部脂肪组织和小肠组织的 H&E 染色（通过使用苏木精和伊红两种

染料对组织切片进行染色的方法）、切片结果分别展示在图3-23中。

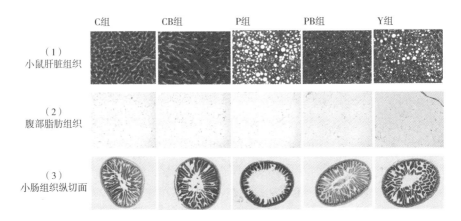

图3-23　小鼠肝脏组织、腹部脂肪组织和小肠组织纵切面形态结构

注：肝脏组织200×，腹部脂肪组织100×，小肠组织纵切面100×。

图3-23（1）为小鼠肝脏组织H&E染色切片，其结果显示，C组和CB组小鼠肝细胞形态结构保持完整，分布有序；PB组小鼠肝组织呈现出较清晰的细胞形态，细胞核完整，排列整齐。相比之下，P组和Y组小鼠肝细胞排列杂乱，无明显的细胞形态。另外，与C组相比，高脂饮食的P组小鼠肝脏脂肪空泡数量多，且空泡面积大。与P组相比，PB组小鼠肝脏脂肪空泡的数量明显较少，且空泡面积小，更接近于C组；Y组小鼠肝脏脂肪空泡的数量较少，但空泡面积与之相差不大。在采集小鼠肝脏组织时，P组小鼠肝脏组织上出现了肉眼可见的白色点状物，且部分肝脏上有疑似肿瘤或囊肿的形态出现。Y组小鼠部分肝脏有异常凸起，呈透明状。这两组肝脏组织几乎无弹性，无韧性，一碰即碎。结合上述分析可得，P组和Y组小鼠可能患有不同程度的脂肪肝，由此证明高脂饮食和减肥药都会对肝脏组织造成严重损伤。而燕麦麸皮可能通过调节脂质代谢、抗氧化或抗炎作用，成功干预高脂饮食引起的肝损伤，保护肝脏组织，使肝脏的脂代谢功能恢复正常。

图3-23（2）为小鼠腹部脂肪组织H&E染色切片，其结果显示C组和CB组小鼠腹部脂肪细胞体积较小，P组细胞体积明显增大。PB组和Y组的脂肪细胞体积相差不大，介于C组和P组之间。因此，摄入燕麦麸皮可抑制脂肪细胞体积增大，减少高脂饮食引起的脂肪堆积。

图3-23（3）为小鼠小肠组织H&E染色纵切面切片，其结果显示C组、CB组和PB组小肠绒毛较长且完整，排列紧密。P组小鼠小肠绒毛较短，肠腔扩张明显，黏膜层与肌层明显变薄，且上皮组织中出现明显的白色点状空洞，可能是高脂饮食造成的脂肪空泡。Y组小鼠小肠绒毛形态不完整，黏膜层变薄，且小肠上皮组织存在与P组相似的白色空洞，表明高脂饮食和减肥药都会对肠屏障造成损伤，影响机体健康。以上结果证明，燕麦麸皮可以保护肠屏障，缓解高脂饮食造成的肠道损伤。

二、超微粉碎燕麦麸皮对高脂饮食诱导肥胖小鼠肠道微生物的调节作用

（一）小鼠肠道微生物操作分类单元（OTU）分析

各组小鼠肠道微生物 OTU 个数和 OTU 聚类分析 Venn 图见图 3-24。

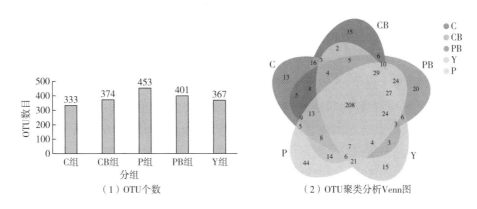

（1）OTU 个数　　　　　　　　（2）OTU 聚类分析 Venn 图

图 3-24　各组小鼠肠道微生物 OTU 个数和 OTU 聚类分析 Venn 图

本研究通过对 16S rRNA 基因 V3～V4 区进行高通量测序，共得到 942,464 条有效序列，标准化后有效序列为 29,452 条。在此基础上，我们进行肠道微生物的多项指标分析。由图 3-24（1）可知，各组小鼠肠道微生物鉴定出的 OTU 个数在 333～453 之间。与 P 组相比，摄入燕麦麸皮和减肥药后，OTU 数目均明显下降，且趋向于接近 C 组靠近。这表明燕麦麸皮可以调节由高脂饮食引起的肠道微生物紊乱。与 C 组相比，CB 组 OTU 数目显著增加，说明燕麦麸皮超微粉可维持并增强正常饮食小鼠肠道微生物的稳态。

各组 OTU 个数在 97% 相似性水平上进行分类学分析。图 3-24（2）为各组小鼠肠道微生物 OTU 聚类分析 Venn 图。由图可知，在所有样本中，我们共鉴定出：1 个界、17 个门、26 个纲、64 个目、112 个科、223 个属、340 个种、603 个 OTU。各组共有的 OTU 个数为 208 个，而 C 组、CB 组、P 组、PB 组、Y 组分别特有的 OTU 个数分别为 13、35、44、20、15。由此可得，燕麦麸皮超微粉对不同饮食条件下小鼠肠道微生物的调节作用不同。

（二）燕麦麸皮超微粉对小鼠肠道微生物 α-多样性的影响

Sobs 指数、Ace 指数和 Chao 指数代表微生物群落的丰富度，Shannon 指数与 Simpson 指数常用于反映微生物 α-多样性，Coverage 指数常代表群落覆盖度。燕麦麸皮对小鼠肠道微生物 α-多样性的影响见表 3-23。

表 3-23　　　　　　　　燕麦麸皮对小鼠肠道微生物 α-多样性的影响

分组	Sobs 指数	Ace 指数	Chao 指数	Shannon 指数	Simpson 指数	Coverage 指数
C 组	177.20± 25.64[b]	209.29± 26.08[b]	212.43± 27.82[c]	2.50± 0.66[b]	0.20± 0.02[ab]	1.00±0.00[a]

续表

分组	Sobs 指数	Ace 指数	Chao 指数	Shannon 指数	Simpson 指数	Coverage 指数
CB 组	209.80± 30.95[a]	247.89± 36.91[ab]	243.86± 36.46[bc]	2.61± 0.81[b]	0.22± 0.07[a]	1.00±0.00[a]
P 组	242.50± 28.57[a]	285.84± 38.90[a]	299.13± 45.62[a]	3.59± 0.46[a]	0.07± 0.04[b]	1.00±0.00[a]
PB 组	224.80± 20.13[a]	257.31± 27.64[ab]	263.77 ±28.48[ab]	2.78± 0.42[b]	0.16± 0.07[ab]	1.00±0.00[a]
Y 组	220.00± 43.14[a]	262.59± 45.85[a]	264.97± 44.06[ab]	2.61± 0.46[b]	0.22± 0.08[a]	1.00±0.00[a]

注：表中同列不同字母表示差异显著（$P<0.05$）。

由表所示，P 组的 Sobs 指数、Ace 指数和 Chao 指数最高，显著高于 C 组（$P<0.05$），而与其他各组相比没有显著差异性（$P>0.05$）。这表明高脂饮食会使小鼠肠道微生物群落的丰富度提高，燕麦麸皮和减肥药会使高脂饮食小鼠肠道微生物的群落丰富度下降。另外，Shannon 指数结果显示，P 组多样性显著高于其他各组（$P<0.05$），而其他各组之间无显著性差异（$P>0.05$）。CB 组和 Y 组 Simpson 指数最高，P 组最低。这表明燕麦麸皮会导致高脂饮食小鼠肠道微生物的群落多样性下降。

所有组的 Coverage 指数均大于 99.9%，各组之间无显著性差异（$P<0.05$），说明样品达到了饱和状态，表明结肠中几乎所有的细菌物种信息均被检测到，其测序量及测序深度均处于合理水平。另外，与 C 组相比，CB 组 Sobs 指数显著较高（$P<0.05$）；Ace 指数、Chao 指数和 Shannon 指数虽较高，但两组之间差异不显著（$P>0.05$）。PB 组和 Y 组的丰富度和多样性指数均介于 C 组和 P 组之间，且更接近 C 组。这表明燕麦麸皮可以调节小鼠肠道微生物的数目和结构，改善高脂饮食引起的肠道紊乱，维持正常小鼠肠道的健康。越来越多的研究证实，适量摄入膳食纤维能够影响肠道稳态，调节肠道微生物群落之间的平衡，进而预防肥胖，改善肥胖相关症状。

（三）燕麦麸皮超微粉对小鼠肠道微生物 β -多样性的影响

各组小鼠肠道微生物 β-多样性非度量多维标度分析法（NMDS）分析和偏最小二乘法判别分析（PLS-DA）如图 3-25 所示。

基于 Weighted UniFrac 距离的 NMDS 分析揭示了每个实验组小鼠肠道微生物群落的不同聚类。由图 3-25（1）可知 stress 低于 0.2 的阈值，为 0.116，表明 NMDS 分析结果可靠。通过 ANOSIM 组间差异检验分析，R 值为 0.3984，P 值为 0.01，其中 R 值越接近 1，说明组间差异越明显。在本分析中，R 值远离 1 说明组内差异大于组间差异。从图 A 中可以观察到，高脂饮食、燕麦麸皮和奥利司他均导致微生物群落结构发生显著变化，其中 PB 组的微生物群落结构与 P 组有明显差异，更接近于 C 组。

因 NMDS 分析结果显示出显著的组内差异，这在一定程度上掩盖了组间的系统性差异，因此本研究进一步采用了偏最小二乘法判别分析（partial least squares discriminant analysis，PLS-DA）。该分析方法的优点是能够忽略组内的随机差异，突出组间的系统差异。尤其在变量数量远大于样本数量时，该方法具有较好的样本区分表现，进而将样本进行分类。由图 3-25（2）可知，与 P 组相比，其他各组小鼠肠道微生物群落均呈现出明显

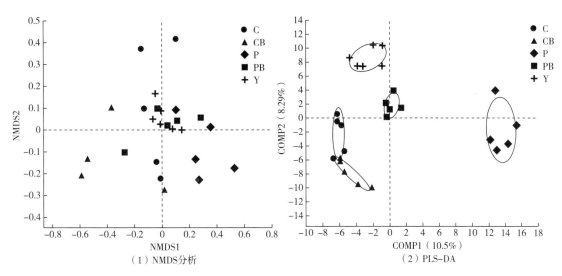

图 3-25　各组小鼠肠道微生物 β-多样性 NMDS 分析和 PLS-DA

注：图（1）中 NMDS1 和 NMDS2 分别代表第一主轴和第二主轴，解释了数据中最大和次大的变异部分；图（2）中 COMP1 和 COMP2 分别代表第一主成分和第二主成分的得分。

的聚集特征。PB 组肠道微生物群落结构与 C 组和 CB 组更接近。此外，CB 组微生物群落有远离 C 组的趋势，说明燕麦麸皮不仅能够修复高脂饮食引起的肠道微生物异常，还能进一步优化正常小鼠肠道微生物的结构。

（四）燕麦麸皮超微粉对小鼠肠道微生物群落组成（门水平）的影响

燕麦麸皮对各组小鼠肠道微生物群落组成门水平的影响见图 3-26。由图 3-26 可知，各组小鼠结肠中肠道微生物群落主要由厚壁菌门、放线菌门、拟杆菌门和变形菌门组成，其中优势菌门为厚壁菌门（占比 71.50%~91.03%）。与 C 组相比，P 组的厚壁菌门和拟杆菌门的相对丰度增加，而放线菌门的相对丰度则有所下降。与 P 组相比，PB 组和 Y 组中厚壁菌门的相对丰度增加，而拟杆菌门的相对丰度下降，这一结果与前期使用燕麦麸皮对肥胖人群粪便进行体外发酵的研究结果相一致，这可能是由于燕麦麸皮中富含膳食纤维。综上所述，燕麦麸皮能够通过调节肠道微生物的结构，尤其是影响厚壁菌门和拟杆菌门的相对丰度，从而预防肥胖。

（五）燕麦麸皮超微粉对小鼠肠道微生物群落组成（属水平）的影响

燕麦麸皮对各组小鼠肠道微生物群落组成（属水平）的影响见图 3-27（彩插）。由图可知，五组小鼠结肠中各菌群的丰度存在差异。C 组小鼠肠道微生物中的优势菌属是肠球菌属、双歧杆菌属、乳酸杆菌属、未命名毛螺菌科菌属（unclassified-Lachnospiraceae）和粪杆菌属（Faecalibaculum）。CB 组的优势菌属是粪杆菌属、双歧杆菌属、肠球菌属、Muribaculaceae（无中文名称）和布劳特菌属。P 组中的优势菌属是未命名毛螺菌科菌属、肠球菌属、乳酸杆菌属、布劳特菌属和大肠埃希菌属（Colidextribacter）。PB 组中的优势菌属是肠球菌属、未命名毛螺菌科菌属、布劳特菌属、乳酸杆菌属和肠杆菌属（Enterorhabdus）。Y 组中的优势菌属是肠球菌属、肠杆菌属、未命名毛螺科菌属、罗氏菌属和乳酸杆菌属。

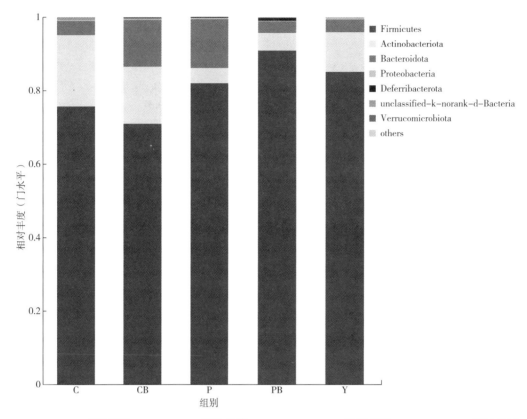

Proteobacteria—变形菌门；Firmicutes—厚壁菌门；Actinobacteriota—放线菌门；Bacteroidota—拟杆菌门；

Deferribacterota—脱硫杆菌门；unclassified-k-norank-d-Bacteria—未被分类或无法确定分类的细菌；

Verrucomicrobiota—疣微菌门；others—其他菌门。

图3-26　燕麦麸皮对小鼠肠道微生物群落组成的影响（门水平）

（六）燕麦麸皮超微粉对小鼠肠道微生物属水平差异性分析

燕麦麸皮对肥胖小鼠肠道微生物差异菌属相对丰度的影响见图3-28。肠球菌属可以代谢糖类物质产生乳酸，进而降低肠道环境的pH，保护肠道健康（Doi et al.，2018）。由图3-28（1）可知，与C组相比，高脂饮食P组小鼠中的肠球菌属丰度显著降低（$P<0.05$），而在PB组中丰度显著回升，表明饮食中添加燕麦麸皮可以显著提高该菌的丰度（$P<0.05$）。由图3-28（2）可知，双歧杆菌作为肠道内的益生菌，在C组中显示出最高的相对丰度为17.02%，其次为CB组（14.43%），而在P组、PB组和Y组中相对丰度极低。该结果表明高脂饮食会使双歧杆菌的丰度下降，而加入燕麦麸皮后，双歧杆菌的相对丰度未能提升，这可能与燕麦麸皮的剂量不足有关，该结果与前期的燕麦麸皮超微粉体外消化发酵实验结果相一致。毛螺菌属属于厚壁菌门的梭状芽孢杆菌簇XIVa，它可以水解淀粉等多糖类产生SCFAs，并且参与肠道炎症过程、动脉粥样硬化和免疫系统成熟等过程。由图3-28（3）可知，与C组相比，P组中毛螺科菌属的相对丰度变化不大，但PB组中该菌的相对丰度显著增高（$P<0.05$）。由图3-28（4）所示，未命名的乳酸杆菌的相对丰度在各组中从大到小的排序为Y组>PB组>C组>CB组>P组。布劳特菌与健康有很重

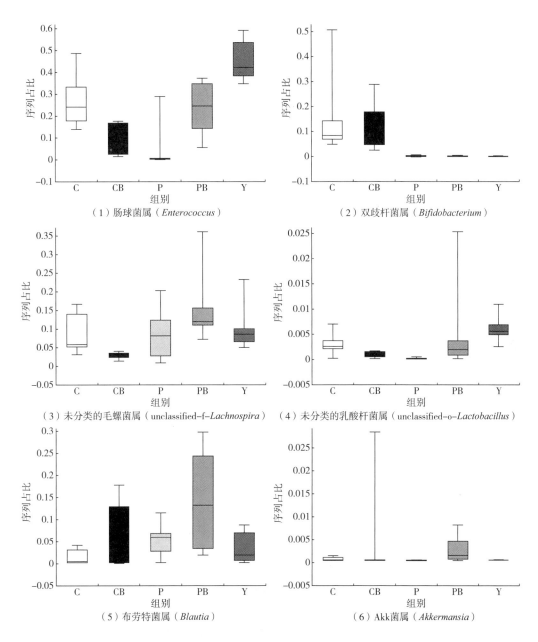

（1）肠球菌属（*Enterococcus*）

（2）双歧杆菌属（*Bifidobacterium*）

（3）未分类的毛螺菌属（unclassified–f–*Lachnospira*）

（4）未分类的乳酸杆菌属（unclassified–o–*Lactobacillus*）

（5）布劳特菌属（*Blautia*）

（6）Akk菌属（*Akkermansia*）

图 3-28　燕麦麸皮对小鼠肠道中微生物差异菌属相对丰度的影响

要的关系，是 SCFAs 的主要生产者。由图 3-28（5）可知，布劳特菌的相对丰度在各组中从大到小的排序为 PB 组>P 组>CB 组>Y 组>C 组。不管是正常饮食还是高脂饮食中，摄入燕麦麸皮后小鼠肠道中布劳特菌的丰度均显著增加。由此推测，燕麦麸皮可能通过增加布劳特菌，调节肠道微生物的组成，进而达到减重的效果。由图 3-28（6）可知，PB 组中 Akk 菌的相对丰度较高，其次为 CB 组和 C 组，在 P 组和 Y 组中没有检测出 Akk 菌，这可能由高脂饮食和药物作用导致。PB 组和 CB 组中 Akk 菌的相对丰度明显高于 C 组，表明燕麦麸皮可以促进 Akk 菌的生长。

综上所述，燕麦麸皮可以促进小鼠肠道中有益菌的生长，抑制病原菌的繁殖，从而干预肥胖。这可能归因于燕麦麸皮中富含膳食纤维、多酚类物质，使得燕麦麸皮能够改善肠道内环境，调节肠道微生物的生长。

（七）小鼠肠道微生物菌群功能预测

通过"重建未观察到的状态来研究群落的系统发育"（Phylogenetic Investigation of Communities by Reconstruction of Unobserved States，PICRUSt）算法我们对 OTU（操作分类单元）丰度表进行标准化，以去除 16SrRNA 基因在物种基因组中拷贝数的影响。然后，通过每个 OTU 对应的 Greengenes ID，对 OTU 进行 COG 功能注释，从而获得 OTU 在 COG 各功能分类水平的注释信息及各功能在不同样本中的丰度信息（Li et al.，2016）。这一步骤使我们能够进一步分析燕麦麸皮对肠道微生物菌群潜在功能的影响。各组小鼠肠道微生物功能预测的箱线图见图 3-29。

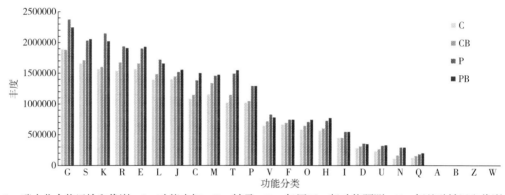

G—碳水化合物运输和代谢；S—功能未知；K—转录；R—仅用于一般功能预测；E—氨基酸转运和代谢；
L—复制、重组和修复；J—翻译、核糖体结构和生物发生；C—能量生产和转换；M—细胞壁/膜/包膜
生物发生；T—信号转导机制；P—无机离子转运与代谢；V—防御机制；F—核苷酸转运和代谢；
O—翻译后修饰、蛋白质转换、伴侣；H—辅酶转运与代谢；I—脂质转运和代谢；D—细胞周期控制、
细胞分裂、染色体分割；U—细胞内转运、分泌和囊泡转运；N—细胞运动；Q—次生代谢物生物合成、
运输和分解代谢；A—RNA 加工和修饰；B—染色质结构和动力学；Z—细胞骨架；W—细胞外结构。

图 3-29　各组小鼠肠道微生物 COG 功能分类统计箱线图

由图 3-29 所示，与群落组成相比，所有组的肠道微生物 COG 功能组成呈现一致性。PICRUSt 算法预测到各组小鼠肠道微生物的功能通路主要集中在碳水化合物运输和代谢、转录以及氨基酸转运和代谢。与正常饮食组相比，高脂饮食显著提高了肠道微生物在所有 COG 功能分类下的丰度。此外，燕麦麸皮的摄入能够降低肠道微生物在碳水化合物运输和代谢方面的丰度，同时提升能量产生和氨基酸转运、代谢的丰度。该分析结果表明，燕麦麸皮可能通过调节肠道微生物的功能，进而影响宿主体内的糖脂代谢通路。

（八）燕麦麸皮超微粉对小鼠结肠内容物短链脂肪酸的影响

燕麦麸皮对小鼠结肠中短链脂肪酸的影响见表 3-24。

表 3-24　　　　　　　　　　燕麦麸皮对小鼠结肠内容物 SCFAs 的影响　　　　　单位：μg/mL

分组	C 组	CB 组	P 组	PB 组	Y 组
乙酸	49.99±1.00[a]	45.06±0.28[b]	37.45±0.17[d]	44.48±0.94[b]	40.39±1.48[c]
丙酸	19.43±0.76[c]	19.02±0.98[c]	30.44±0.88[a]	19.52±0.08[c]	20.88±0.21[b]
异丁酸	4.12 ±0.52[c]	3.23±0.11[d]	5.18 ±0.26[b]	4.14±0.16[c]	5.74±0.78[a]
丁酸	17.81±0.95[c]	28.24±0.10[a]	26.46±0.08[b]	25.97±1.17[b]	19.03±2.74[c]
异戊酸	2.64 ±0.83[b]	2.74 ±0.01[b]	4.06 ±0.01[a]	4.01±0.55[a]	4.00 ±0.38[a]
戊酸	4.51±1.49[c]	4.57 ±0.00[c]	9.72 ±0.03[a]	6.52±0.27[b]	4.74±1.13[c]
总短链脂肪酸	98.49±4.58[c]	102.86±0.60[b]	113.31±0.95[a]	104.64±1.18[b]	94.78±5.86[c]

注：表中同行不同字母表示差异显著（$P<0.05$），同列不进行显著性分析。

由表 3-24 可知，乙酸、丙酸以及丁酸是各组小鼠结肠内主要的短链脂肪酸。与 C 组相比，P 组中的短链脂肪酸含量除乙酸外显著增加（$P<0.05$），该结果与前期体外发酵实验结果相呼应（第三章第二节）；CB 组中乙酸和异丁酸的含量显著减少（$P<0.05$），丁酸和总短链脂肪酸含量显著增加（$P<0.05$）。丙酸、异戊酸、戊酸的含量在各组间无显著性差异（$P>0.05$）。与 P 组相比，PB 组和 Y 组中乙酸含量显著提高（$P<0.05$），丙酸、戊酸和总短链脂肪酸含量显著降低（$P<0.05$）。丁酸含量在 P 组与 PB 组之间无显著性差异（$P>0.05$），而在 P 组和 Y 组之间存在显著差异（$P<0.05$）。

对比各组小鼠结肠中短链脂肪酸含量，具体结果如下：乙酸含量在 C 组小鼠结肠中最高，为 49.99μg/mL，在 P 组中最低，为 37.45μg/mL。丙酸含量在 P 组小鼠结肠中最高，为 30.44μg/mL，CB 组中最低，为 19.02μg/mL。丁酸含量在 CB 组小鼠结肠中最高，为 28.24μg/mL，C 组含量最低，为 17.81μg/mL。总短链脂肪酸含量在 P 组小鼠结肠中最高，为 113.31μg/mL，Y 组和 C 组中最低。另外，摄入燕麦麸皮和减肥药后，各组小鼠结肠中乙酸、丙酸、戊酸及总短链脂肪酸含量更接近 C 组的水平。

短链脂肪酸在肠道内稳态中起着重要作用，并进一步影响宿主的健康和新陈代谢。在饮食中加入燕麦麸皮，可调节肠道中各类短链脂肪酸的含量，并且可能通过该途径干预肥胖。

（九）肠道微生物与短链脂肪酸之间的相关性分析

肠道微生物与短链脂肪酸之间相关性热图分析见图 3-30（彩插）。由图可知，乙酸与粪杆菌属、毛螺菌_UCG-006、罗姆布茨菌和未分类的瘤胃球菌科呈显著负相关（$P<0.05$），与链球菌属、乳球菌属呈显著负相关（$P<0.01$），与双歧杆菌属呈极显著正相关（$P<0.001$），与格鲁比卡菌属、罗氏菌属呈极显著负相关（$P<0.001$）。丙酸与格鲁比卡菌属、链球菌属、乳球菌属、毛螺菌_ UCG-006、罗姆布茨菌和未分类的瘤胃球菌科呈显著正相关（$P<0.05$），与罗氏菌属呈显著正相关（$P<0.01$），与粪杆菌属、双歧杆菌属呈显著负相关（$P<0.01$）。丁酸与粪杆菌属、理研菌科 RC9 肠道群、厌氧棍状菌属呈显著正相关（$P<0.01$），与肠球菌属呈显著负相关（$P<0.01$）。异丁酸和异戊酸与格鲁比卡菌属、链球菌属、乳球菌属呈极显

著正相关（$P<0.001$）。总 SCFAs 与 *Lachnospiraceae_ NK4A136_ group*（毛螺菌科，无中文名称）和未分类的瘤胃球菌科呈显著正相关关系（$P<0.05$），与 *Family_ XIII_AD3011_ group*（无中文名称）和大肠埃希菌属呈显著正相关（$P<0.01$），与肠球菌属呈显著负相关（$P<0.05$）。

双歧杆菌属与乙酸呈极显著正相关（$P<0.001$），与异丁酸、异戊酸呈极显著负相关（$P<0.001$），与丙酸呈显著负相关（$P<0.01$），与戊酸呈显著负相关（$P<0.05$）。乳球菌属与异丁酸和异戊酸呈极显著正相关（$P<0.001$），与戊酸呈显著负相关（$P<0.01$），与丙酸呈显著正相关关系（$P<0.05$），与乙酸呈显著负相关（$P<0.01$）。罗氏菌属与丙酸和异丁酸呈显著正相关（$P<0.01$），与异戊酸呈显著正相关（$P<0.05$），与乙酸呈极显著负相关（$P<0.001$）。

📚 本章结论

（1）燕麦麸皮经超微粉碎后，β-葡聚糖含量和总酚含量显著增加（$P<0.05$），粉碎 5min 时其含量最高分别达到 11.59g/100g、579.85mg/100g。粉碎不仅直接影响燕麦麸皮粒径的大小，还可以改善其物理性能，实验结果表明粉碎 5min 时燕麦麸皮体现出良好的水溶性、持水性和膨胀性。

（2）吸附特性结果表明，粉碎 20min 时的燕麦麸皮吸附葡萄糖的能力和吸附胆酸钠的能力均为最佳。另外，与粗粉相比，燕麦麸皮在 pH 为 7.0 的环境下具有更好的吸附胆固醇的能力，粉碎 5min 时吸附力达到最强，为 9.44mg/g。

（3）超微粉碎后，燕麦麸皮的 T-AOC、DPPH·清除率 ABTS⁺清除率和·OH 清除率均呈先增大后减小趋势。其中，粉碎时间为 5min 的燕麦麸皮的抗氧化性最好。

（4）FTIR 结果表明，不同粉碎时间下燕麦麸皮粉体的 FTIR 图谱相似，没有生成新的化学官能团，说明超微粉碎没有明显破坏组分分子的主要结构。

（5）相关性结果表明，燕麦麸皮超微粉碎后总酚、TDF、SDF、IDF 含量与其物理特性和吸附特性之间呈显著相关关系。β-葡聚糖、总酚、TDF、SDF、IDF 可能是燕麦麸皮起到抗氧化能力的重要功能性成分。PCA 结果表明，经过 KMO 检验和 Bartlett 检验、成分得分系数、综合得分等分析，可得燕麦麸皮的适宜粉碎时间为 5min。

（6）燕麦麸皮对 α-淀粉酶和 α-葡萄糖苷酶的活性具有显著抑制作用（$P<0.05$），特别是在 5% 剂量下，对这两种酶的抑制率超过 50%。燕麦麸皮对胰脂肪酶和胆固醇酯酶的活性也具有显著的抑制作用（$P<0.05$），且在 4% 剂量下，对这两种酶的抑制率超过 50%。

（7）燕麦麸皮经体外消化后，β-葡聚糖、多酚、黄酮等功能性成分的含量显著增加（$P<0.05$）。体外消化能够使燕麦麸皮的抗氧化性显著增加，且随剂量的增加，其抗氧化性越强。这说明体外消化增加了燕麦麸皮的生物有效性，可以促进人体健康。

（8）燕麦麸皮体外发酵后可明显降低肠道环境的 pH。

（9）比较正常人群和肥胖人群肠道微生物组成，结果表明，正常人群肠道微生物的 α-多样性低于肥胖人群。在门水平下这两种人群的肠道微生物组成相同，但在正常人群中变形菌门占比最大，而在肥胖人群中厚壁菌门占比最大。

（10）在相同发酵条件下，与未添加燕麦麸皮组相比，添加 5% 燕麦麸皮组的正常人群和肥胖人群肠道微生物 α-多样性、β-多样性差异更显著（$P<0.05$）。

（11）相同剂量的燕麦麸皮，在 48h 发酵条件下正常人群中的乙酸、丙酸、丁酸以及总 SCFAs 含量均高于 24h 发酵条件下的含量，而在肥胖人群中只有 FB3 组和 FB5 组得到了相似的结果。

（12）体外发酵实验证明，添加 5%燕麦麸皮对肠道微生物的调节作用和肠道环境的改善作用最为明显。此外，燕麦麸皮可能是通过增加乳酸杆菌的丰度（而非改变双歧杆菌的丰度）来调节肠道微生物的组成，从而预防肥胖。

（13）燕麦麸皮超微粉对高脂饮食诱导的小鼠肥胖具有明显的干预作用。摄入燕麦麸皮后，可明显缓解饮食带来的体重和腹部脂肪的增加，且 P 组与 PB 组之间存在显著性差异（$P<0.05$），说明燕麦麸皮可以减轻体重，减少脂肪堆积。燕麦麸皮还可以明显降低空腹血糖，其对 CB 组影响最为明显，显著改善了高脂饮食引发的胰岛素抵抗和瘦素抵抗现象（$P<0.05$）。

（14）通过血清指标分析，结果表明，燕麦麸皮可以明显降低高脂饮食引起的 TC、TG、LDL-C 含量以及 AST 和 ALT 活性，显著提高 HDL-C 含量（$P<0.05$），但对 TBA 含量无显著性影响（$P>0.05$）。HE 染色、切片结果显示，高脂饮食会造成肝脏组织和肠道屏障的损伤，使脂肪细胞体积变大，而燕麦麸皮可以保护肝脏和小肠组织，缓解其损伤，使其脂肪细胞体积变小。另外，本研究发现奥利司他虽然具有减肥的作用，但对机体的肝脏和小肠损伤严重。

（15）燕麦麸皮超微粉对高脂饮食诱导肥胖小鼠的肠道微生物组成和结构具有明显的调节作用。在饮食中补充燕麦麸皮和减肥药后，观察到高脂饮食小鼠的 α-多样性显著下降（$P<0.05$），更接近正常对照组。通过 NMDS 分析和 PLS-DA 结果可知，燕麦麸皮可明显改变小鼠肠道微生物 β-多样性。在门水平上，燕麦麸皮可提高厚壁菌门的丰度，降低拟杆菌门和变形菌门的丰度；在属水平上，燕麦麸皮显著提高了乳酸杆菌、布劳特氏菌和 Akk 菌的丰度（$P<0.05$），但同时降低了双歧杆菌的丰度。此外，燕麦麸皮可以提高小鼠肠道中乙酸、丁酸含量，降低丙酸和总 SCFAs 含量。

参考文献

［1］ ARDESHIRLARIJANI E, NAMAZI N, B JALILI R, et al. Potential Anti－obesity effects of some medicinal herb: *In vitro* α－amylase, α－glucosidase and lipase inhibitory activity ［J］. International Biological and Biomedical Journal, 2019, 5（2）: 1.

［2］ BACKHED F, DING H, WANG T, et al. The gut microbiota as an environmental factor that regulates fat storage ［J］. Proceedings of the National Academy of Sciences, 2004, 101（44）: 15718-15723.

［3］ BARTER P. HDL－C: role as a risk modifier ［J］. Atherosclerosis Supplements, 2011, 12（3）: 267-270.

［4］ BIRARI R B, BHUTANI K K. Pancreatic lipase inhibitors from natural sources: unexplored potential ［J］. Drug Discovery Today, 2007, 12（19-20）: 879-889.

［5］ CHIANG J Y L, FERRELL J M. Bile acid metabolism in liver pathobiology ［J］. Gene Expression, 2018, 18（2）: 71.

［6］ DOI Y. Lactic acid fermentation is the main aerobic metabolic pathway in *Enterococcus faecalis* metabolizing a high concentration of glycerol ［J］. Applied Microbiology and Biotechnology, 2018, 102（23）: 10183-10192.

［7］ DONG J, YANG M, ZHU Y, et al. Comparative study of thermal processing on the physicochemical properties and prebiotic effects of the oat β－glucan by *in vitro* human fecal microbiota fermentation ［J］. Food Research International, 2020, 138: 109818.

［8］ FAN H, ZHANG Y, SWALLAH M S, et al. Structural characteristics of insoluble dietary fiber from okara with different particle sizes and their prebiotic effects in rats fed high－fat diet ［J］. Foods, 2022, 11（9）: 1298.

［9］ FLINT H J, SCOTT K P, DUNCAN S H, et al. Microbial degradation of complex carbohydrates in the gut ［J］. Gut Microbes, 2012, 3（4）: 289-306.

［10］ FLUITMAN K S, WIJDEVELD M, NIEUWDORP M, et al. Potential of butyrate to influence food intake in mice and men ［J］. Gut, 2018, 67（7）: 1203-1204.

［11］ GUAN X, FENG Y, JIANG Y, et al. Simulated digestion and *in vitro* fermentation of a polysaccharide from lotus（*Nelumbo nucifera* Gaertn.）root residue by the human gut microbiota ［J］. Food Research International, 2022, 155: 111074.

［12］ HAN SF, GAO H, SONG RJ, et al. Oat fiber modulates hepatic circadian clock via promoting gut microbiota－derived short chain fatty acids ［J］. Journal of Agricultural and Food Chemistry, 2021, 69（51）: 15624-15635.

［13］ HANSEN L, ROAGER H M, SNDERTOFT N B, et al. A low－gluten diet induces changes in the intestinal microbiome of healthy Danish adults ［J］. Nature Communications, 2018, 9（1）: 4630.

［14］ HE J, ZHANG P, SHEN L, et al. Short－chain fatty acids and their association with signalling pathways in inflammation, glucose and lipid metabolism ［J］. International Journal of Molecular Sciences, 2020, 21（17）: 6356.

［15］ HENAO－MEJIA J, ELINAV E, JIN C, et al. Inflammasome－mediated dysbiosis regulates progression of NAFLD and obesity ［J］. Nature, 2012, 482（7384）: 179-185.

［16］ HENNEKE L, SCHLICHT K, ANDREANI N A, et al. A dietary carbohydrate－gut *Parasutterella*－human fatty acid biosynthesis metabolic axis in obesity and type 2 diabetes ［J］. Gut microbes, 2022,

14（1）：2057778.

[17] HILLMAN E T, KOZIK A J, HOOKER C A, et al. Comparative genomics of the genus Roseburia reveals divergent biosynthetic pathways that may influence colonic competition among species［J］. Microbial Genomics, 2020, 6（7）：000399.

[18] LI R W, LI W, SUN J, et al. The effect of helminth infection on the microbial composition and structure of the caprine abomasal microbiome［J］. Scientific Reports, 2016, 6（1）：1-10.

[19] LI R, XUE Z, JIA Y, et al. Polysaccharides from mulberry（*Morus alba* L.）leaf prevents obesity by inhibiting pancreatic lipase in high-fat diet induced mice［J］. International Journal of Biological Macromolecules, 2021, 192：452-460.

[20] LITTLE T J, HOROWITZ M, FEINLE-BISSET C. Modulation by high-fat diets of gastrointestinal function and hormones associated with the regulation of energy intake: implications for the pathophysiology of obesity［J］. The American Journal of Clinical Nutrition, 2007, 86（3）：531-541.

[21] MUGABE W, SHAO T, LI JF, et al. Effect of hexanoic acid, *Lactobacillus plantarum* and their combination on the aerobic stability of napier grass silage［J］. Journal of Applied Microbiology, 2020, 129（4）：823-831.

[22] PERINO A, DEMAGNY H, VELAZQUEZ-VILLEGAS L, et al. Molecular physiology of bile acid signaling in health, disease, and aging［J］. Physiological Reviews, 2021, 101（2）：683-731.

[23] RAWAT P S, HAMEED ASS, MENG X F, et al. Utilization of glycosaminoglycans by the human gut microbiota: participating bacteria and their enzymatic machineries［J］. Gut Microbes, 2022, 14（1）：2068367.

[24] RIVIÈRE A, MOENS F, SELAK M, et al. The ability of *bifidobacteria* to degrade arabinoxylan oligosaccharide constituents and derived oligosaccharides is strain dependent［J］. Applied and Environmental Microbiology, 2014, 80（1）：204-217.

[25] SHIN N R, WHON T W, BAE J W. Proteobacteria: microbial signature of dysbiosis in gut microbiota［J］. Trends in Biotechnology, 2015, 33（9）：496-503.

[26] TUNCIL Y E, THAKKAR R D, MARCIA A D R, et al. Divergent short-chain fatty acid production and succession of colonic microbiota arise in fermentation of variously-sized wheat bran fractions［J］. Scientific Reports, 2018, 8（1）：1-13.

[27] UUSITUPA H M, RASINKANGAS P, LEHTINEN M J, et al. *Bifidobacterium* animalis subsp. lactis 420 for Metabolic Health: Review of the Research［J］. Nutrients, 2020, 12（4）：892.

[28] WANG K, LIAO M, ZHOU N, et al. *Parabacteroides distasonis* alleviates obesity and metabolic dysfunctions via production of succinate and secondary bile acids［J］. Cell Reports, 2019, 26（1）：222-235. e5.

[29] XU J, BARTOLOME C L, LOW C S, et al. Genetic identification of leptin neural circuits in energy and glucose homeostases［J］. Nature, 2018, 556（7702）：505-509.

[30] ZHANG Y K, ZHANG M L, GUO X Y, et al. Improving the adsorption characteristics and antioxidant activity of oat bran by superfine grinding［J］. Food Science and Nutrition, 2022, 11（1）：216-227.

[31] ZHAO X, MENG A, ZHANG X, et al. Effects of ultrafine grinding on physicochemical, functional and surface properties of ginger stem powders［J］. Journal of the Science of Food and Agriculture, 2020, 100（15）：5558-5568.

［32］ ZHONG C, ZU Y, ZHAO X, et al. Effect of superfine grinding on physicochemical and antioxidant properties of pomegranate peel ［J］. International Journal of Food Science & Technology, 2016, 51 (1): 212-221.

［33］ 张亚琨. 超微粉碎燕麦麸皮干预高脂诱导肥胖小鼠肠道微生物及其脂代谢机制的研究 ［D］. 呼和浩特: 内蒙古农业大学, 2022.

第四章

超高压处理与β-葡聚糖协同作用下的燕麦淀粉结构和性质优化

在燕麦籽粒中，淀粉位于胚乳中，被 β-葡聚糖和富含蛋白质的麸皮层包围。燕麦不含面筋蛋白，因此加水不能形成面筋网络结构，而是通过淀粉颗粒间的黏结性及淀粉与 β-葡聚糖的相互作用形成面团。燕麦淀粉除了在燕麦面团形成过程中发挥重要的作用外，燕麦淀粉的性质直接影响淀粉原料食品的外观及食用品质、货架期以及燕麦淀粉的加工应用范围（张晶等，2020）。

燕麦淀粉颗粒较小、颗粒表面发育良好，淀粉颗粒中结合脂质含量较高、相对结晶度较高，直链淀粉链长较小（Mirmoghtadaie et al.，2009）。虽然燕麦不是最适合作为淀粉商业来源的谷物，但有限的研究表明，与其他淀粉相比，燕麦淀粉具有一些独特的化学、物理和结构特性（Singh et al.，2017）。燕麦淀粉具有独特的糊化特性，峰值时间较短，糊化温度较低，较短时间内就可以充分糊化，这在加工过程中是一个重要的优势。在食品工业中，燕麦淀粉发挥着重要的作用，利用燕麦及其抗性淀粉可以开发低热量、低脂肪、高膳食纤维的燕麦棒、麦片等健康食品；燕麦淀粉与燕麦水解物或黄原胶组合用于增稠甜酸酱，具有良好的黏性（Tian et al.，2016）。除食品领域外，燕麦淀粉还可用作制造淀粉薄膜的原料。可生物降解的淀粉基薄膜的主要缺点在于其较强的亲水性，这导致其稳定性较低；相比之下燕麦淀粉中脂质含量较高，用其制成的薄膜疏水性较强，稳定性较高。此外，脂质的存在为薄膜提供了更好的水蒸气屏障功能。燕麦淀粉由于其颗粒小、脂质含量高，在制药行业中发挥重要作用，可以代替小麦和玉米淀粉。在制药工业中，燕麦淀粉被用于棕色纸、纸板制品以及片剂的包衣剂。燕麦淀粉还可应用于化妆品行业，作为滑石粉的替代品（Lazaridou et al.，2007）。

燕麦中的 β-葡聚糖含量为 3%～9%，是由 β-D 吡喃葡萄糖通过 β-糖苷键连接而成的一种线性无支链、水溶性的非淀粉类黏多糖。在水中，β-葡聚糖易形成较高黏度的溶液，可以增加体系黏性，具有增稠性、胶凝性、稳定性等加工特性，同时具有降血脂、降血糖及调节肠道菌群等生理功能（Charalampopoulos et al.，2002）。此外，β-葡聚糖在人体的消化道中没有营养功能，因此不含热量（Banchathanakij et al.，2009）。一些学者将 β-葡聚糖添加到淀粉中，研究 β-葡聚糖的添加对淀粉凝胶、糊化、老化等特性的影响。Banchathanakij 等研究发现，β-葡聚糖的添加导致大米淀粉在 4℃下储存后起始温度、峰值温度、终止温度和老化焓值显著降低，回生度增加（Hussain et al.，2016）。Satrapai 等人报道啤酒酵母 β-葡聚糖与大米淀粉混合凝胶在 4℃下储存后，起始温度、峰值温度、终止温度和老化焓值降低；β-葡聚糖的添加降低了混合凝胶的老化度、相变温度范围和析水率；动态粘弹性测量的结果表明，β-葡聚糖的添加最初促进了大米淀粉回生，在更长的储存时间内则延缓了大米淀粉的回生（Satrapai et al.，2007）。李渊等人（2016）研究了不同添加量的大麦 β-葡聚糖对小麦淀粉糊化和流变学特性的影响，结果表明大麦 β-葡聚糖的添加使小麦粉糊化过程中的黏度和崩解值升高，回生值有所降低。燕麦中 β-葡聚糖含量较高，燕麦 β-葡聚糖在燕麦面团形成过程中发挥重要作用。目前，有关燕麦淀粉与燕麦 β-葡聚糖相互作用的方式并不清楚。深入研究燕麦淀粉/β-葡聚糖复配体系结构和性质特点，了解燕麦淀粉和燕麦 β-葡聚糖的作用方式，对复配体系的应用具有重要意义。

超高压技术对粮食淀粉和蛋白质改性研究较多，超高压处理可以显著影响淀粉的颗粒形貌、微观结构，进而改变淀粉的溶解度、透光率、糊化特性、流变特性等功能特性，拓宽淀粉的加工应用领域。超高压处理通过促进面团结构中蛋白质网络的形成，增加面团强度。谷物中含有多种生物活性成分，如黄酮类化合物、皂苷、多酚等，这些成分具有抗氧化、清除自由基等功能。超高压处理可以降低大豆分离蛋白的致敏性，降低核桃中的蛋白质的过敏性，使其更易消化（Cabanillas et al.，2014）。超高压技术在杀菌效果方面也有显著的作用，超高压处理可以降低燕麦籽粒贮藏过程中的菌落总数，使燕麦中脂肪酶、过氧化酶失活，降低绿豆大肠杆菌、霉菌的数量，提高种子的安全性。

本研究探讨超高压处理对燕麦淀粉/β-葡聚糖复配体系微观结构、理化性质的影响，建立超高压处理燕麦淀粉微观结构变化模型，阐述微观结构与宏观性质之间的相关性关系；研究燕麦淀粉与燕麦 β-葡聚糖之间相互作用方式；探讨超高压处理后燕麦淀粉/β-葡聚糖复配体系老化期间水分子的迁移规律，建立老化动力学模型，阐述超高压处理抑制淀粉老化的机制。从而改善燕麦淀粉的加工性能并拓宽其应用范围，通过延缓淀粉的老化，延长食品的保质期，为超高压技术、燕麦淀粉及燕麦淀粉/β-葡聚糖复配体系在食品加工中的应用提供理论指导。

第一节 超高压处理对燕麦淀粉微观结构的影响

原淀粉因其易老化、抗剪切能力不足等局限性，限制了淀粉的加工应用范围，因此需要对淀粉进行改性处理（张晶等，2020）。超高压技术是一种非热加工技术，通过作用于大分子物质间的非共价键，从而破坏大分子物质的结构，导致大分子物质改性。超高压处理对淀粉颗粒形貌、结晶结构、分子结构等微观结构的改变与超高压处理压力、保压时间及淀粉浓度等密切相关。

淀粉的微观结构包括淀粉的颗粒形貌、粒度分布、晶体结构、近程分子结构等。淀粉以颗粒的形式存在，有圆形、椭圆形、多角形等，颗粒大小在 $1\sim100\mu m$，不同来源淀粉的颗粒形状、大小差异很大；淀粉颗粒具有结晶区和非结晶区交替层结构，淀粉晶体结构主要有 A 型、B 型和 C 型三种；利用 X 射线衍射仪、傅里叶红外光谱仪、核磁共振波谱仪可以检测淀粉的结晶度、分子结构、双螺旋结构等。

本节将燕麦淀粉在不同压力水平、不同保压时间及不同浓度下进行超高压处理，利用扫描电子显微镜（SEM）、激光粒度分析仪观察燕麦淀粉颗粒形貌、粒度分布的变化；利用 X 射线衍射（XRD）分析淀粉晶体结构、相对结晶度的变化；利用傅里叶红外光谱仪（FTIR）、13C 固态核磁探讨淀粉短程有序结构、双螺旋结构的变化；探索超高压处理对淀粉分子结构的影响，建立超高压处理对燕麦淀粉结构影响的模型。

一、超高压处理压力对燕麦淀粉微观结构的影响

（一）不同压力处理对燕麦淀粉颗粒形貌的影响

图 4-1 为不同压力处理后，燕麦淀粉放大 800 倍的 SEM 图像。

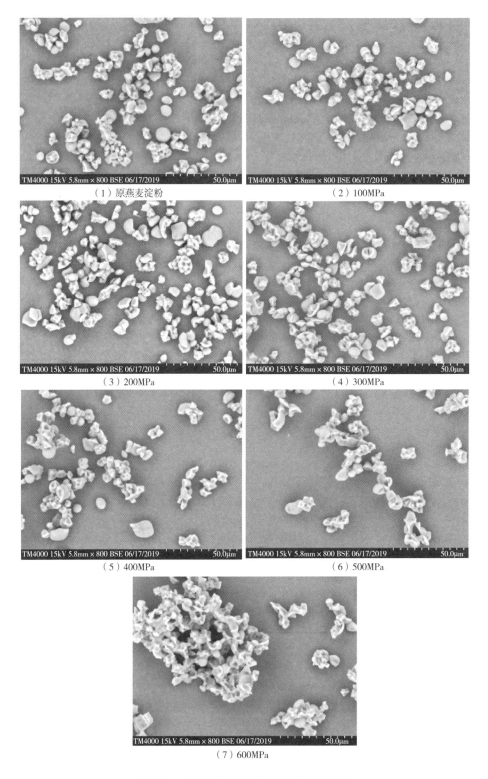

（1）原燕麦淀粉

（2）100MPa

（3）200MPa

（4）300MPa

（5）400MPa

（6）500MPa

（7）600MPa

图 4-1　不同压力处理后燕麦淀粉 SEM 图

由于燕麦淀粉颗粒形状不规则，在 100~300MPa 的压力处理后，淀粉颗粒形状、尺寸和表面的变化不明显［图4-1（2）~（4）］。400MPa 处理后，颗粒部分发生粘连，但仍保持一定程度的完整性［图4-1（5）］；500~600MPa 处理后，燕麦淀粉颗粒形状和表面变化明显［图4-1（6）、（7）］，淀粉颗粒表面变得粗糙，大多数颗粒膨胀、变形，黏结形成胶状区域，这是淀粉压力凝胶化的典型表现，表明淀粉颗粒发生糊化。

（二）不同压力处理对燕麦淀粉粒度分布的影响

淀粉的粒度分布反映不同大小的颗粒占总颗粒的比例，直接影响淀粉的性质（郭泽镔，2014）。超高压处理后燕麦淀粉颗粒粒径大小和体积分布的结果见表4-1，图4-2 为不同压力处理后燕麦淀粉颗粒体积分布图。

表 4-1　　　　　　　　不同压力处理后燕麦淀粉颗粒的粒径分布　　　　　单位：μm

样品	D (4, 3)	D (3, 2)	D10	D25	D50	D75	D90
原燕麦淀粉	10.35±0.03[a]	7.98±0.04[a]	5.30±0.01[a]	7.33±0.01[a]	9.75±0.02[a]	12.96±0.04[a]	16.53±0.05[a]
100MPa 处理燕麦淀粉	9.92±0.02[b]	7.68±0.02[b]	5.12±0.02[b]	7.09±0.03[b]	9.39±0.03[b]	12.41±0.03[b]	15.78±0.05[b]
200MPa 处理燕麦淀粉	9.95±0.02[b]	7.74±0.04[b]	5.15±0.03[bc]	7.14±0.02[c]	9.43±0.02[b]	12.44±0.04[b]	15.80±0.09[b]
300MPa 处理燕麦淀粉	10.19±0.07[c]	7.84±0.06[c]	5.20±0.04[c]	7.21±0.04[d]	9.57±0.06[c]	12.72±0.10[c]	16.34±0.14[a]
400MPa 处理燕麦淀粉	10.80±0.02[d]	7.92±0.02[a]	4.58±0.04[d]	7.47±0.03[e]	10.16±0.03[d]	13.67±0.03[d]	17.75±0.05[c]
500MPa 处理燕麦淀粉	16.94±0.07[e]	10.16±0.04[d]	5.38±0.03[e]	8.66±0.02[f]	13.28±0.03[e]	20.92±0.06[e]	32.76±0.25[d]
600MPa 处理燕麦淀粉	16.06±0.05[f]	10.01±0.06[e]	5.43±0.04[e]	8.44±0.03[g]	12.75±0.02[f]	19.77±0.05[f]	30.64±0.16[e]

注：同一列不同字母代表差异显著，$P<0.05$ 或 $P<0.01$；D (4, 3) 表示体积平均径，D (3, 2) 表示面积平均径，D10、D25、D50、D75、D90 的值分别表示粒径小于该值的颗粒占总颗粒的 10%、25%、50%、75%、90%。

燕麦淀粉颗粒平均粒径为 10.35μm，粒径范围为 1.46~26.68μm，其颗粒体积分布图为单峰曲线，峰值出现在 10μm 附近，属于小颗粒淀粉。

100~300MPa 处理后，燕麦淀粉颗粒的平均粒径减小，体积分布图的峰形变窄，峰向左移动，小颗粒淀粉所占的比重增加。粒径的减少可能是在压力作用下，淀粉分子间或分子内发生氢键结合，这是压力对淀粉的压缩"韧化"作用（刘培玲等，2010）。400MPa处理后，燕麦淀粉平均粒径略微增加，为 10.80μm，大颗粒淀粉数量增加。500MPa 和600MPa 处理后，平均粒径显著增加（$P<0.05$），此时淀粉颗粒的平均粒径分别为 14.74μm 和 21.15μm，为原淀粉的 1.38 和 1.98 倍，粒径最大值分别达到 56.52μm 和253.62μm。体积分布图中峰向右移动，峰形变宽，峰值出现在 14μm 附近，说明高压处理使得淀粉颗粒聚集在一起，导致颗粒粒径分布发生变化。此外，压力处理可能使淀粉发生

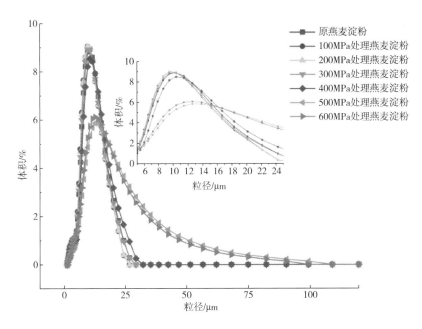

图4-2 不同压力处理后燕麦淀粉颗粒体积分布图

糊化，颗粒体积膨胀，粒径显著增加（张晶等，2020）。

（三）不同压力处理对燕麦淀粉结晶结构的影响

淀粉颗粒由结晶区和无定型区组成，其 X 射线衍射图谱表现为尖峰衍射和弥散衍射两部分。淀粉根据特征衍射峰出现的衍射角位置不同，主要有 A 型、B 型、C 型三种晶体结构，特定条件下，如糊化后的淀粉、淀粉与脂肪酸复合物呈现 V 型图谱。A 型图谱在衍射角 $2\theta=15°$、$17°$、$18°$ 和 $23°$ 附近有明显的特征衍射峰，B 型图谱在衍射角 $2\theta=17°$ 附近有明显的衍射峰，C 型图谱为 A 型和 B 型的混合图谱。不同压力处理后，燕麦淀粉 X 射线衍射图谱及参数分别见图4-3，表4-2。

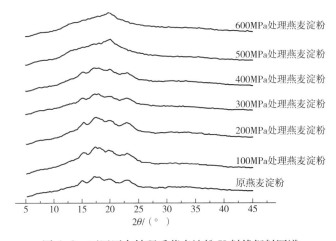

图4-3 不同压力处理后燕麦淀粉 X 射线衍射图谱

表 4-2　　　　　　　　　　　不同压力处理后燕麦淀粉的 X 射线衍射参数

样品	晶型	峰面积	总面积	相对结晶度/%
原燕麦淀粉	A	5426	14720	36.8
100MPa 处理燕麦淀粉	A	6821	18423	37.0
200MPa 处理燕麦淀粉	A	7267	19107	38.0
300MPa 处理燕麦淀粉	A	6011	14337	41.9
400MPa 处理燕麦淀粉	A	6011	16694	36.0
500MPa 处理燕麦淀粉	V	3648	16360	22.3
600MPa 处理燕麦淀粉	V	2856	15811	18.0

燕麦淀粉为 A 型结晶结构，相对结晶度为 36.86%。100~300MPa 处理后，燕麦淀粉的特征衍射峰没有发生明显变化，说明结晶结构没有发生变化，仍为 A 型，但衍射峰强度增加，相对结晶度从 36.86%增加到 41.92%，差异显著。这说明 100~300MPa 的压力处理，加强了淀粉分子之间的交互作用，支链淀粉分子链上的羟基通过氢键作用形成新的双螺旋结构，结晶结构增多。

400MPa 处理后，燕麦淀粉结晶结构仍为 A 型，相对结晶度略微降低至 36.01%，表明结晶结构开始解体。500~600MPa 处理后，燕麦淀粉的衍射图谱发生明显的变化，A 型特征衍射峰消失，衍射角 2θ 在 20°附近出现新的衍射峰，表现为 V 型结晶结构，证明此时燕麦淀粉完全糊化；衍射峰强度减弱，相对结晶度显著降低至 22.30%和 18.07%，降低程度与压力大小呈正相关。这是因为高压条件下，水分子浸入淀粉颗粒结晶区，导致淀粉颗粒大量吸水，结晶区双螺旋结构被破坏，从而形成单螺旋的 V 型结晶。淀粉糊化的本质是水分子进入淀粉颗粒内部，导致淀粉分子内和分子间的氢键断裂，原有的缔合状态遭到破坏，短程有序结构和双螺旋结构解体，直链淀粉溢出。

因此，超高压处理（UHP）对燕麦淀粉结晶结构的影响经历结晶完善阶段、结晶破坏、结晶解体和糊化阶段，即结晶结构未被破坏以前，压力对微晶中的晶面有加强作用，导致结晶结构更加完美，相对结晶度提高；随着压力的升高，结晶结构被破坏；压力足够大时，结晶结构解体，淀粉发生糊化。

（四）不同压力处理对燕麦淀粉分子短程有序结构的影响

红外光谱分析技术常用于分析淀粉分子结构的短程有序性，对淀粉结晶区、分子链构象及螺旋结构的改变十分敏感（赵精杰等，2019）。不同压力处理后，燕麦淀粉红外光谱图见图 4-4。从图中可以看出，经超高压处理后，燕麦淀粉红外光谱图没有新吸收峰的出现或特征峰的消失，说明超高压处理后燕麦淀粉并没有形成新的基团，即超高压处理后燕麦淀粉没有发生化学变化，可能只是分子链构象发生改变（李世杰，2020）。

红外光谱图中，波数 1045cm⁻¹ 附近的吸收峰与淀粉的结晶结构有关，1022cm⁻¹ 附近的吸收峰与非结晶结构有关，因此，1045cm⁻¹ 与 1022cm⁻¹ 处的吸收峰峰值强度的比值 $R_{1045/1022}$ 可用于表征样品的短程有序结构（晶体结构），比值越大，说明有序度越高（Li et al.，2011）；$R_{955/1022}$ 值可以反映淀粉颗粒内部双螺旋结构的变化（Lopez-Rubio et al.，2010）。表 4-3 为不同压力处理后燕麦淀粉 $R_{1045/1022}$ 与 $R_{955/1022}$ 值。

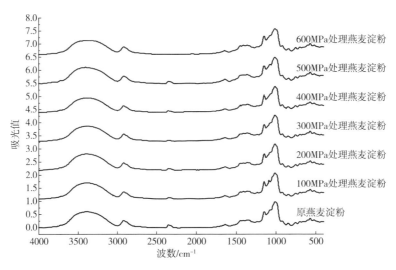

图4-4　不同压力处理后燕麦淀粉红外光谱图

表4-3　　　　　　　　　不同压力处理后燕麦淀粉$R_{1045/1022}$与$R_{955/1022}$值

样品	比值	
	$R_{1045/1022}$	$R_{955/1022}$
原燕麦淀粉	0.8643	0.8816
100MPa 处理燕麦淀粉	0.8687	0.8853
200MPa 处理燕麦淀粉	0.8816	0.8954
300MPa 处理燕麦淀粉	0.9226	0.9094
400MPa 处理燕麦淀粉	0.8412	0.8731
500MPa 处理燕麦淀粉	0.7385	0.7643
600MPa 处理燕麦淀粉	0.6327	0.6603

从图4-4中可以看出，与原淀粉相比，100~300MPa 处理后，燕麦淀粉 $R_{1045/1022}$ 与 $R_{955/1022}$ 值升高，说明不同压力处理后，燕麦淀粉中有序结构及双螺旋结构增多。结合 X 射线衍射结果，100~300MPa 处理后相对结晶度增大，说明淀粉分子之间的相互作用增强，支链淀粉分子链上的羟基通过氢键作用形成新的双螺旋结构增多。400~600MPa 处理后，燕麦淀粉 $R_{1045/1022}$ 与 $R_{955/1022}$ 值降低，说明此时淀粉分子内和分子间的相互作用在高压下被破坏，短程有序结构及双螺旋结构解体，进入结晶破坏、解体糊化阶段，这与 X 射线衍射测定结果一致。

（五）不同压力处理对燕麦淀粉固态核磁的影响

淀粉颗粒内部由结晶区和无定型区组成，其在核磁共振波谱图上的化学位移不同。淀粉在核磁共振图谱可以产生 C1、C4、C2,3,5 和 C6 四个不同信号强度的区域。据报道，94~105ppm 化学位移处出现的峰与 C1 有关，可以表征结晶区的双螺旋结构，即结晶类型；A 型淀粉在 C1 区域出现三重峰，B 型淀粉在 C1 区域形成双重峰，V 型淀粉在 C1 区域形成一个单峰（Veregin et al.，1986）。68~78ppm 化学位移处出现的峰与 C2,3,5 有关，可以体现直链淀粉中 B 型双螺旋结构的信息，该位置振动强度越高，直链淀粉链的自由度越低；80~

84ppm 化学位移处出现的峰与 C4 有关，其峰面积的大小反映淀粉颗粒中的无定型程度，且与双螺旋结构程度呈反比（Baik et al.，2003）。图 4-5 为燕麦淀粉经过不同超高压处理后的核磁共振波谱图，表 4-4 为核磁共振图谱的 C 化学位移数值及 C4 峰的相对占比情况。

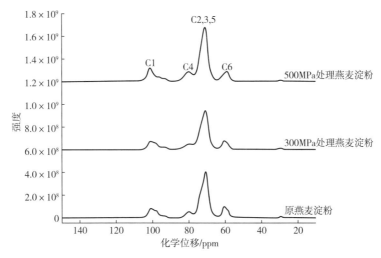

图 4-5　不同压力处理后燕麦淀粉的核磁共振波谱图

表 4-4　　　　　　不同压力处理后燕麦淀粉的化学位移及 C4 相对占比

样品	C1	C4	C2,3,5	C6	C4 相对占比/%
原燕麦淀粉	101.36、100.23、98.84	80.01	70.93	60.39	8.48
300MPa 处理燕麦淀粉	101.07、98.42、93.25	80.03	70.93	60.39	8.37
500MPa 处理燕麦淀粉	101.36	79.92	71.22	59.01	12.20

由 X 射线衍射结果可知，燕麦淀粉结晶结构为 A 型，因此在 C1 区域出现三重峰，化学位移分别为 101.36ppm、100.23ppm 和 98.84ppm。300MPa 处理 15min 后，C1 区域在 101.07ppm、98.42ppm 和 93.25ppm 化学位移处出现三重峰，说明此时燕麦淀粉仍为 A 型结晶结构；C4 峰相对占比由 8.48% 减少至 8.37%，说明无定型区占比减少，双螺旋结构增多。结合前文研究结果，100~300MPa 处理后，相对结晶度、短程有序结构及双螺旋结构增加，导致无定型区占比减少；C2,3,5 区域振动强度减弱，直链淀粉链自由程度增强，可能与压力处理后，直链淀粉溶出较少有关。500MPa 处理 15min 后，燕麦淀粉 C1 区域从三重峰变为单峰，表明燕麦淀粉由 A 型转变为 V 型，证实了在此条件下燕麦淀粉发生糊化；C4 峰相对占比增大，由 8.48% 增加到 12.20%，增加了 43.8%，说明燕麦淀粉颗粒中无定型区域增大，双螺旋结构减少，这与淀粉发生糊化有关。水分子进入淀粉颗粒内部，结晶区和无定型区的淀粉分子内和分子间氢键断裂，双螺旋结构降解，变为无序状态，这与 XRD、FTIR 研究结果一致。

二、不同时间超高压处理对燕麦淀粉微观结构的影响

（一）不同时间超高压处理对燕麦淀粉颗粒形貌的影响

燕麦淀粉经 500MPa 处理不同时间后的 SEM 图像见图 4-6。

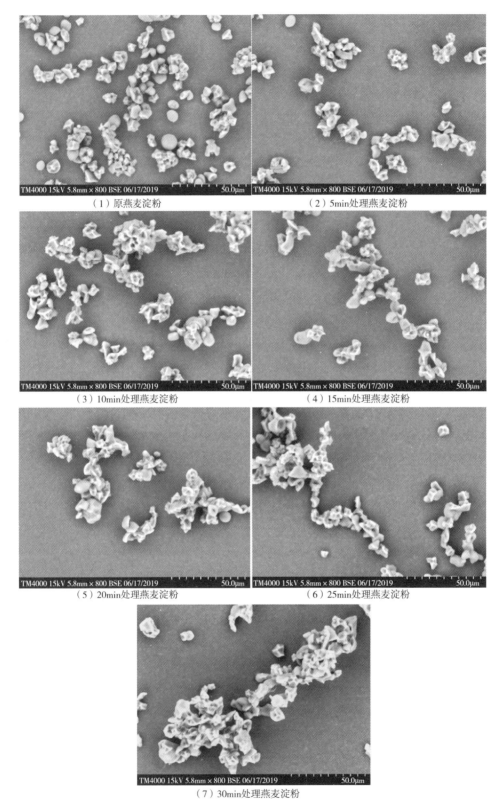

（1）原燕麦淀粉

（2）5min处理燕麦淀粉

（3）10min处理燕麦淀粉

（4）15min处理燕麦淀粉

（5）20min处理燕麦淀粉

（6）25min处理燕麦淀粉

（7）30min处理燕麦淀粉

图 4-6　不同时间超高压处理后燕麦淀粉 SEM 图

从图中可以看出，在 500MPa 条件下，随着保压时间的增加，燕麦淀粉颗粒变化越明显。500MPa 处理 5~10min［图 4-6（2）、（3）］，燕麦淀粉颗粒发生部分黏连，但多数颗粒仍保持完整性；500MPa 处理 15~30min［图 4-6（4）~（7）］，燕麦淀粉颗粒表面呈现粗糙、坍塌，颗粒吸水膨胀、变形，多数颗粒黏结，推断此时淀粉发生糊化。

（二）不同时间超高压处理对燕麦淀粉粒度分布的影响

燕麦淀粉经 500MPa 处理不同时间后颗粒粒径大小和分布结果见表 4-5，图 4-7 为颗粒体积分布图。

表 4-5　　　　　　　　　　不同时间处理后燕麦淀粉颗粒的粒径分布　　　　　　单位：μm

样品	D(4, 3)	D(3, 2)	D10	D25	D50	D75	D90
原燕麦淀粉	10.35±0.03[a]	7.98±0.04[a]	5.30±0.01[a]	7.33±0.01[a]	9.75±0.02[a]	12.96±0.04[a]	16.53±0.05[a]
5min 处理燕麦淀粉	14.49±0.10[b]	9.51±0.04[b]	4.78±0.06[b]	8.53±0.02[b]	12.57±0.05[b]	18.36±0.14[b]	26.28±0.25[b]
10min 处理燕麦淀粉	15.93±0.05[c]	9.79±0.06[c]	5.11±0.03[c]	8.35±0.02[c]	13.11±0.03[c]	19.36±0.10[c]	30.35±0.13[c]
15min 处理燕麦淀粉	16.94±0.07[g]	10.16±0.04[f]	5.38±0.03[ad]	8.66±0.02[g]	13.28±0.03[g]	20.92±0.06[g]	32.76±0.25[g]
20min 处理燕麦淀粉	17.11±0.16[f]	11.01±0.32[d]	5.73±0.22[e]	9.28±0.08[f]	14.06±0.10[f]	21.55±0.19[f]	32.22±0.28[f]
25min 处理燕麦淀粉	18.48±0.11[d]	11.00±0.12[d]	5.49±0.06[d]	9.58±0.05[d]	15.00±0.06[d]	23.55±0.13[d]	35.70±0.31[d]
30min 处理燕麦淀粉	20.83±0.07[e]	12.07±0.03[e]	6.69±0.01[e]	10.54±0.02[e]	16.60±0.05[e]	26.44±0.08[e]	40.53±0.21[e]

注：同一列不同字母代表差异显著，P<0.05 或 P<0.01；D（4，3）表示体积平均径，D（3，2）表示面积平均径，D10、D25、D50、D75、D90 的值分别表示粒径小于该值的颗粒占总颗粒的 10%、25%、50%、75%、90%。

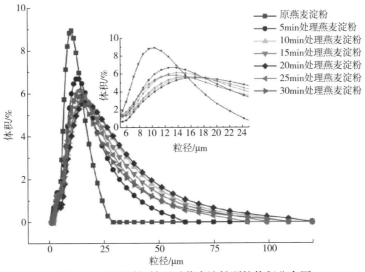

图 4-7　不同时间处理后燕麦淀粉颗粒体积分布图

从图表中可以看出，在500MPa压力条件下，燕麦淀粉颗粒的平均粒径随着保压时间的延长而显著增大。大颗粒淀粉数量明显增加，粒径最大值从26.68μm分别增加到62.08μm、82.26μm、90.35μm、99.24μm、99.24μm和109.00μm。体积分布图峰向右移动，峰形变宽，峰值从10μm增加到14~17μm。这些变化是由于水分子受到压力作用，进入淀粉颗粒内部的无定型区域并通过氢键与水分子结合，无定型区吸水膨胀导致淀粉颗粒变大，随着压力作用时间的延长，淀粉发生糊化、黏结，从而引起粒度增大。

（三）不同时间超高压处理对燕麦淀粉结晶结构的影响

燕麦淀粉经500MPa处理不同时间后，X射线衍射图谱见图4-8，峰面积及相对结晶度见表4-6。

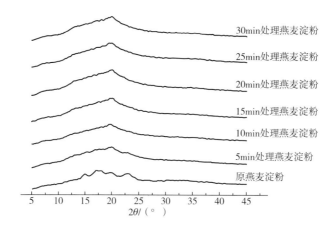

图4-8　不同时间处理后燕麦淀粉的X射线衍射图谱

从图4-8中可以看出，燕麦淀粉经500MPa处理5min后，衍射角2θ为15.02°、17.15°、17.93°和23.15°时衍射峰强度减弱，相对结晶度从36.86%降到27.32%，仍表现为A型衍射图谱。随着处理时间的延长，燕麦淀粉衍射图谱发生明显的变化，各特征衍射峰消失，衍射角2θ在20°附近出现衍射峰，燕麦淀粉的结晶结构发生改变，由A型转变为V型，相对结晶度显著降低，最低为13.79%。这说明处理时间增加后，淀粉颗粒中大部分有序结构在水合作用下转变为无序结构，颗粒中的淀粉链充分溶胀，结晶结构受到破坏，淀粉发生糊化。500MPa处理10min便可以使燕麦淀粉发生糊化，处理时间越长，糊化程度越高，结构破坏程度越大。

表4-6　　　　　　　　　不同时间处理后燕麦淀粉的X射线衍射参数

样品	晶型	峰面积	总面积	相对结晶度/%
原燕麦淀粉	A	5426	14720	36.8
5min 处理燕麦淀粉	A	4270	15628	27.3
10min 处理燕麦淀粉	V	3327	14698	22.6
15min 处理燕麦淀粉	V	3648	16360	22.3
20min 处理燕麦淀粉	V	3401	17650	19.2

续表

样品	晶型	峰面积	总面积	相对结晶度/%
25min 处理燕麦淀粉	V	3162	17462	18.1
30min 处理燕麦淀粉	V	2027	14698	13.7

在 500MPa 的压力条件下，5min 处理可以使部分水分子进入淀粉内部，结晶区部分双螺旋结构被解开，结晶结构被破坏；10min 以上处理可以破坏淀粉颗粒结晶区双螺旋结构，结晶结构几乎全部瓦解，形成高度无定型淀粉。因此，500MPa 条件下，不同时间处理对燕麦淀粉结晶结构的影响经历结晶解体和糊化阶段，即随着保压时间的增加，晶体结构逐渐被破坏。

（四）不同时间超高压处理对燕麦淀粉短程有序结构的影响

燕麦淀粉经 500MPa 处理不同时间后，红外光谱图见图 4-9。

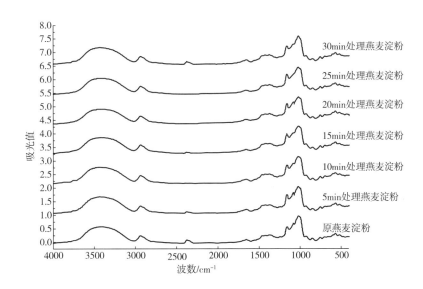

图 4-9 不同时间超高压处理后燕麦淀粉红外光谱图

从图 4-9 中可以看出，经 500MPa 处理不同时间后，燕麦淀粉红外光谱图没有新吸收峰的出现或特征峰的消失，说明不同时间处理没有形成新的基团。即表明超高压下不同时间处理并没有引起燕麦淀粉发生显著的化学变化，可能只是分子链构象发生改变。

表 4-7　　　　不同时间超高压处理后燕麦淀粉 $R_{1045/1022}$ 与 $R_{955/1022}$ 值

样品	比值	
	$R_{1045/1022}$	$R_{955/1022}$
燕麦淀粉	0.8643	0.8816
5min 处理燕麦淀粉	0.8503	0.8585
10min 处理燕麦淀粉	0.8232	0.8001

续表

样品	比值	
	$R_{1045/1022}$	$R_{955/1022}$
15min 处理燕麦淀粉	0.7385	0.7643
20min 处理燕麦淀粉	0.6746	0.6431
25min 处理燕麦淀粉	0.6197	0.6163
30min 处理燕麦淀粉	0.5227	0.5531

表 4-7 为不同时间超高压处理后燕麦淀粉 $R_{1045/1022}$ 与 $R_{955/1022}$ 值。从表 4-7 中可以看出，与燕麦淀粉相比，随着压力处理时间的延长，$R_{1045/1022}$ 与 $R_{955/1022}$ 值均降低，降低程度与压力处理时间呈正比。这说明燕麦淀粉中短程有序结构及双螺旋结构减少，即随着处理时间的延长，水分子进入淀粉颗粒内部结晶区，双螺旋结构、短程有序结构受到破坏，与 X 射线衍射结果一致。

（五）不同时间超高压处理对燕麦淀粉固态核磁的影响

燕麦淀粉经 500MPa 处理不同时间后核磁共振波谱图见图 4-10，表 4-8 为核磁共振图谱的 C 化学位移数值及 C4 峰的相对占比情况。

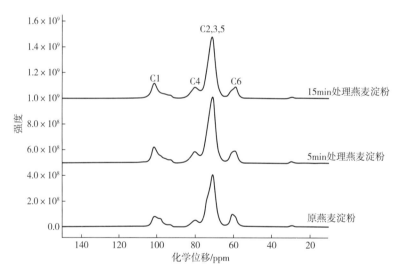

图 4-10　不同时间超高压处理后燕麦淀粉的核磁共振图谱

表 4-8　　　不同时间超高压处理后燕麦淀粉的化学位移及 C4 峰相对占比

样品	C1	C4	C2, 3, 5	C6	C4 相对占比/%
原燕麦淀粉	101.36、100.23、98.84	80.01	70.93	60.39	8.48
5min 处理燕麦淀粉	101.07、96.32、93.25	80.21	70.93	59.17	10.32
15min 处理燕麦淀粉	101.36	79.92	71.22	59.01	12.20

与燕麦淀粉相比，500MPa 处理 5min 后，燕麦淀粉 C1 区域为三重峰，化学位移分别为 101.07ppm、96.32ppm 和 93.25ppm，为 A 型结晶结构。但无定型区占比增大，双螺旋结构减少，结合 X 射线衍射、红外光谱结果，可知部分双螺旋结构、短程有序结构被破坏，相对结晶度降低。压力处理时间增加后，燕麦淀粉 C1 区域由三重峰变为单峰，呈 V 型结晶结构，说明燕麦淀粉发生糊化。C4 区相对占比增加了 43.8%，说明淀粉颗粒中无定型区域增大，双螺旋结构降解，这与 XRD 结果一致。C2,3,5 区域振动强度增强，直链淀粉链自由程度减弱，说明淀粉糊化后，分子结构变为杂乱无序的状态。

三、超高压下水分对燕麦淀粉微观结构影响

淀粉分子上羟基较多，水分子能够通过氢键与淀粉结合。因此，超高压处理过程中水分含量对淀粉结构变化也有重要影响。研究发现，超高压条件下，水分浸入淀粉颗粒的无定型区并与之水合，导致颗粒膨胀，从而降低了结晶区的稳定性。水分子大量渗透入淀粉颗粒内部，促进了内部氢键的断裂，改变淀粉分子的有序排列和紧密堆积程度，甚至导致双螺旋结构的解旋（孙沛然等，2015）。

（一）超高压处理对不同浓度燕麦淀粉颗粒形貌的影响

不同浓度燕麦淀粉经 500MPa 处理 15min 后的 SEM 图像见图 4-11。超高压处理后淀粉颗粒膨胀、黏结并发生糊化。淀粉颗粒具有竞争水分的特点，当淀粉浓度不同即含水量不同时，淀粉颗粒吸水膨胀、黏连，聚集程度也不同。

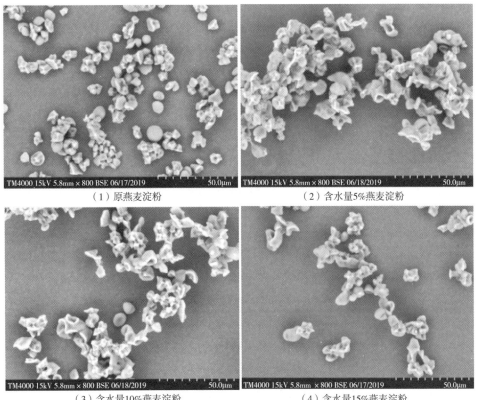

（1）原燕麦淀粉　　　　　　　　　　（2）含水量5%燕麦淀粉

（3）含水量10%燕麦淀粉　　　　　　　　（4）含水量15%燕麦淀粉

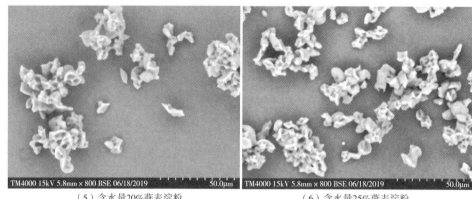

（5）含水量20%燕麦淀粉　　　　　　　（6）含水量25%燕麦淀粉

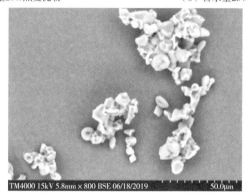

（7）含水量30%燕麦淀粉

图4-11　不同浓度燕麦淀粉经超高压处理后SEM图

从图4-11可以看出，当水分含量高时［图4-11（2）、（3）］，燕麦淀粉颗粒充分膨胀，大小均匀，分散的颗粒较少，原因是淀粉含量较低，颗粒相互作用机会减少，难以互相黏连变形。当水分含量低时［图4-11（7）］，淀粉颗粒竞争性吸水，较大的颗粒吸水膨胀，颗粒发生变形，较小的颗粒不容易吸水，颗粒形态仍保持完好，表现出膨胀的不均匀性。当水分含量适中时［图4-11（4）～（6）］，颗粒充分膨胀、变形、黏连成片状，在压力作用下，聚集在一起的大颗粒边缘破损，有碎片出现。

（二）超高压处理对不同浓度燕麦淀粉粒度分布的影响

不同浓度燕麦淀粉经500MPa处理15min后颗粒粒径大小和分布结果见表4-9，图4-12为颗粒体积分布图。

表4-9　　　　　不同浓度燕麦淀粉经超高压处理后颗粒的粒径分布　　　　单位：μm

样品	D(4, 3)	D(3, 2)	D10	D25	D50	D75	D90
原燕麦淀粉	10.35± 0.03[a]	7.98± 0.04[a]	5.30± 0.01[a]	7.33± 0.01[a]	9.75± 0.02[a]	12.96± 0.04[a]	16.53± 0.05[a]
含水量5%燕麦淀粉	18.03± 0.13[e]	10.92± 0.12[c]	5.47± 0.06[d]	9.46± 0.06[e]	14.71± 0.10[e]	22.93± 0.20[e]	34.57± 0.27[e]

续表

样品	D(4, 3)	D(3, 2)	D10	D25	D50	D75	D90
含水量10%燕麦淀粉	17.44± 0.04[f]	10.71± 0.05[e]	5.38± 0.05[c]	9.38± 0.04[f]	14.46± 0.03[f]	22.17± 0.04[f]	33.03± 0.19[f]
含水量15%燕麦淀粉	16.94± 0.07[d]	10.16± 0.04[d]	5.38± 0.03[c]	8.66± 0.02[d]	13.28± 0.03[d]	20.92± 0.06[d]	32.76± 0.25[d]
含水量20%燕麦淀粉	16.15± 0.05[c]	10.95± 0.02[c]	5.85± 0.04[b]	9.25± 0.03[c]	13.66± 0.04[c]	20.26± 0.10[c]	29.55± 0.18[c]
含水量25%燕麦淀粉	15.58± 0.01[b]	10.82± 0.02[c]	5.86± 0.04[b]	9.18± 0.01[b]	13.43± 0.01[b]	19.61± 0.03[b]	28.02± 0.06[b]
含水量30%燕麦淀粉	15.16± 0.06[g]	10.52± 0.03[f]	5.65± 0.02[e]	8.84± 0.03[g]	12.97± 0.05[g]	19.02± 0.08[g]	27.38± 0.13[g]

注：同一列不同字母代表差异显著，$P<0.05$ 或 $P<0.01$；D（4，3）表示体积平均径，D（3，2）表示面积平均径，$D10$、$D25$、$D50$、$D75$、$D90$ 的值分别表示粒径小于该值的颗粒占总颗粒的 10%、25%、50%、75%、90%。

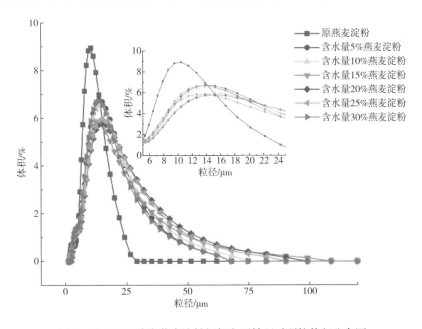

图4-12　不同浓度燕麦淀粉经超高压处理后颗粒体积分布图

与原淀粉相比，超高压处理后，燕麦淀粉颗粒粒径显著增加，结合 SEM 结果，可知淀粉颗粒在高压下发生糊化并聚集。随着淀粉浓度的升高，即水分含量的减小，燕麦淀粉的粒径逐渐减小，平均粒径由 18.03μm 降低到 15.16μm。淀粉颗粒粒径较小，导致沉降速率较低，因此在适当条件下，粒径小的颗粒稳定性相对较高。

（三）超高压处理对不同浓度燕麦淀粉结晶结构的影响

不同浓度燕麦淀粉经 500MPa 处理 15min 后的 X 射线衍射图谱及参数分别见图 4-13、表 4-10。

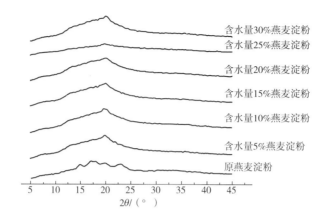

图4-13　不同浓度燕麦淀粉经超高压处理后 X 射线衍射图谱

表 4-10　　　　　不同浓度燕麦淀粉经超高压处理后 X 射线衍射参数

样品	晶型	峰面积	总面积	相对结晶度/%
原燕麦淀粉	A	5426	14720	36.8
含水量 5%燕麦淀粉	V	4835	16672	20.9
含水量 10%燕麦淀粉	V	3861	17948	21.5
含水量 15%燕麦淀粉	V	3648	16360	22.3
含水量 20%燕麦淀粉	V	3431	17218	19.9
含水量 25%燕麦淀粉	V	2043	10699	19.0
含水量 30%燕麦淀粉	V	2895	18164	15.9

从图 4-13、表 4-10 可以看出，与原淀粉相比，500MPa 处理 15min 后，不同浓度燕麦淀粉结晶度显著降低，说明淀粉分子结晶结构及双螺旋结构受到破坏；A 型特征衍射峰消失，衍射角 2θ 在 20°附近出现衍射峰，表现为 V 型图谱特征，结晶结构由 A 型转变为 V 型，这说明不同浓度燕麦淀粉经 500MPa 处理 15min 后均发生糊化。不同浓度燕麦淀粉的结晶结构保持不变，但其 X 射线衍射峰强度呈现变化。燕麦淀粉在浓度较低（5%～10%）时，即水分含量较高时，可以加速淀粉分子的迁移。由于体系中淀粉浓度较低，降低了支链淀粉分子间相互结合的几率，导致相对结晶度较低。

（四）超高压处理对不同浓度燕麦淀粉短程有序结构的影响

不同浓度燕麦淀粉经 500MPa 处理 15min 后红外光谱图见图 4-14。

从图 4-14 可以看出，不同浓度燕麦淀粉经 500MPa 处理 15min 后，燕麦淀粉红外光谱图没有新吸收峰的出现或特征峰的消失，说明不同浓度燕麦淀粉经 UHP 处理并未形成新的基团，即含水量的不同并没有引起燕麦淀粉发生化学变化，可能只是引起淀粉的结构和构象发生改变。

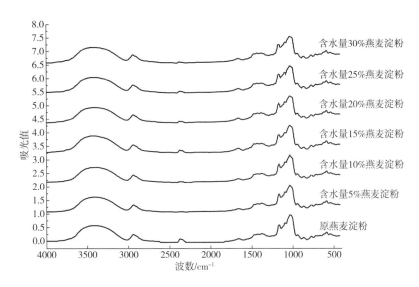

图 4-14　不同浓度燕麦淀粉经超高压处理后红外光谱图

表 4-11　　　　　不同浓度燕麦淀粉经超高压处理后 $R_{1045/1022}$ 与 $R_{955/1022}$ 值

样品	比值	
	$R_{1045/1022}$	$R_{955/1022}$
原燕麦淀粉	0.8643	0.8816
含水量 5%燕麦淀粉	0.6541	0.6016
含水量 10%燕麦淀粉	0.7014	0.6701
含水量 15%燕麦淀粉	0.7385	0.7643
含水量 20%燕麦淀粉	0.7169	0.7562
含水量 25%燕麦淀粉	0.7074	0.7285
含水量 30%燕麦淀粉	0.6736	0.6847

　　表 4-11 为不同浓度燕麦淀粉经 500MPa 处理 15min 后 $R_{1045/1022}$ 与 $R_{955/1022}$ 值。从表中可以看出，不同浓度燕麦淀粉经超高压处理后，$R_{1045/1022}$ 与 $R_{955/1022}$ 值均降低，即短程有序结构和双螺旋结构减少，但与水分含量不呈线性关系，这与 X 射线衍射结果一致。有研究指出，水分含量较高的条件下，淀粉分子通过氢键与水分子相互作用的几率更大，从而对淀粉颗粒有序结构和螺旋结构的破坏更显著。因此，随着水分含量的升高，短程有序化程度下降更加明显。

（五）超高压处理对不同浓度燕麦淀粉固态核磁的影响

　　不同浓度燕麦淀粉经 500MPa 处理 15min 后核磁共振波谱图见图 4-15，表 4-12 为核磁共振图谱的 C 化学位移数值及 C4 峰的相对占比情况。

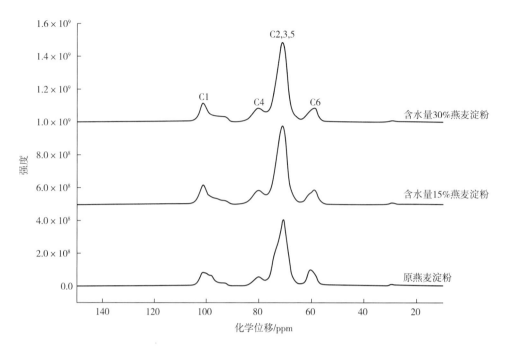

图 4-15　不同浓度燕麦淀粉经超高压处理后的固态核磁图谱

表 4-12　　　不同浓度燕麦淀粉经超高压处理后的化学位移及 C4 峰相对占比

样品	C1	C4	C2,3,5	C6	C4 相对占比/%
原燕麦淀粉	101.36、100.23、98.84	80.01	70.93	60.39	8.48
含水量 15%燕麦淀粉	101.36	79.92	71.22	59.01	12.20
含水量 30%燕麦淀粉	101.36	80.47	71.22	58.97	11.17

　　与原淀粉相比，500MPa 处理 15min 后，不同浓度燕麦淀粉 C1 区域由三重峰变为单峰，呈现 V 型结晶结构，说明淀粉发生糊化，这与 XRD 结果一致；C2,3,5 区域振动强度增强，直链淀粉链自由程度减弱，这与淀粉发生了糊化有关；C4 区相对占比增加了37.9%~43.8%，说明淀粉颗粒中无定型区域增大，双螺旋结构降解。淀粉浓度越低，即水分含量越高，C4 峰相对占比越高，即无定型区占比越多，说明水分含量高的情况下，短程有序结构下降更加明显。

四、超高压改变燕麦淀粉微观结构模型的建立

　　根据前文研究结果，超高压处理压力对燕麦淀粉分子结构的影响可以归纳为结晶完善阶段、结晶破坏阶段和结晶解体糊化阶段。

　　如图 4-16 所示，压力较小（100~300MPa 处理 15min）时，压力加强了燕麦淀粉分子之间的交互作用，支链淀粉分子上的羟基通过氢键作用形成新的双螺旋结构，短程有序结构及双螺旋结构增多，无定型区占比减少，相对结晶度提高，结晶结构被完善；燕麦淀粉颗粒表面变化不明显，粒径减小，仍保持完整性，这是结晶完善阶段。

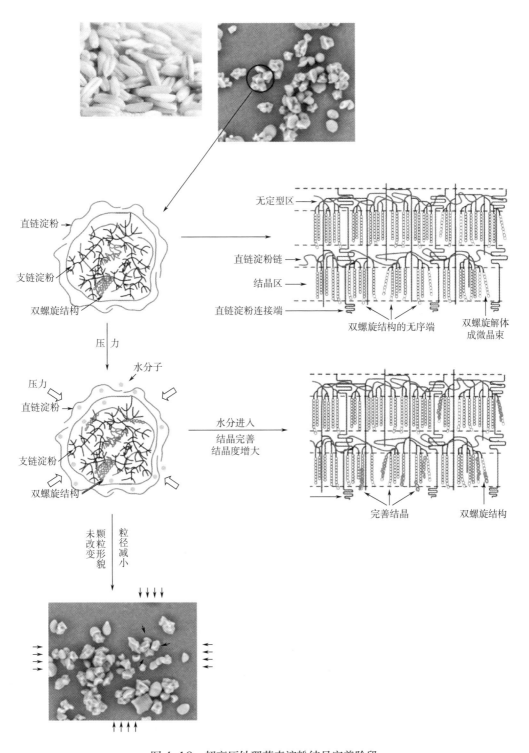

图 4-16　超高压处理燕麦淀粉结晶完善阶段

如图 4-17 所示，当压力适中（400MPa 处理 15min）、处理时间较短（500MPa 处理 5min）时，水分子进入燕麦淀粉颗粒结晶区，分子间和分子内氢键断裂，短程有序结构、双螺旋结构减少，无定型区域占比增大；相对结晶度略微降低，结晶结构开始被破坏；颗粒吸水膨胀，表面发生黏结，粒径变大，这是结晶破坏阶段。

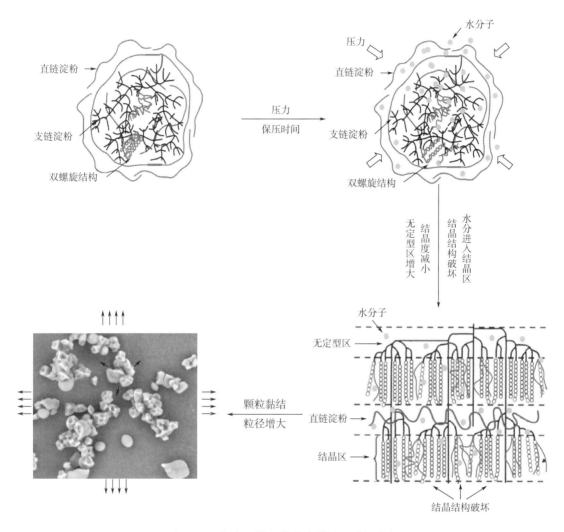

图 4-17 超高压处理燕麦淀粉结晶破坏阶段

如图 4-18 所示，随着压力的升高（500~600MPa 处理 15min）、处理时间的延长（500MPa 处理 15~30min）及不同浓度燕麦淀粉（5%~30%）经 500MPa 处理 15min 后，大量水分进入燕麦淀粉颗粒的结晶区，导致淀粉分子间的缔合状态遭到严重破坏，短程有序结构、双螺旋结构解体，无定型区占比增大；相对结晶度显著降低；燕麦淀粉发生糊化，淀粉颗粒大量吸水膨胀，发生黏连，表面结构被破坏，形成胶状连接区，颗粒粒径显著增大，这是结晶解体糊化阶段。

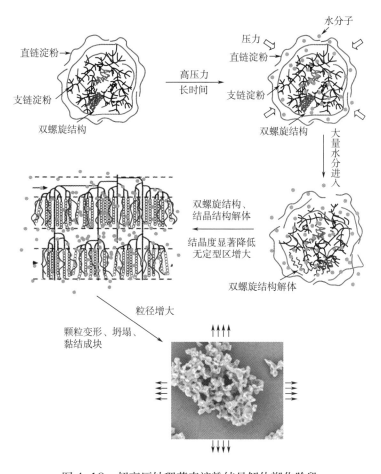

图4-18　超高压处理燕麦淀粉结晶解体糊化阶段

第二节　β-葡聚糖对燕麦淀粉微观结构及性质的影响

燕麦 β-葡聚糖是一种线性无支链、水溶性非淀粉类黏多糖，具有增稠、胶凝以及降血脂、降血糖、调节肠道菌群等加工特性和生理功能（姜帅等，2019）。燕麦淀粉位于胚乳中，被 β-葡聚糖包围。因此，燕麦淀粉与 β-葡聚糖的相互作用是燕麦面团形成的前提。研究燕麦淀粉与燕麦 β-葡聚糖相互作用方式、燕麦淀粉/β-葡聚糖复配体系的结构及性质，对改善淀粉的加工性能和应用范围具有重要意义。

将 β-葡聚糖以不同的添加量与燕麦淀粉复配，利用扫描电子显微镜、X 射线衍射仪、激光粒度分析仪、红外光谱仪、核磁共振波谱仪、质构仪、流变仪等研究不同燕麦 β-葡聚糖添加量对燕麦淀粉微观结构、颗粒形貌、粒度分布、质构特性、热特性、糊化特性、流变学特性的影响，通过相关性分析阐述 β-葡聚糖与淀粉相互作用方式，为燕麦淀粉/β-葡聚糖复配体系在食品加工中的应用提供理论依据。

一、β-葡聚糖对燕麦淀粉微观结构的影响

（一）β-葡聚糖对燕麦淀粉颗粒形貌的影响

添加不同含量β-葡聚糖后，燕麦淀粉/β-葡聚糖复配体系扫描电子显微镜（scanning electron microscopy，SEM）结果见图4-19。

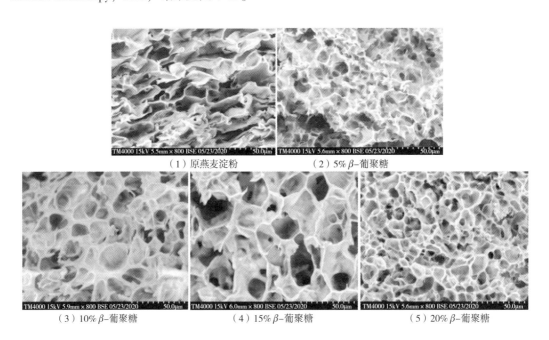

（1）原燕麦淀粉　　　　　　（2）5%β-葡聚糖

（3）10%β-葡聚糖　　　　（4）15%β-葡聚糖　　　　（5）20%β-葡聚糖

图4-19　燕麦淀粉/β-葡聚糖复配体系 SEM 图

从图中可以看出，燕麦淀粉糊化后凝胶体系结构松散，分布不均匀、不连续，存在大量的孔洞和凹陷［图4-19（1）］；加入β-葡聚糖后，体系孔洞数量减少，形成均匀、光滑、连续的结构。据报道，孔洞表征冻干之前凝胶结构中水的位置，β-葡聚糖与淀粉竞争水分，导致浸入淀粉颗粒内部的水分变少，孔洞数量减少（李妍等，2021）。随着β-葡聚糖添加量的增多，网络骨架结构数量增多，可以明显地看到致密的类蜂窝状及相互交联的网络结构（图4-19），说明β-葡聚糖填充在燕麦淀粉之间，与淀粉分子相互作用，形成稳定的网络结构，体系稳定性提高。当β-葡聚糖添加量为10%时，复配体系网络结构孔壁较厚，表明缠结力最强；添加量为15%、20%时，孔壁变薄，这是由于添加量的增大，淀粉相对含量降低，导致网络结构疏散。微观结构的显著变化必然会导致复配体系凝胶特性的变化，下文进一步对复配体系凝胶特性的变化进行描述。

（二）β-葡聚糖对燕麦淀粉粒度分布的影响

添加不同含量β-葡聚糖后，燕麦淀粉/β-葡聚糖复配体系颗粒粒径大小和体积分布结果见表4-13和图4-20。

表 4-13			燕麦淀粉/ β-葡聚糖复配体系颗粒的粒径分布				单位：μm
β-葡聚糖添加量	D (4, 3)	D (3, 2)	$D10$	$D25$	$D50$	$D75$	$D90$
0（原燕麦淀粉）	10.35±0.0[a]	7.98±0.04[a]	5.30±0.01[a]	7.33±0.01[a]	9.75±0.02[a]	12.96±0.04[a]	16.53±0.05[a]
5%	9.89±0.01[b]	7.68±0.02[b]	5.13±0.00[b]	7.09±0.01[b]	9.38±0.01[b]	12.36±0.01[b]	15.66±0.03[b]
10%	9.89±0.02[b]	7.69±0.01[b]	5.11±0.02[b]	7.07±0.02[b]	9.37±0.03[b]	12.38±0.03[b]	15.72±0.05[b]
15%	9.68±0.05[c]	7.53±0.02[c]	5.03±0.02[c]	6.96±0.02[c]	9.20±0.03[c]	12.09±0.06[c]	15.25±0.12[c]
20%	9.77±0.04[d]	7.61±0.02[d]	5.11±0.03[d]	7.02±0.02[d]	9.27±0.03[d]	12.20±0.06[d]	15.44±0.12[d]

注：同一列不同字母代表差异显著，$P<0.05$ 或 $P<0.01$；D（4, 3）表示体积平均径，D（3, 2）表示面积平均径，$D10$、$D25$、$D50$、$D75$、$D90$ 的值分别表示粒径小于该值的颗粒占总颗粒的 10%、25%、50%、75%、90%。

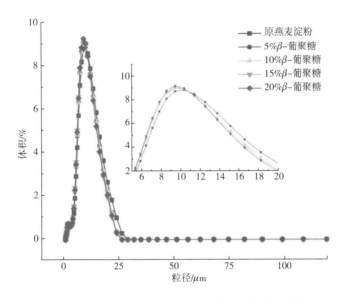

图 4-20　燕麦淀粉/ β-葡聚糖复配体系颗粒体积分布图

从图 4-20，表 4-13 可以看出，添加 β-葡聚糖后，复配体系颗粒粒径显著减小，体积分布图向左移动，峰型较窄，且添加量在 5%、10% 之间的粒径分布无差异。可能是由于 β-葡聚糖易溶于水，添加量越多时淀粉浓度相对越小，导致复配体系粒径减小。

（三） β-葡聚糖对燕麦淀粉 X 射线衍射的影响

添加不同含量 β-葡聚糖后，燕麦淀粉/ β-葡聚糖复配体系 X 射线衍射图谱和参数分别见图 4-21、表 4-14。本研究测定燕麦淀粉/ β-葡聚糖复合物结晶结构时，是将复配体系水溶液糊化后冻干，因此复配体系 X 射线衍射图谱均表现为 V 型图谱。

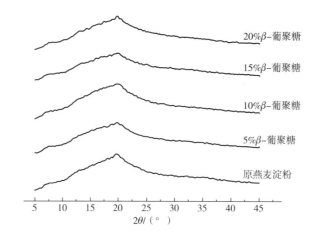

图4-21　燕麦淀粉/β-葡聚糖复配体系的X射线衍射图谱

表4-14　　　　　　　　　燕麦淀粉/β-葡聚糖复配体系的X射线参数

β-葡聚糖添加量	晶型	结晶峰面积	总面积	相对结晶度/%
0（原燕麦淀粉）	V	2025	13720	14.7
5%	V	1818	12368	14.7
10%	V	1822	12134	15.0
15%	V	1468	11165	13.1
20%	V	1725	13139	13.1

从图4-21、表4-14可以看出，随着β-葡聚糖的添加，相对结晶度先增加后降低。β-葡聚糖添加量为10%时，相对结晶度最大，为15.02%，高于燕麦淀粉14.76%，这说明适量的β-葡聚糖可以对燕麦淀粉结晶结构起到保护作用。

（四）β-葡聚糖的添加对燕麦淀粉分子短程有序结构的影响

添加不同含量β-葡聚糖后，复配体系红外光谱图如图4-22所示。

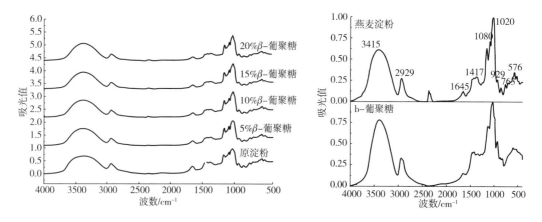

图4-22　燕麦淀粉/β-葡聚糖复配体系红外光谱图

β-葡聚糖红外光谱图中 $3700 \sim 3100 \mathrm{cm}^{-1}$ 处的宽峰是 O—H 和 C—H 的伸缩振动，为糖类物质的特征吸收峰，该峰出现在 $3400\mathrm{cm}^{-1}$ 处左右，说明存在着明显的分子间氢键；$3000 \sim 2800\mathrm{cm}^{-1}$ 之间的峰是糖类 C—H 伸缩振动峰，$1400 \sim 1200\mathrm{cm}^{-1}$ 之间的一组峰是糖类的 C—H 变角振动，这两组峰可初步判断该物质为糖类化合物；$1649\mathrm{cm}^{-1}$ 处的弱吸收峰说明 β-葡聚糖有少量结合水存在，$1640 \sim 1500\mathrm{cm}^{-1}$ 处无吸收谱峰，说明无蛋白质存在，根据红外光谱分析可推测燕麦 β-葡聚糖是含有 β-D-吡喃葡萄糖环的非蛋白类多糖。

复配体系与燕麦淀粉相比，没有形成新的特征峰，说明添加 β-葡聚糖后，复配体系并未形成新的基团，主要还是通过氢键作用形成三维凝胶网络结构。复配体系在 $3700 \sim 3100\mathrm{cm}^{-1}$ 处形成一个宽峰，这是大分子间典型的羟基缔合峰（李妍等，2021）。添加 β-葡聚糖后，波谱带 $3415\mathrm{cm}^{-1}$ 处的 O—H 拉伸峰变宽，说明淀粉和 β-葡聚糖间存在着氢键相互作用。

表4-15　燕麦淀粉/ β-葡聚糖复配体系 $R_{1045/1022}$ 与 $R_{955/1022}$ 值

β-葡聚糖添加量	比值	
	$R_{1045/1022}$	$R_{955/1022}$
0（原燕麦淀粉）	0.5227	0.5531
5%	0.5145	0.5414
10%	0.5352	0.5591
15%	0.3144	0.3082
20%	0.3139	0.3077

表4-15 为燕麦淀粉/ β-葡聚糖复配体系 $R_{1045/1022}$ 与 $R_{955/1022}$ 值。从表4-15可以看出，β-葡聚糖添加量为10%时，$R_{1045/1022}$ 与 $R_{955/1022}$ 值较高，推测此时 β-葡聚糖对燕麦淀粉晶体结构起到保护作用，这与 X 射线衍射测定的结晶度结果一致。

（五）β-葡聚糖的添加对燕麦淀粉固态核磁共振波谱的影响

根据 X 射线衍射及红外光谱测定结果，我们选择 β-葡聚糖添加量为10%时的样品测定其固态核磁图谱。图4-23为燕麦淀粉添加10% β-葡聚糖后固态核磁共振波谱图，表4-16为碳化学位移及 C4 峰相对占比情况。

表4-16　燕麦淀粉/ β-葡聚糖复配体系的化学位移及 C4 峰相对占比

β-葡聚糖添加量	C1	C4	C2,3,5	C6	C4 相对占比/%
0（原燕麦淀粉）	101.36	80.12	71.22	59.01	14.20
10%	101.36	80.00	71.22	58.93	13.32

与燕麦淀粉相比，复配体系 C4 区占比减小，即无定型区域较小，双螺旋结构增加，与 X 射线衍射及红外光谱测定结果一致，认为10% β-葡聚糖的添加对燕麦淀粉结晶区有一定的保护作用；C2,3,5 区振动强度增强，说明直链淀粉自由程度减弱，推断 β-葡聚糖与燕麦淀粉的作用方式可能是 β-葡聚糖通过氢键与直链淀粉相连接，导致直链淀粉自由度减弱。

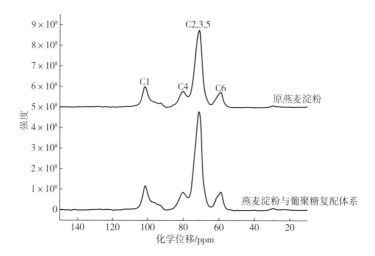

图4-23　燕麦淀粉/β-葡聚糖复配体系的固态核磁图谱

二、β-葡聚糖添加对燕麦淀粉性质的影响

（一）β-葡聚糖对燕麦淀粉溶解度膨胀度的影响

淀粉颗粒膨胀是在高温下，淀粉颗粒吸收可利用的自由水后体积增大、内部结构变松散的过程。添加不同含量β-葡聚糖后，燕麦淀粉溶解度和膨胀度见图4-24。

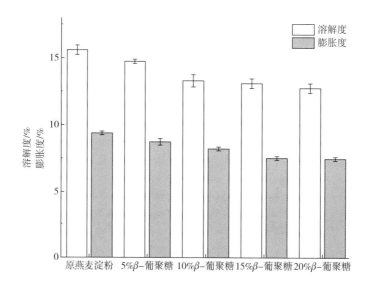

图4-24　添加不同含量β-葡聚糖后燕麦淀粉溶解度和膨胀度变化

从图4-24可以看出，添加β-葡聚糖后，复配体系溶解度和膨胀度均呈现降低趋势，添加量为15%和20%时差异不显著。膨胀度的降低可能是由于β-葡聚糖的添加与淀粉竞争水分，导致淀粉颗粒无定型区水合作用减弱。此外，溶出的直链淀粉可能与β-葡聚糖包裹在一起，限制了淀粉的膨胀。

（二）β-葡聚糖对燕麦淀粉透光率的影响

添加不同含量β-葡聚糖后，燕麦淀粉透光率随贮藏时间的变化如图4-25所示。

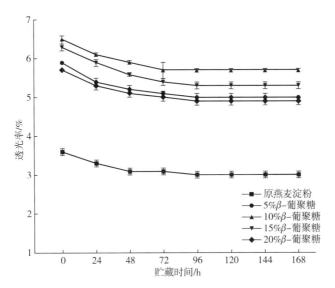

图4-25　添加不同含量β-葡聚糖后燕麦淀粉透光率随贮藏时间的变化

淀粉糊在贮藏过程中会发生回生现象，从而导致透明度发生变化。随着贮藏时间的延长，燕麦淀粉及其复配体系透光率均逐渐降低，72h后趋于平缓，说明贮藏前期回生速率较快。添加β-葡聚糖后，透光率升高，这是由于β-葡聚糖与溶出的直链淀粉通过氢键相互作用，阻止了直链淀粉分子间的重排，抑制了支链淀粉双螺旋的形成，阻止了结晶结构的形成，从而使复配体系的透明度明显高于燕麦淀粉。

（三）β-葡聚糖对燕麦淀粉冻融稳定性的影响

添加不同含量β-葡聚糖后，燕麦淀粉析水率变化如图4-26所示。

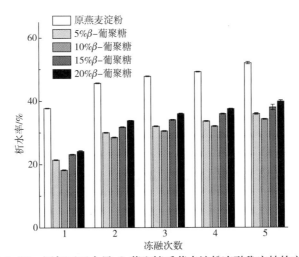

图4-26　添加不同含量β-葡聚糖后燕麦淀粉冻融稳定性的变化

在冻融循环过程中，混合体系析水率随着冻融循环次数的增加而增加，前2天增加显著，之后增长速率下降。与原始淀粉相比，添加 β-葡聚糖后，析水率呈下降趋势。燕麦淀粉经5次冻融后，析水率达到52.02%，添加 β-葡聚糖后，析水率分别降到35.91%、34.21%、38.01%、39.86%。

贮藏过程中，淀粉凝胶的析水是由于直链淀粉发生重排、支链淀粉重新形成双螺旋结构，导致胶束中束缚的水分被逐渐排除，发生回生现象，冷冻过程中水分凝结成冰晶，融化后析出（Liu et al.，2006）。淀粉重结晶的速率和程度主要由淀粉链的流动性决定，而淀粉链的流动性取决于体系中水的可用性（Slade et al.，1991）。β-葡聚糖由于高持水能力吸收了大量的水，导致淀粉链的流动性降低，进而导致重结晶程度和析水程度降低。此外，β-葡聚糖能够与析出的直链淀粉相互作用，阻碍淀粉重结晶，降低水分的析出，提高冻融稳定性。

（四）β-葡聚糖对燕麦淀粉凝胶质构特性的影响

凝胶质构特性不仅与食品的口感、质地密切相关，凝胶体系在贮藏过程中硬度变化还可反映体系的老化程度。添加不同含量 β-葡聚糖后，燕麦淀粉/β-葡聚糖复配体系凝胶质构参数测定结果见表4-17。

表4-17　　　　　　　　　　燕麦淀粉/β-葡聚糖复配体系凝胶质构参数

β-葡聚糖添加量	硬度/g	弹性	黏聚性/g	胶着度/g	咀嚼度/g	回复性/g
0（原燕麦淀粉）	1150.42±73.19[a]	0.90±0.01[a]	0.77±0.01[ab]	889.16±67.75[a]	801.37±57.13[a]	0.45±0.04[a]
5%	177.48±0.23[b]	2.60±0.03[b]	0.81±0.01[a]	143.39±1.66[b]	373.35±0.38[b]	0.55±0.00[b]
10%	185.85±7.78[b]	2.56±0.01[bc]	0.79±0.02[a]	147.24±8.44[b]	376.67±19.81[b]	0.55±0.01[b]
15%	176.46±3.14[b]	2.55±0.02[c]	0.79±0.00[a]	139.85±1.63[b]	356.74±1.45[b]	0.55±0.00[b]
20%	216.38±9.31[b]	2.00±0.01[d]	0.75±0.00[b]	161.67±6.88[b]	161.04±5.73[c]	0.50±0.02a[b]

注：同一列不同字母代表差异显著，$P<0.05$。

从表4-17可以看出，β-葡聚糖的添加可以显著降低复配体系凝胶的硬度、胶着度和咀嚼度，增加弹性、回复性，但不同添加量之间几乎无差异。淀粉凝胶的硬度与直链淀粉含量密切相关，直链淀粉含量越高，分子间交联和缠绕的程度越高，凝胶硬度越大（Dan et al.，2019）。β-葡聚糖的添加阻碍了直链淀粉分子聚集重排，削弱了直链淀粉分子间的作用力，使复配体系凝胶质地更为柔软。此外，部分淀粉被 β-葡聚糖取代，混合体系内淀粉总量降低，淀粉间的相互作用减弱，使得凝胶硬度降低（Schirmer et al.，2015）。凝胶弹性与淀粉凝胶样品网络结构有关，弹性值越大，说明网络结构越强。添加 β-葡聚糖后，燕麦淀粉与 β-葡聚糖通过氢键形成三维网络结构，结合SEM结果，β-葡聚糖的添加使得复配体系网络结构增强，导致弹性值增加。因此，β-葡聚糖的添加可以降低淀粉的老化并改善淀粉食品品质。

（五）β-葡聚糖对燕麦淀粉糊化特性的影响

燕麦淀粉/β-葡聚糖复配体系黏度随温度和时间变化的快速黏度分析（RVA）曲线见

图 4-27，表 4-18 为黏度特性参数。

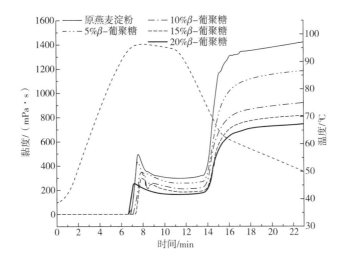

图 4-27　燕麦淀粉/β-葡聚糖复配体系的糊化曲线

表 4-18　　　　　　　　　　　燕麦淀粉/β-葡聚糖复配体系的糊化参数

β-葡聚糖 添加量	PV/ （mPa·s）	TV/ （mPa·s）	FV/ （mPa·s）	BD/ （mPa·s）	SB/ （mPa·s）	PT/℃	Pt/min
0（原燕麦淀粉）	495.10± 1.20[a]	294.40± 0.50[a]	1420.64± 2.17[a]	200.70± 0.89[a]	1126.24± 2.99[a]	93.90± 0.30[a]	7.55± 0.01[a]
5%	431.30± 0.79[b]	256.00± 0.51[b]	1185.73± 1.87[b]	175.30± 0.88[b]	929.73± 2.61[b]	95.30± 0.65[b]	7.49± 0.09[a]
10%	347.90± 0.81[c]	208.00± 0.37[c]	924.00± 1.29[c]	139.90± 0.25[c]	716.00± 1.97[c]	95.80± 0.29[c]	7.85± 0.10[b]
15%	298.00± 0.70[d]	182.00± 0.33[d]	820.00± 1.35[d]	116.00± 0.56[d]	638.00± 2.06[d]	96.00± 0.53[c]	7.90± 0.07[c]
20%	254.60± 0.53[e]	160.00± 0.35[e]	752.00± 1.27[e]	94.60± 0.35[e]	592.00± 2.15[e]	96.00± 0.34[c]	7.90± 0.02[c]

注：同一列不同字母代表差异显著（$P<0.05$）；PV（peak viscosity）：峰值黏度；TV（trough viscosity）：谷粘度；FV（final viscosity）：最终黏度；BD（breakdown）：崩解值；SB（setback）：回生值；PT（pasting temperature）：糊化温度；Pt（peak time）：峰值时间。

　　从图中可以看出复配体系糊化曲线整体下移，且当 β-葡聚糖浓度越高时，曲线下移位置越低。与燕麦淀粉相比，添加 β-葡聚糖后，复配体系峰值黏度、谷粘度、最终黏度、崩解值、回生值显著降低，糊化温度、峰值时间升高，结合 X 射线衍射测定结晶度结果，β-葡聚糖可能对燕麦淀粉晶体结构起到保护作用，导致糊化温度、峰值时间的升高。

　　回生值反映糊化后分子重新结晶的程度，主要与直链淀粉的重结晶相关，回生值越大，越易老化。回生值的降低说明 β-葡聚糖抑制了淀粉的老化，β-葡聚糖与溶出的直链淀粉通过氢键结合，阻碍了直链淀粉与氢键结合，减弱了淀粉分子的聚集程度，导致回生值降低；此外β-葡聚糖持水能力较高，与淀粉竞争水分，体系内自由水含量减少，淀粉分子重排受到抑制，回生程度降低；自由水含量的减少影响淀粉的膨胀，抑制淀粉的糊化，导致糊化温度升高，峰值时间延长。崩解值越小，抗剪切性越强，峰值时间越长，越不容易糊化；崩解值显著降低，说明β-葡聚糖提高了淀粉糊的热稳定性，这与 SEM 结果β-葡聚糖与淀粉形成稳定的三维网络结构，增强了体系的稳定性一致。

（六）β-葡聚糖对燕麦淀粉热特性的影响

添加不同含量β-葡聚糖后，复配体系热力学曲线见图4-28，表4-19 为热特性参数。

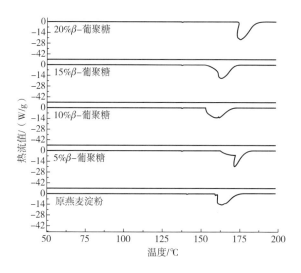

图4-28　燕麦淀粉/β-葡聚糖复配体系热力学曲线

表4-19　　　　　　　　　燕麦淀粉/β-葡聚糖复配体系热力学参数

β-葡聚糖添加量	T_o/℃	T_p/℃	T_c/℃	ΔH_{gel}/（J/g）	ΔT/℃
0（原燕麦淀粉）	160.76	162.87	184.45	744.77	23.69
5%	162.55	171.81	186.4	715.73	23.85
10%	152.86	161.66	179.76	855.48	26.9
15%	149.54	163.24	180.51	922.81	30.97
20%	173.32	175.46	191.44	922.40	18.12

注：T_o（onset temperature）：起始温度；T_p（peak temperature）：最高温度；T_c（conclusion temperature）：终止温度；ΔH_{gel}（enthalpy of gelatinization）：糊化焓；ΔT（temperature range for gelatinization）：糊化温度范围。

复配体系峰值温度、糊化焓升高，进一步表明β-葡聚糖添加后，形成了稳定的网络结构，对燕麦淀粉晶体结构起到了保护作用，降低了淀粉链的流动性；且β-葡聚糖为线性结构，水合能力较强，在加热糊化的过程中，与淀粉竞争性地吸收水分，导致淀粉颗粒水合作用降低，颗粒的膨胀及晶体结构的熔融受到抑制，最终导致其糊化温度升高。

（七）β-葡聚糖对燕麦淀粉动态流变学特性的影响

添加不同含量 β-葡聚糖后，复配体系储能模量（G'）、损耗模量（G''）及 $\tan\delta$ 随频率变化的情况见图4-29。

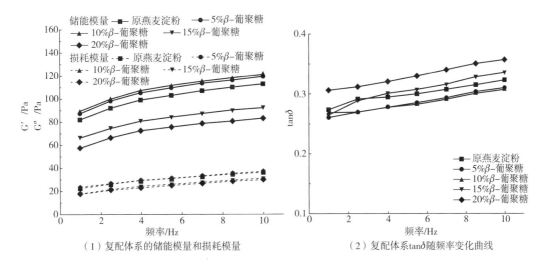

（1）复配体系的储能模量和损耗模量　　　（2）复配体系 $\tan\delta$ 随频率变化曲线

图4-29　复配体系的储能模量、损耗模量及 $\tan\delta$ 随频率的变化曲线

由图4-29可知，随着频率的增大，复配体系的 G' 与 G'' 均逐渐增大，且 G' 始终大于 G''，G' 和 G'' 的曲线不重合，即所有样品以弹性性质为主（张晶等，2020）。随着扫描频率的增加，$\tan\delta$ 略微上升随后趋于平稳，且 $\tan\delta$ 小于1，说明复配体系表现出典型的弱凝胶动态流变学特性（Dias et al.，2012）。当 β-葡聚糖的添加量为15%~20%时，复配体系的 G' 与 G'' 均低于原淀粉，$\tan\delta$ 升高，说明15%~20%的 β-葡聚糖添加量降低淀粉糊的黏弹性，且显示出更高的黏性流体性质。结合 X 射线衍射及红外结果，此时复配体系相对结晶度、短程有序结构及双螺旋结构减少，导致黏弹性降低；此外，高浓度非淀粉多糖的添加与淀粉竞争水分，导致淀粉糊化的自由水分减少，淀粉颗粒无定型区域水合作用减弱，加热后分子链不能充分伸展，导致复配体系黏弹性降低。当 β-葡聚糖的添加量为5%~10%时，复配体系的 G' 与 G'' 略高于原淀粉，$\tan\delta$ 降低，说明复配体系显示出更高的弹性流体性质。这是由于 β-葡聚糖与淀粉及水分子通过氢键聚集，网络结构增强，形成了更强的三维网状结构，这与前文研究结果相符。但不同添加量的复配体系与原淀粉动态流变学特性差异不显著，添加10% β-葡聚糖的复配体系固体性质表现最明显。

（八）β-葡聚糖对燕麦淀粉静态流变学特性的影响

静态流变学能够反映样品结构随剪切速率变化的规律。淀粉糊对抗流动性的能力称为黏性，其大小以黏度度量。添加不同含量 β-葡聚糖后，复配体系黏度、剪切应力随剪切速率的变化见图4-30。从图4-30可以看出，随着剪切速率的增加，复配体系黏度快速下降，当剪切速率逐渐增加到100s^{-1} 附近时，体系黏度逐渐趋于稳定，为时间依赖剪切稀化的假塑性流体。复配体系经充分糊化后，体系间分子链互相缠绕，这阻碍了分子的运动，

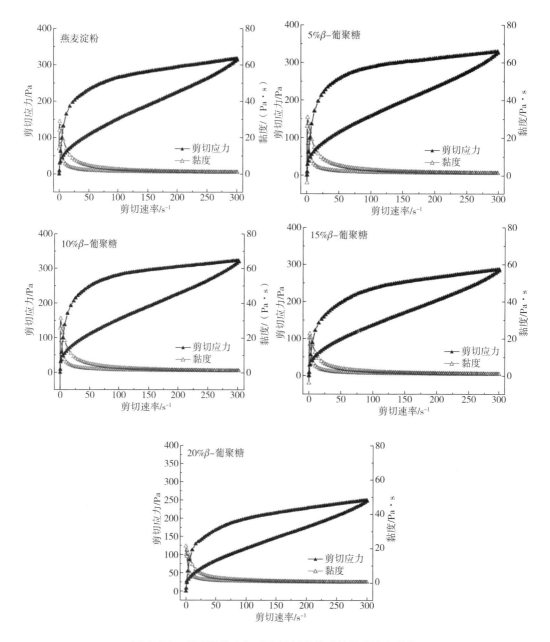

图4-30　燕麦淀粉/β-葡聚糖复配体系的静态流变曲线

导致流动阻力较大。在外部剪切力作用下，内部结构被破坏，氢键断裂，流动阻力降低，从而引起黏度下降。当β-葡聚糖的添加量为5%和10%时，复配体系的黏度变化差异不显著；当β-葡聚糖的添加量为15%和20%时，复配体系的黏度低于原淀粉，这说明15%和20%的β-葡聚糖添加量能降低淀粉糊的黏性，从而增强其流动性，这一发现验证了动态流变学试验结果的准确性。

　　淀粉糊在流动过程中随着剪切速率的增加，剪切应力也相应增加，随后趋于平缓。凝胶体系中大分子通过氢键互相缠绕，剪切初期，破坏淀粉凝胶网络结构需要的剪切应力较大，随着剪切作用的持续，越来越多的分子在剪切力的作用下重新排列，趋向于定向流动，这导致体系的剪切应力趋于平缓。与燕麦淀粉相比，当β-葡聚糖的添加量为5%和10%时，剪切应力无明显变化；当β-葡聚糖的添加量为15%和20%时，剪切应力显著降低。结合X射线衍射结果，添加量为15%和20%时，相对结晶度较低，刚性减弱，导致剪切应力降低。

当剪切速率从$0 \sim 300s^{-1}$再下降时，复配体系均出现顺时针方向的滞后环形触变曲线，这说明所有淀粉糊体系均属于触变体系（张晶等，2020）。与原淀粉相比，当β-葡聚糖的添加量为5%和10%时，复配体系的触变环面积与原淀粉无显著差异；当β-葡聚糖的添加量增至15%和20%时，触变环面积减小，这说明β-葡聚糖的增加有助于提高体系的剪切稳定性。

我们利用幂次定律方程对剪切应力与剪切速率曲线进行回归拟合，所得的拟合参数见表4-20。从表中可以看出，R^2较高，说明拟合具有较高精密度，不同复配体系的流体指数n值都小于1，说明所有样品为假塑性流体。随着β-葡聚糖的增加，稠度系数K先增大后减小，与动态流变学模量变化趋势一致。5%~10%的添加量使淀粉糊变黏稠，增稠效果好；添加量为15%和20%时，稠度系数减小。这说明高浓度β-葡聚糖的加入与淀粉竞争水分，淀粉颗粒水合作用减弱，一定程度上增大了淀粉凝胶的流动性，这与前文研究结果一致。

表4-20　　　　　燕麦淀粉/β-葡聚糖复配体系流变方程拟合参数

β-葡聚糖添加量	上行			下行		
	稠度系数 $K/$ (Pa·s^n)	流体指数 n	决定系数 R^2	稠度系数 $K/$ (Pa·s^n)	流体指数 n	决定系数 R^2
0（原燕麦淀粉）	47.40	0.3578	0.8266	17.52	0.4821	0.9800
5%	49.86	0.3596	0.8078	18.98	0.4731	0.9787
10%	49.25	0.3581	0.8129	18.77	0.4709	0.9772
15%	38.57	0.3752	0.8627	16.34	0.4750	0.9779
20%	11.56	0.5961	0.8645	13.56	0.4836	0.9773

（九）β-葡聚糖对燕麦淀粉体外消化特性的影响

添加不同含量β-葡聚糖后，复配体系水解率曲线及快速消化淀粉（RDS）、慢速消化淀粉（SDS）、抗性淀粉（RS）含量见图4-31。

从图4-31可以看出，0~90min内水解率快速升高，随后趋于平缓，此时水解率接近80%。与原淀粉相比，加入β-葡聚糖后，淀粉水解率、RDS含量降低，SDS含量升高，RS变化不显著。由此可见，β-葡聚糖可以抑制淀粉的水解速率。这可能是由于在糊化过程中，β-葡聚糖与淀粉相互作用，在水中形成网络结构，对淀粉颗粒起到保护作用，从而降低了酶与淀粉的接触，使淀粉酶对淀粉的消化作用减弱，最终导致淀粉的水解率降低，SDS含量升高。β-葡聚糖添加量为10%时，水解率降至最低。结合X射线衍射测定结果，这表明β-葡聚糖可能对燕麦淀粉结晶区具有保护作用。

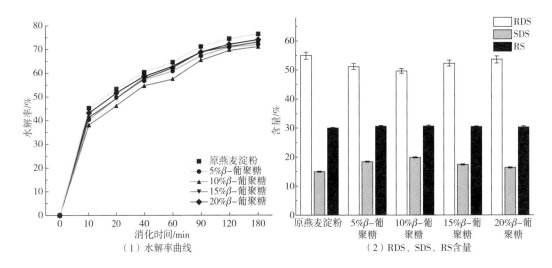

图 4-31 燕麦淀粉/β-葡聚糖复配体系水解率曲线及 RDS、SDS、RS 含量

三、 β-葡聚糖与燕麦淀粉的相互作用

亲水胶体与淀粉之间的相互作用机制，目前有以下几种观点：Alloncle 与 Kulicke 认为，淀粉与亲水胶体复配体系中，胶体溶液为连续相，淀粉颗粒为分散相，复配体系可以看作是膨胀的淀粉颗粒分散在亲水胶体溶液中，相分离作用是淀粉与胶体之间相互作用的主要原因。Christianson 等（1981）认为亲水性胶体与淀粉糊化过程中溶出的淀粉间可形成氢键。Shi（2022）发现，胶体除了与糊化过程中溶出的直链分子相互作用，可能还有一部分胶体与糊化淀粉颗粒发生黏结。

本研究中，添加 β-葡聚糖后，复配体系凝胶形成了相互交联的网络结构。10%β-葡聚糖的添加量导致复配体系相对结晶度升高，$R_{1045/1022}$ 与 $R_{955/1022}$ 值升高，C4 区占比降低，说明 β-葡聚糖对淀粉结晶区起到一定的保护作用，进而引起结晶度、糊化温度和糊化焓提高，水解率降低，SDS 含量升高。C2,3,5 强度升高，直链淀粉自由度减弱，说明 β-葡聚糖是通过氢键作用与燕麦淀粉形成三维网络结构。当 β-葡聚糖添加量较大时，淀粉相对含量降低，网络结构疏散，黏度、相对结晶度、$R_{1045/1022}$ 与 $R_{955/1022}$ 值降低。

因此，β-葡聚糖与淀粉之间的相互作用可推测为：β-葡聚糖填充在淀粉之间，通过氢键与糊化过程中溶出的直链淀粉分子连接，同时，β-葡聚糖对燕麦淀粉的结晶区起到保护作用。

第三节　超高压处理对燕麦淀粉/β-葡聚糖复配体系微观结构及性质的影响

通过上一节研究得出，β-葡聚糖通过氢键与直链淀粉相互连接，形成稳定的网络结构，显著影响淀粉的凝胶特性、糊化特性、热特性、流变学特性及体外消化特性等。

本节选取 10%β-葡聚糖添加量，利用扫描电子显微镜、激光粒度分析仪、X 射线衍射仪、红外光谱仪、核磁共振波谱仪、快速黏度仪、差示扫描量热仪、流变仪，探讨不同压力处理对燕麦淀粉/β-葡聚糖复合体微观结构、颗粒特性、热特性、糊化特性及体外消化特性的影响，为燕麦淀粉在食品加工中的应用提供理论依据。

一、超高压处理对燕麦淀粉/ β-葡聚糖复配体系微观结构的影响

（一）超高压处理对燕麦淀粉/ β-葡聚糖复配体系颗粒形貌的影响

不同压力处理后燕麦淀粉/β-葡聚糖复配体系 SEM 见图 4-32。

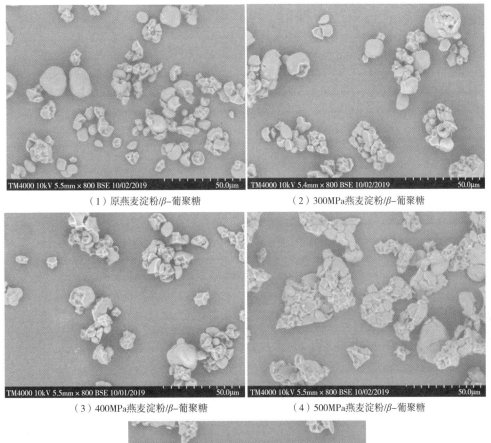

（1）原燕麦淀粉/β-葡聚糖　　　　　（2）300MPa燕麦淀粉/β-葡聚糖

（3）400MPa燕麦淀粉/β-葡聚糖　　　　　（4）500MPa燕麦淀粉/β-葡聚糖

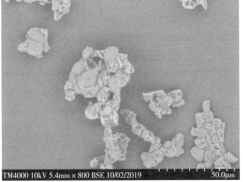

（5）600MPa燕麦淀粉/β-葡聚糖

图 4-32　不同压力处理后燕麦淀粉/ β-葡聚糖复配体系 SEM 图

从图中可以看出燕麦淀粉/β-葡聚糖复配体系颗粒大小不一、有些颗粒发生黏结，但仍保持完整性［图4-32（1）］；300~400MPa处理后，复合体颗粒形状、尺寸和表面的变化不明显，黏结性增强［图4-32（2）、（3）］；500~600MPa处理后，颗粒形状和表面发生明显的变化［图4-32（4）、（5）］，大多数颗粒出现膨胀和变形，颗粒表面变得粗糙，坍塌、黏结，出现凝胶状区域，说明500~600MPa的压力破坏了复配体系结构（Mirmoghtadaie et al.，2009）。

（二）超高压处理对燕麦淀粉/β-葡聚糖复配体系粒度分布的影响

不同压力处理后燕麦淀粉/β-葡聚糖复配体系粒径大小和分布见表4-21，图4-33为粒度体积分数分布图。

表4-21　　　　不同压力处理后燕麦淀粉/β-葡聚糖复配体系的粒径分布　　　　单位：μm

样品	D(4, 3)	D(3, 2)	D10	D25	D50	D75	D90
原燕麦淀粉/β-葡聚糖	9.89±0.02[b]	7.69±0.01[b]	5.11±0.02[b]	7.07±0.02[b]	9.37±0.03[b]	12.38±0.03[b]	15.72±0.05[b]
300MPa处理燕麦淀粉/β-葡聚糖	9.73±0.06[c]	7.53±0.03[c]	4.93±0.01[c]	6.96±0.03[c]	9.24±0.05[c]	12.18±0.08[c]	15.41±0.14[c]
400MPa处理燕麦淀粉/β-葡聚糖	9.95±0.03[b]	7.54±0.02[c]	4.58±0.10[d]	7.13±0.03[d]	9.52±0.02[d]	12.54±0.03[d]	15.89±0.04[b]
500MPa处理燕麦淀粉/β-葡聚糖	12.80±0.04[d]	8.96±0.03[d]	5.18±0.02[be]	7.60±0.01[e]	10.92±0.02[e]	15.81±0.05[e]	22.71±0.12[d]
600MPa处理燕麦淀粉/β-葡聚糖	15.31±0.13[e]	9.62±0.05[e]	5.22±0.03[e]	8.06±0.01[f]	12.12±0.02[f]	18.73±0.10[f]	29.13±0.30[e]

注：同一列不同字母代表差异显著，$P<0.05$；$D(4, 3)$表示体积平均径，$D(3, 2)$表示面积平均径，$D10$、$D25$、$D50$、$D75$、$D90$的值分别表示粒径小于该值的颗粒占总颗粒的10%、25%、50%、75%、90%。

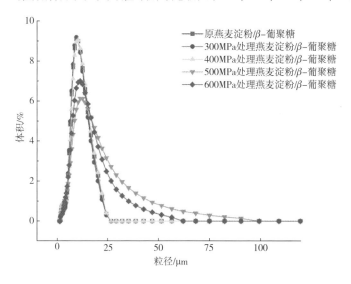

图4-33　不同压力处理后燕麦淀粉/β-葡聚糖复配体系体积分布图

从表 4-21 可以看出，燕麦淀粉/β-葡聚糖复配体系平均粒径为 9.89μm，粒径范围为 1.33~24.29μm。其颗粒体积分布图（图 4-33）为单峰曲线，峰值出现在 10μm 附近。与燕麦淀粉/β-葡聚糖颗粒复合体相比，300~400MPa 处理后复配体系颗粒的平均粒径减小，但差异不显著。500~600MPa 处理后，粒径显著增加（$r<0.05$），体积分布图峰向右移动，峰形变宽。这说明高压力处理不仅使颗粒聚集，还可能使复配体系发生糊化，进而使颗粒吸水膨胀，最终导致颗粒粒径分布发生变化（Zhang et al.，2019）。

（三）超高压处理对燕麦淀粉/β-葡聚糖复配体系结晶结构的影响

超高压处理后燕麦淀粉/β-葡聚糖复配体系的 X 射线衍射图谱及参数见图 4-34 和表 4-22。

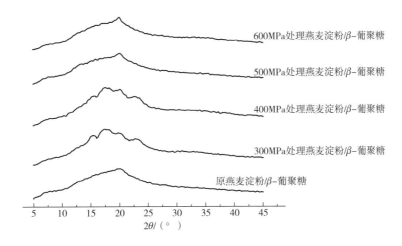

图 4-34　不同压力处理后燕麦淀粉/β-葡聚糖复配体系的 X 射线衍射图谱

表 4-22　　　不同压力处理后燕麦淀粉/β-葡聚糖复配体系的 X 射线参数

样品	晶型	结晶峰面积	总面积	相对结晶度/%
原燕麦淀粉/β-葡聚糖	V	1722	14326	12.0
300MPa 处理燕麦淀粉/β-葡聚糖	A	6104	16737	36.4
400MPa 处理燕麦淀粉/β-葡聚糖	A	6343	18622	34.0
500MPa 处理燕麦淀粉/β-葡聚糖	V	1560	14426	10.8
600MPa 处理燕麦淀粉/β-葡聚糖	V	2006	15120	10.6

300~400MPa 处理后，复配体系特征衍射峰没有发生明显变化，说明结晶结构没有发生变化，仍为 A 型。但衍射峰强度增加（图 4-34），相对结晶度增加到 36.47%（表 4-22），且差异显著。推测其原因，可能是 300~400MPa 的压力处理加强了分子之间的交互作用，支链淀粉分子链上的羟基通过氢键作用形成新的双螺旋结构，结晶结构被完善，这是压力的"压缩韧化"作用（张晶等，2020）。500~600MPa 处理后，复配体系的衍射图谱发生明显的变化。A 型特征衍射峰消失，20°附近出现衍射峰，表现为 V 型图谱特征，表明此时淀粉完全糊化。衍射峰强度及相对结晶度显著降低，降低程度与压力大小呈正相关。这

是因为高压条件下，水分子浸入淀粉颗粒结晶区，该区双螺旋结构在糊化过程中被破坏。

因此，压力对燕麦淀粉/β-葡聚糖复配体系结构的影响同样经历压缩韧化（结晶结构完善）阶段、结晶解体糊化阶段。即晶体结构未被破坏以前，压力对微晶中的晶面有加强作用，促使结晶结构更加完美，从而提升了结晶度；随着压力的升高，晶体结构被破坏；当压力足够大时，淀粉发生糊化。

（四）超高压处理对燕麦淀粉/β-葡聚糖复配体系短程有序结构的影响

不同压力处理后燕麦淀粉/β-葡聚糖复配体系红外光谱图经基线校正和归一化处理后见图4-35。

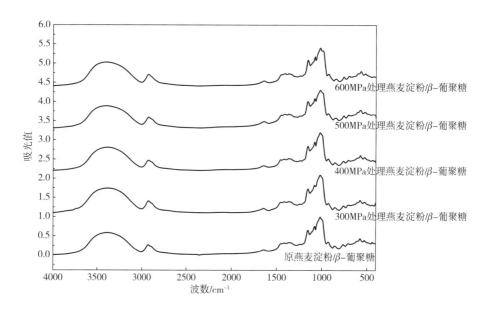

图4-35　不同压力处理后燕麦淀粉/β-葡聚糖复配体系红外光谱图

从图中可以看出，样品红外光谱图相似，没有新基团特征峰的生成。这说明超高压处理后没有发生化学反应（Zhang et al.，2019）。表4-23为不同压力处理后燕麦淀粉/β-葡聚糖复配体系 $R_{1045/1022}$ 与 $R_{955/1022}$ 值。

表4-23　不同压力处理后燕麦淀粉/β-葡聚糖复配体系 $R_{1045/1022}$ 与 $R_{955/1022}$ 值

样品	比值	
	$R_{1045/1022}$	$R_{955/1022}$
原燕麦淀粉/β-葡聚糖	0.352	0.3591
300MPa 处理燕麦淀粉/β-葡聚糖	0.9449	0.9268
400MPa 处理燕麦淀粉/β-葡聚糖	0.8994	0.8914
500MPa 处理燕麦淀粉/β-葡聚糖	0.7371	0.7101
600MPa 处理燕麦淀粉/β-葡聚糖	0.6212	0.6175

从表中数据可以看出，300~400MPa压力处理后，$R_{1045/1022}$ 与 $R_{955/1022}$ 值升高，这说明短程有序结构和双螺旋结构增多。这一变化归因于压力的"压缩韧化"作用，即压力加强了分子之间的交互作用，促使支淀粉分子链上的羟基通过氢键作用形成新的双螺旋结构。然而，在 500~600MPa 处理后，$R_{1045/1022}$ 与 $R_{955/1022}$ 值降低，提示短程有序结构和双螺旋结构减少。这是由于较高的压力使水分子浸入淀粉颗粒内部，导致有序结构和双螺旋结构被破坏。

（五）超高压处理对燕麦淀粉/β-葡聚糖复配体系固态核磁的影响

不同压力处理后，燕麦淀粉/β-葡聚糖复配体系固态核磁图谱见图4-36，C 化学位移及 C4 峰相对占比见表4-24。C2,3,5 区与直链淀粉链的自由程度相关，振动强度越高，说明链自由程度越低。C4 区反映淀粉颗粒中的无定型程度，面积大小与双螺旋结构程度呈反比。

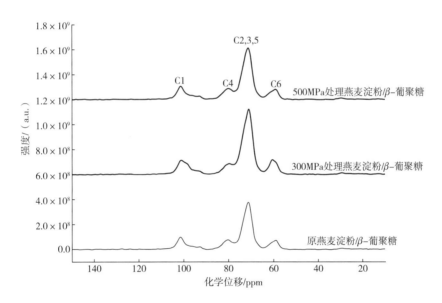

图4-36　不同压力处理后燕麦淀粉/β-葡聚糖复配体系的固态核磁图谱

表4-24　　不同压力处理后燕麦淀粉/β-葡聚糖复配体系的化学位移及C4峰相对占比

样品	C1	C4	C2,3,5	C6	C4 相对占比（%）
原燕麦淀粉/β-葡聚糖	101.36	80.00	71.22	58.93	13.32
300MPa 处理燕麦淀粉/β-葡聚糖	101.04 、98.42 、96.51	79.65	70.93	60.39	9.55
500MPa 处理燕麦淀粉/β-葡聚糖	101.36	80.00	71.22	59.22	12.89

从图表可以看出，300MPa 处理 15min 后，复配体系 C4 峰相对占比较小，说明无定型区占比较小，双螺旋结构增多，与 X 射线衍射、红外光谱结果一致。300MPa 处

理后，C1 区域仍为三重峰，说明晶体结构仍为 A 型，与 X 射线衍射结果一致；C2，3，5 区域振动强度增强，说明直链淀粉链自由程度减弱。而本章第一节核磁结果显示，300MPa 处理后，直链淀粉自由度增强，因此推断 β-葡聚糖与直链淀粉通过氢键结合，导致直链淀粉自由程度减弱，也证实了本章第二节 β-葡聚糖对燕麦淀粉短程有序结构和固态核磁影响部分的结论，β-葡聚糖与燕麦淀粉的相互作用主要是通过氢键与直链淀粉相互连接。500～600MPa 处理后，复配体系 C4 区相对占比增大，说明复配体系颗粒中的无定型程度增大，双螺旋结构降解。500MPa 处理 15min 后，C1 区域成为单峰，晶体结构变为 V 型，说明在此条件下复配体系发生糊化，与 X 射线衍射结果一致。

二、超高压处理对燕麦淀粉/β-葡聚糖复配体系性质的影响

（一）超高压处理对燕麦淀粉/β-葡聚糖复配体系凝胶质构特性的影响

不同压力处理后燕麦淀粉/β-葡聚糖复配体系凝胶质构参数见表 4-25。

表 4-25　　不同压力处理后燕麦淀粉/β-葡聚糖复配体系凝胶质构参数

样品	硬度	弹性	黏聚性	胶着度	咀嚼度	回复性
原燕麦淀粉/β葡聚糖	185.85± 7.78[a]	2.56± 0.01[a]	0.79± 0.02[a]	147.24± 8.44[a]	376.67± 19.81[a]	0.55± 0.01[a]
300MPa 处理燕麦淀粉/ β-葡聚糖	189.85± 2.38[ab]	2.54± 0.04[a]	0.73± 0.01[b]	139.03± 2.84[ab]	353.57± 2.31[ac]	0.51± 0.00[b]
400MPa 处理燕麦淀粉/ β-葡聚糖	165.44± 0.08[c]	1.58± 0.22[b]	0.75± 0.02[b]	123.52± 2.71[b]	194.33± 23.32[b]	0.50± 0.02[b]
500MPa 处理燕麦淀粉/ β-葡聚糖	202.98± 2.27[b]	1.86± 0.01[b]	0.75± 0.00[b]	151.39± 1.30[a]	282.06± 0.33[dc]	0.51± 0.00[b]
600MPa 处理燕麦淀粉/ β-葡聚糖	181.56± 2.95[a]	2.34± 0.11[a]	0.76± 0.00[ab]	138.35± 2.91[ab]	323.42± 21.33[c]	0.49± 0.00[b]

注：同一列不同字母代表差异显著，$P<0.05$。

从表 4-25 中可以看出，超高压处理后，复配体系硬度、胶着度、咀嚼度变化无规律。本章第一节中，超高压处理对燕麦淀粉硬度、胶着度、咀嚼度均有降低作用，且降低程度与处理压力处理时间呈正相关，而此处复配体系与处理压力并无线性关系，推断 β-葡聚糖与淀粉之间的相互作用影响了压力对凝胶质构的效果。

（二）超高压处理对燕麦淀粉/β-葡聚糖复合体热特性的影响

不同压力处理后，燕麦淀粉/β-葡聚糖复合体热特性参数、热力学曲线见表 4-26。

表 4-26　　　　　不同压力处理后燕麦淀粉/β-葡聚糖复合体热特性参数

样品	T_o/℃	T_p/℃	T_c/℃	ΔH_{gel}/(J/g)	ΔT/℃
原燕麦淀粉/β-葡聚糖	122.49±0.29[b]	139.45±0.16[b]	155.38±0.19[b]	1202.9±3.47[b]	32.89±0.08[b]
300MPa 处理燕麦淀粉/β-葡聚糖	135.99±0.41[a]	143.16±0.09[c]	168.04±0.17[c]	1283.4±3.32[c]	32.05±0.19[c]
400MPa 处理燕麦淀粉/β-葡聚糖	134.79±0.31[a]	146.85±0.15[a]	167.45±0.25[c]	1214.8±2.89[d]	32.66±0.46[b]
500MPa 处理燕麦淀粉/β-葡聚糖	120.95±0.26[b]	137.39±0.21[d]	152.19±0.33[d]	839.53±1.56[e]	31.24±0.06[d]
600MPa 处理燕麦淀粉/β-葡聚糖	119.68±0.11[b]	135.70±0.10[e]	151.87±0.29[d]	649.09±1.74[f]	32.19±0.15[c]

注：同一列不同字母代表差异显著（$P<0.05$）；T_o（onset temperature）：起始温度；T_p（peak temperature）：最高温度；T_c（conclusion temperature）：终止温度；ΔH_{gel}（enthalpy of gelatinization）：糊化焓；ΔT（temperature range for gelatinization）：糊化温度范围。

不同压力处理后，复配体系热力学参数发生明显变化。300~400MPa 条件下，复合体 T_o、T_p、T_c 和 ΔH_{gel} 升高，ΔT 无明显变化。这说明 300~400MPa 处理使复合体热稳定性提高，这是压力的压缩韧化作用。500~600MPa 处理后，复合体 T_o、T_p、T_c、ΔT 和 ΔH 降低。T_o 的减少表明在较高的压力处理期间，双螺旋被破坏（Zheng et al.，2021）。ΔT 与分子内部结晶程度有关，其值越大，表示晶体结构越完整；ΔH_{gel} 反映糊化过程中，破坏双螺旋结构所需要的能量（张晶等，2020）。ΔT 和 ΔH_{gel} 降低，说明超高压处理破坏了复合体的网络结构、淀粉分子的双螺旋结构及结晶区的有序性，受到破坏的颗粒在糊化过程中需要较少的能量，从而导致糊化温度及糊化焓值降低，这一发现与 X 射线衍射、红外光谱的结果一致。

（三）超高压处理对燕麦淀粉/β-葡聚糖复合体糊化特性的影响

图 4-37 为不同压力处理后燕麦淀粉/β-葡聚糖复配体系黏度随温度和时间变化的快速黏度分析（RVA）曲线，表 4-27 为黏度特性参数。

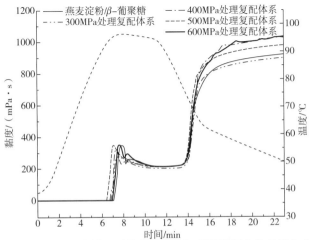

图 4-37　不同压力处理后燕麦淀粉/β-葡聚糖复合体的糊化曲线

表4-27　　　不同压力处理后燕麦淀粉/β-葡聚糖复合体的糊化参数

样品	PV/ (mPa·s)	TV/ (mPa·s)	FV/ (mPa·s)	BD/ (mPa·s)	SB/ (mPa·s)	PT/ ℃	Pt/ min
原燕麦淀粉/β-葡聚糖	347.9± 1.72[b]	208.00± 1.01[bd]	924.00± 1.79[b]	139.90± 1.02[b]	716.00± 1.52[b]	94.40± 0.12[b]	7.61± 0.02[b]
300MPa 处理复配体系	284.4± 1.35[c]	198.00± 0.95[c]	906.74± 1.25[c]	86.40± 0.88[c]	708.74± 1.12[c]	95.50± 0.11[c]	7.66± 0.01[c]
400MPa 处理复配体系	308.9± 1.28[d]	207.50± 0.33[b]	912.35± 0.82[d]	101.40± 0.79[d]	704.85± 0.81[c]	94.90± 0.09[b]	7.63± 0.01[b]
500MPa 处理复配体系	351.12± 0.95[b]	210.90± 1.25[d]	984.23± 0.49[e]	140.22± 1.09[b]	773.33± 0.79[d]	92.60± 0.10[d]	7.48± 0.01[d]
600MPa 处理复配体系	351.58± 0.76[b]	210.00± 0.97[d]	1040.00± 0.93[f]	141.58± 0.89[b]	830.00± 0.71[e]	92.20± 0.12[d]	7.46± 0.01[d]

注：同一列不同字母代表差异显著（$P<0.05$）；PV（peak viscosity）：峰值黏度；TV（trough viscosity）：谷粘度；FV（final viscosity）：最终黏度；BD（breakdown）：崩解值；SB（setback）：回生值；PT（pasting temperature）：成糊温度；Pt（peak time）：峰值时间。

与燕麦淀粉/β-葡聚糖复配体系相比，300~400MPa 处理后，体系 PT、Pt 升高，说明体系不容易糊化；黏度、BD 降低，说明体系热稳定性及抗剪切力增强，这是由于压力的韧化作用，导致晶体结构更致密（Hu et al.，2017），糊化过程中颗粒膨胀受到了限制，从而提高了糊化温度，降低了黏度。500~600MPa 处理后，PT 与 Pt 降低，说明体系更容易糊化；黏度、崩解值略微升高，但差异不显著。结合前文研究结果，较高的压力可以破坏复合体在水中形成的网络结构、促进水分子浸入淀粉结晶区、破坏双螺旋结构及结晶结构，使其稳定性减弱，在加热条件下更容易吸水膨胀，黏度升高。

（四）超高压处理对燕麦淀粉/β-葡聚糖复配体系动态流变学特性的影响

不同压力处理后燕麦淀粉/β-葡聚糖复配体系储能模量（G'）、损耗模量（G''）及 tanδ 随频率变化见图4-38。

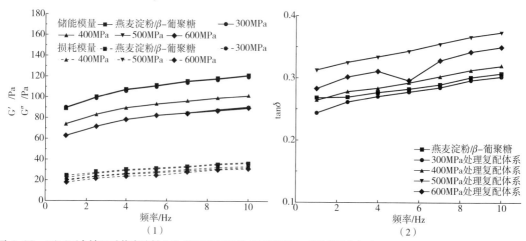

图4-38　不同压力处理后燕麦淀粉/β-葡聚糖复配体系储能模量、损耗模量（1）及 tan δ随频率的变化曲线（2）

从图 4-38 可以看出，随着频率的增大，燕麦淀粉/β-葡聚糖复配体系与不同压力处理后复配体系的 G' 与 G'' 均逐渐增大，且 G' 始终大于 G''，G' 和 G'' 的曲线不重合，即所有样品以弹性性质为主（张晶等，2020）。随着扫描频率的增加，$\tan\delta$ 略微上升随后趋于平稳，$\tan\delta$ 小于 1，这说明样品为典型的弱凝胶（张晶等，2020）。

300MPa 处理后，复合物 G' 与 G'' 无明显变化。400~600MPa 压力处理后，复合物 G' 与 G'' 降低，说明高于 400MPa 超高压处理使淀粉糊黏弹性降低。其原因可能是较高的压力使燕麦淀粉晶体结构、双螺旋结构及短程游学结构被破坏，导致淀粉颗粒在水溶液中不易缠绕。超高压处理后，复合物的 $\tan\delta$ 升高，说明超高压处理后的复合物显示出更高的黏性，G'' 增加幅度比 G' 快，可流动性增强（张晶等，2020）。

（五）超高压处理对燕麦淀粉/β-葡聚糖复配体系静态流变学特性的影响

不同压力处理后燕麦淀粉/β-葡聚糖复配体系黏度、剪切应力随剪切速率变化曲线见图 4-39。

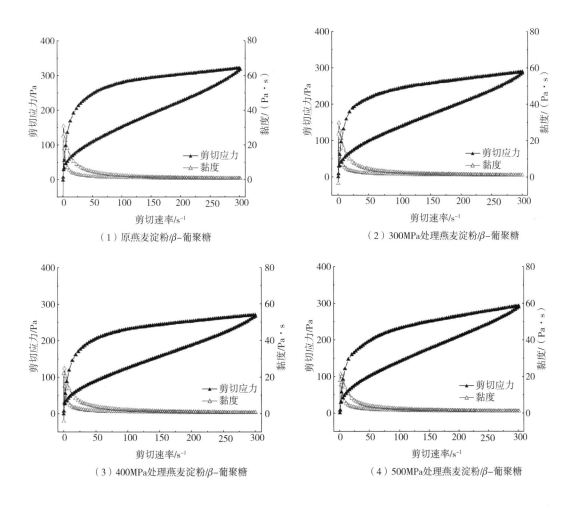

（1）原燕麦淀粉/β-葡聚糖

（2）300MPa 处理燕麦淀粉/β-葡聚糖

（3）400MPa 处理燕麦淀粉/β-葡聚糖

（4）500MPa 处理燕麦淀粉/β-葡聚糖

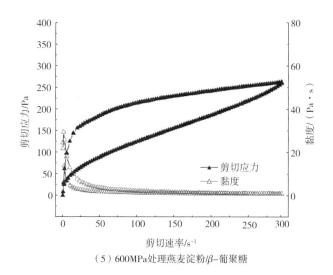

（5）600MPa处理燕麦淀粉/β-葡聚糖

图4-39　不同压力处理后燕麦淀粉/β-葡聚糖复配体系静态流变曲线

从图4-39可以看出，随着剪切速率的增加，复配体系黏度快速下降，随后趋于平缓。500~600MPa处理后，复配体系黏度降低，与动态流变学测定结果一致。复配体系在流动过程中随着剪切速率的增加，剪切应力也相应增加，随后趋于平缓（Mirmoghtadaie et al.，2009）。500~600MPa处理后，复配体系剪切应力降低，且压力越高，降低越明显，这是因为较高的压力破坏了复配体系结构，导致破坏凝胶结构所需的剪切应力减小。

当剪切速率从0增加至300s^{-1}再下降时，样品的触变曲线均出现顺时针滞后环，说明所有淀粉糊体系均属于触变体系（张晶等，2020）。不同压力处理后，复配体系触变环面积减少，体系的剪切稳定性提高，这表明超高压处理提高了淀粉的凝胶强度。我们利用幂次定律方程对剪切应力与剪切速率曲线进行回归拟合，所得的拟合参数见表4-28。从表4-28中可以看出，R^2较高，说明拟合具有较高精密度。不同压力处理淀粉糊的n值都小于1，说明所有样品都是假塑性流体（张晶等，2020）。不同压力处理后，淀粉糊稠度系数K变小，与动态流变结果中模量变化趋势一致，流体指数n无显著变化。

表4-28　不同压力处理后燕麦淀粉/β-葡聚糖复配体系流变方程拟合参数

样品	上行			下行		
	稠度系数	流体指数	决定系数	稠度系数	流体指数	决定系数
	K/（Pa·s^n）	n	R^2	K/（Pa·s^n）	n	R^2
原燕麦淀粉/β-葡聚糖	49.250	0.3581	0.8129	18.768	0.4709	0.9772
300MPa 处理复配体系	46.161	0.3451	0.8120	16.149	0.4786	0.9797
400MPa 处理复配体系	43.558	0.3461	0.8191	15.037	0.4781	0.9767
500MPa 处理复配体系	38.823	0.3539	0.8541	16.258	0.4824	0.9824

续表

样品	上行			下行		
	稠度系数 $K/$ (Pa·s^n)	流体指数 n	决定系数 R^2	稠度系数 $K/$ (Pa·s^n)	流体指数 n	决定系数 R^2
600MPa 处理复配体系	14.080	0.3697	0.8443	13.847	0.4890	0.9804

（六）超高压处理对燕麦淀粉/β-葡聚糖复合体体外消化特性的影响

不同压力处理后，燕麦淀粉/β-葡聚糖复合体水解曲线及 RDS、SDS、RS 含量见图 4-40（1）和（2）。

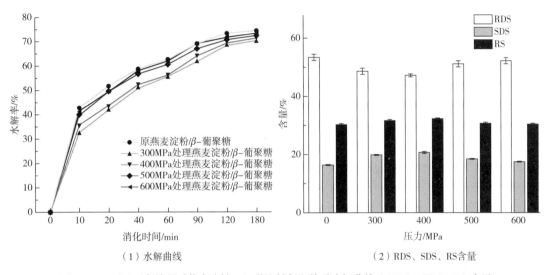

（1）水解曲线 （2）RDS、SDS、RS 含量

图4-40 不同压力处理后燕麦淀粉/β-葡聚糖复配体系水解曲线及 RDS、SDS、RS 含量

从图 4-40 可以看出，复配体系水解率随着消化时间的延长而增加。不同压力处理后，复配体系水解率曲线整体下移，说明水解率整体降低；RDS 含量降低，RS、SDS 含量升高，但 500~600MPa 处理后差异不显著。SDS 使血糖水平缓慢升高，这对预防糖尿病和心血管疾病非常重要；RS 可以降低血清胆固醇水平，抑制胆结石形成。因此，超高压处理样品在预防慢性疾病方面具有更大的潜力。结合前文研究结果，300~400MPa 处理后，样品由于压缩韧化作用，相对结晶度、短程有序结构增加，稳定性提高，导致水解率显著降低。SDS、RS 含量增加是由于超高压处理后保留了完整的颗粒结构，降低了对淀粉酶的敏感性。RS 含量的增加也反映了超高压处理过程中直链淀粉和支链淀粉之间的相互作用。因此，超高压处理降低了燕麦淀粉/β-葡聚糖复配体系的水解，并通过降低 RDS 含量、增加 SDS 和 RS 含量来提高其潜在的健康效益。

三、相关性分析与主成分分析

主成分分析（principal component analysis，PCA）和 Pearson 相关分析主要根据处理压力、粒径、质构特性、热特性、糊化特性及消化特性的相关变量进行区分。不同压力处理后燕麦淀粉/β-葡聚糖相关特性及主成分分析结果见表 4-29，图 4-41。

表4-29　不同压力处理后燕麦淀粉/β-葡聚糖不同特性的 Pearson 相关系数

	压力	D(4,3)	硬度	胶着度	咀嚼度	T_o	T_p	T_c	ΔH_{gel}	PV	TV	FV	BD	SB	PT	RDS	SDS
D(4,3)	0.757																
硬度	-0.933*	-0.837															
胶着度	-0.952*	-0.721	0.967**														
咀嚼度	-0.808	-0.606	0.888*	0.833													
T_o	-0.165	-0.721	0.441	0.226	0.336												
T_p	-0.269	-0.792	0.438	0.210	0.347	0.924*											
T_c	-0.210	-0.741	0.478	0.260	0.395	0.997**	0.936*										
ΔH_{gel}	-0.735	-0.989**	0.858	0.727	0.668	0.780	0.815	0.802									
PV	0.127	0.644	-0.445	-0.260	-0.337	-0.970**	-0.803	-0.959**	-0.721								
TV	0.309	0.591	-0.622	-0.525	-0.503	-0.777	-0.520	-0.769	-0.679	0.893*							
FV	0.697	0.995**	-0.805	-0.672	-0.578	-0.783	-0.837	-0.800	-0.992**	0.710	0.634						
BD	0.088	0.638	-0.399	-0.202	-0.296	-0.983**	-0.839	-0.973**	-0.711	0.996**	0.850	0.707					
SB	0.708	0.996**	-0.792	-0.661	-0.564	-0.755	-0.835	-0.772	-0.985**	0.666	0.575	0.997**	0.667				
PT	-0.619	-0.935*	0.813	0.654	0.675	0.876	0.854	0.895*	0.975**	-0.841	-0.789	-0.956**	-0.830	-0.936*			
RDS	-0.244	0.437	0.009	0.231	0.106	-0.884	-0.847	-0.861	-0.473	0.819	0.483	0.517	0.864	0.501	-0.574		
SDS	0.320	-0.372	-0.087	-0.297	-0.200	0.845	0.791	0.815	0.403	-0.791	-0.458	-0.454	-0.837	-0.437	0.506	-0.994**	
RS	0.078	-0.558	0.153	-0.088	0.094	0.934*	0.933*	0.927*	0.600	-0.848	-0.520	-0.630	-0.891	-0.616	0.695**	-0.976**	0.947**

注：* 表示相关性显著（$P<0.05$），** 表示相关性极显著（$P<0.01$）。T_o（onset temperature）：起始温度；T_p（peak temperature）：最高温度；T_c（conclusion temperature）：终止温度；ΔH_{gel}（enthalpy of gelatinization）：糊化焓；PV（peak viscosity）：峰值黏度；TV（trough viscosity）：谷值黏度；FV（final viscosity）：最终黏度；BD（breakdown）：崩解值；SB（setback）：回生值；PT（pasting temperature）：成糊温度；RDS（rapidly digestible starch）：快速消化淀粉；SDS（slowly digestible starch）：慢速消化淀粉；RS（resistant starch）：抗性淀粉。

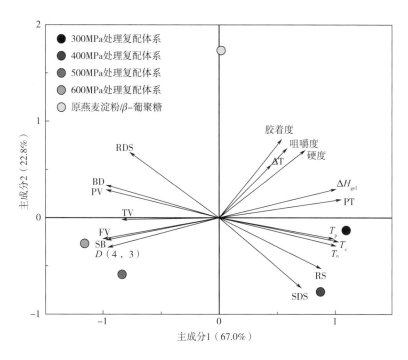

图 4-41　不同压力处理后燕麦淀粉/ β-葡聚糖不同特性的主成分分析

从表 4-29 中可以看出，压力与硬度、胶着度呈显著负相关（$r=0.933$，0.952；$P<0.05$）；D（4，3）与 FV、SB 呈极显著正相关（$r=0.995$，0.996；$P<0.01$），与 ΔH_{gel}、PT 呈显著负相关（$r=0.989$，0.935；$P<0.05$）；T_o 与 T_p、T_c、RS 呈显著正相关（$r=0.924$，0.997，0.934；$P<0.05$），与 PV、BD、RDS 呈显著负相关（$r=0.970$，0.983，0.884；$P<0.01$）；T_c 与 PT、RS 呈显著正相关（$r=0.895$，0.927；$P<0.05$），与 PV、BD 呈极显著负相关（$r=0.959$，0.973；$P<0.01$）；ΔH_{gel} 与 PT 成极显著正相关（$r=0.975$；$P<0.01$），与 FV、SB 呈极显著负相关（$r=0.992$，0.985；$P<0.01$）。Singh 等研究发现大米淀粉 ΔH_{gel} 与 T_o、T_p、T_c 呈正相关（$r=0.582$，0.625，0.651）与本研究结果相似（$r=0.780$，0.815，0.802）。PV 与 TV、BD 呈显著正相关（$r=0.893$，0.996；$P<0.05$）；RDS 与 SDS、RS 呈极显著负相关（$r=0.994$，0.976；$P<0.01$），SDS 与 RS 呈显著正相关（$r=0.947$；$P<0.05$）。

PCA 图概述了不同样品及其特性之间的相似性、差异以及相互关系，图中任意两种样品位置之间的距离与它们之间的相似程度成反比（Kaur et al.，2007）。总体而言，样品分布在 PCA 图中不同的区域，说明超高压处理改变了样品的特性。由图 4-41 可知 300～400MPa 处理后的样品在图中距离较近，说明 300～400MPa 处理后的样品由于压缩韧化作用特性相似。热特性及体外消化特性是其区别于其他样品的主要特性。500～600MPa 处理后的样品在图中距离较近，说明 500～600MPa 处理后复合体特性相似，这是高压破坏结晶结构与双螺旋结构的结果，糊化特性是使其区别于其他样品的主要特性。PCA 图还可以提供不同变量之间的相关性，图中曲线彼此靠近的变量是正相关的，而曲线沿相反方向延伸的变量是负相关的。如 D（4,3）与热特性参数位于相反的方向，说明二者呈负相关。由于压缩韧化作用，导致粒径减小，热稳定性反而提高。

四、压力对复配体系结构与特性的影响

结合前文研究结果及主成分分析，超高压处理对燕麦淀粉/β-葡聚糖复配体系的影响同样经历了结晶完善阶段、结晶解体阶段。

300~400MPa 的压力处理对复配体系有压缩韧化作用，导致分子链间相互作用增强，形成更稳定的有序化结构，复配体系颗粒表面变化不明显、黏性增强、颗粒粒径减小、晶体结构被完善、结晶度提高，直链淀粉自由程度减弱。压力处理后，由于结晶结构被完善、有序化程度提高，从而引起复配体系糊化温度升高、崩解值降低，相变温度和糊化焓升高。由于 300~400MPa 的压力处理保留了复配体系完整的颗粒结构，从而降低了对淀粉酶的敏感性，导致水解率降低、SDS 和 RS 含量升高。

500~600MPa 处理后，较高的压力可以破坏复配体系在水中形成的网络结构，促进水分子浸入淀粉结晶区，导致分子间的缔合状态遭到严重破坏，结晶度显著降低，无定型区占比增大。复配体系由于吸水膨胀，表面结构被破坏，发生粘连，形成胶状连接区，颗粒粒径显著增大。由于分子间相互作用受到破坏，超高压处理后，糊化温度降低，崩解值升高，稳定性降低，相变温度及糊化焓降低。较高的压力破坏了复配体系晶体结构，分子间作用减弱，因此 G' 与 G'' 降低，黏性和弹性降低，剪切应力降低，稳定性减弱。

第四节　超高压处理和 β-葡聚糖的添加对燕麦淀粉老化的影响机制

老化是糊化后的淀粉在室温或低于室温下放置后，变得不透明、凝结沉淀。其原理是糊化后的淀粉分子在低温下发生重排、氢键恢复，进而形成致密、高度晶化的淀粉分子微晶束。在此过程中，直链淀粉和支链淀粉发生再聚集、重结晶。淀粉的老化主要涉及淀粉分子在水中的迁移、水分的再分布及重结晶（Liu et al.，2016）。影响淀粉老化的因素主要有贮藏温度、水分含量、直链淀粉含量等。淀粉的老化会影响食品的品质、口感等。通过添加胶体或者对淀粉进行改性可以改善淀粉的老化。

本节利用扫描电子显微镜、质构仪、X 射线衍射仪、差示扫描量热仪、傅里叶红外光谱仪、低场核磁共振波谱仪，研究燕麦淀粉、500MPa 超高压处理燕麦淀粉、燕麦淀粉/β-葡聚糖复配体系及 500MPa 超高压处理燕麦淀粉/β-葡聚糖复配体系老化期间微观结构、质构、老化焓、晶体结构、短程有序结构及水分子迁移的变化，探索不同处理方式对燕麦淀粉凝胶老化的影响，并阐述不同处理方式影响燕麦淀粉老化的相关机制。

一、超高压处理和 β-葡聚糖添加后燕麦淀粉老化期间颗粒形貌的变化

淀粉凝胶老化过程中直链淀粉、支链淀粉分子发生聚集、重排，凝胶网络结构中存在重结晶过程中析出的水。在冻干过程中，析出的水分冻结，随后蒸发形成空腔，导致冻干后凝胶内部变成类似蜂巢状的网络结构。因此，重结晶度越高，脱出的水分越多，空隙越大。图 4-42 为超高压处理后燕麦淀粉和燕麦淀粉/β-葡聚糖复配体系老化期间的 SEM 图。从图中可以看出，随着贮藏时间的延长，空腔变大、空腔壁变薄，这是由于淀粉分子重排程度增加，

析出较多的水分，在冷冻干燥时水分蒸发导致空腔变大，说明贮藏时间越长，老化程度越明显。

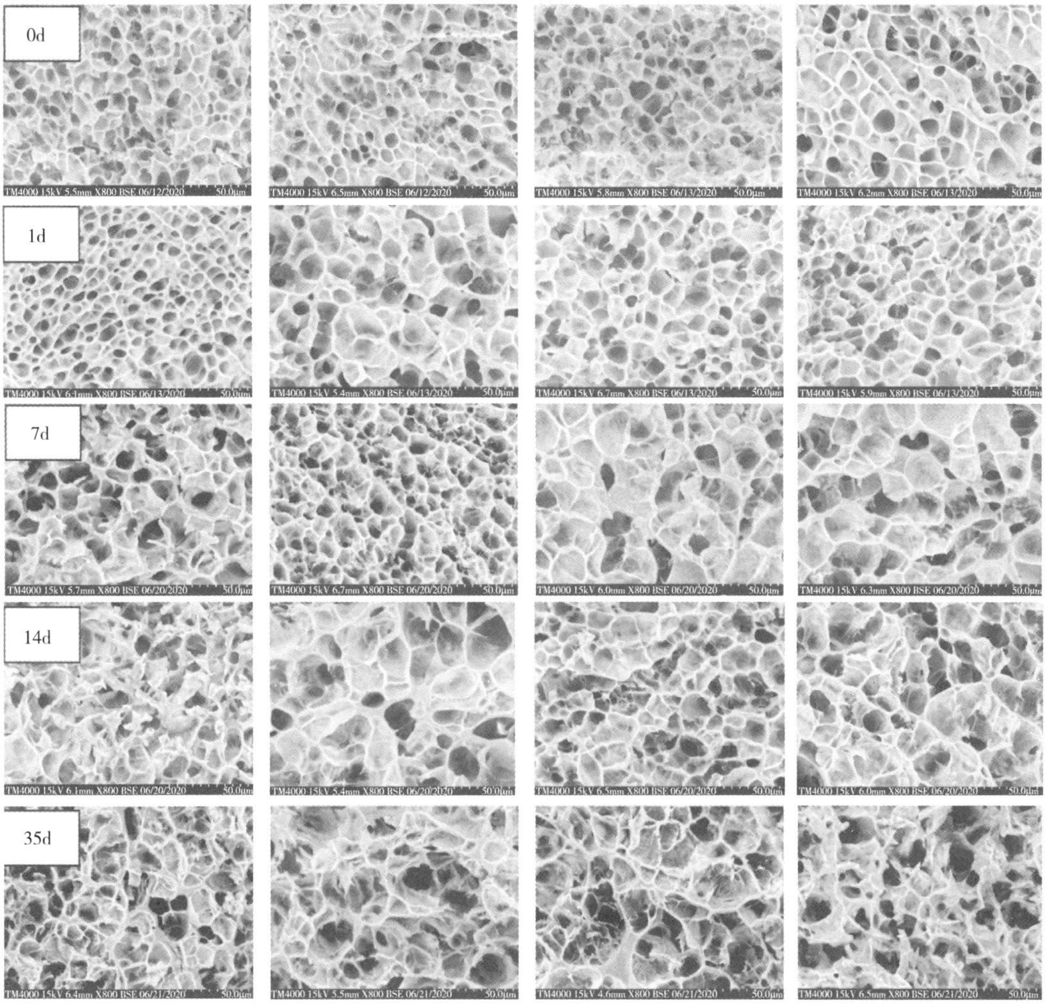

（1）原燕麦淀粉　　（2）500MPa处理燕麦淀粉　　（3）燕麦淀粉/β-葡聚糖（5）500MPa处理燕麦淀粉/β-葡聚糖

图 4-42　老化期间样品的 SEM 图

SEM 只能通过表观观察粗略的推断不同处理方式对燕麦淀粉老化的影响，因此，下文从结构方面探讨超高压处理和 β-葡聚糖添加对燕麦淀粉老化的影响。

二、超高压处理和 β-葡聚糖添加后燕麦淀粉老化期间凝胶质构的变化

淀粉糊在贮藏过程中会发生淀粉的回生，其质构参数会发生不同程度的变化。4℃ 贮藏期间，超高压处理和添加 β-葡聚糖后燕麦淀粉硬度和弹性变化见图 4-43。

从图可以看出，各样品凝胶硬度随着贮藏时间的延长而增加。这是由于在贮藏期间，糊化的淀粉由无序状态变为更有序、致密的结构。各样品凝胶的弹性在贮藏期间呈降低趋势，这是由于贮藏期间淀粉分子聚集重排，导致水分子析出。

在老化初期（1~3d），与燕麦淀粉相比，超高压处理和 β-葡聚糖添加后，样品硬度较低、弹性较高。这说明糊化的样品由无序变为有序状态的速度较慢，水分析出较少，即老化速度较慢，从而导致样品凝胶硬度低，弹性高。

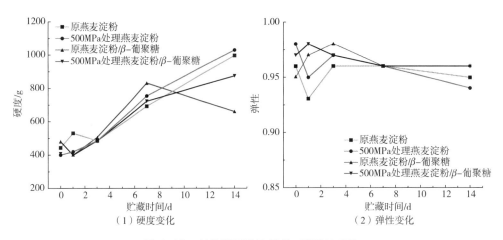

图 4-43　老化期间样品硬度、弹性的变化

三、超高压处理和 *β*-葡聚糖添加后燕麦淀粉老化期间近程分子的变化

图 4-44 为超高压处理、*β*-葡聚糖添加后燕麦淀粉在 4℃贮藏不同时间后的傅里叶红外光谱图。从图中可以看出，老化期间样品红外光谱图相似，没有特征峰的出现或消失，说明老化期间淀粉的变化属于物理变化（李世杰，2020）。

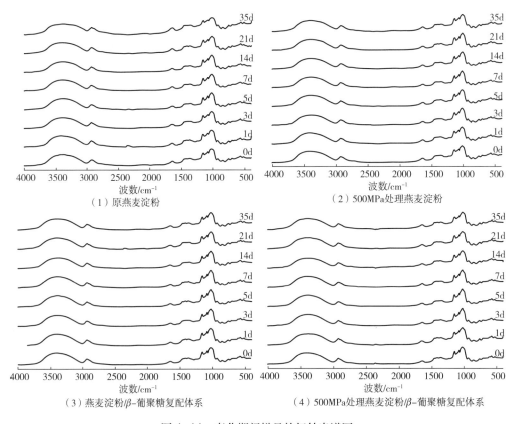

图 4-44　老化期间样品的红外光谱图

淀粉的结晶区是一种有序结构，其吸收峰在 1045cm^{-1} 附近；无定型区吸收峰在 1022cm^{-1} 附近；1045cm^{-1} 与 1022cm^{-1} 的吸收峰峰值强度的比值 $R_{1045/1022}$ 可用于表征样品的短程有序结构（晶体结构），反映淀粉的老化程度，比值越大，说明淀粉分子的有序度越高其结晶越多，回生越明显。$R_{955/1022}$ 值可以反映淀粉颗粒内部双螺旋结构的变化，值越大，双螺旋结构越多。老化期间不同方式改性燕麦淀粉 $R_{1045/1022}$ 及 $R_{955/1022}$ 值见表 4-30。

表 4-30　　　　老化期间样品分子有序结构 $R_{1045/1022}$ 与 $R_{955/1022}$ 值的变化

样品		0	1	3	5	7	14	21	35
原燕麦淀粉	$R_{1045/1022}$	0.8328	0.8904	0.9062	0.9117	0.9171	0.9278	0.9335	0.9451
	$R_{955/1022}$	0.8708	0.8789	0.9017	0.9095	0.9135	0.9175	0.9263	0.9319
500MPa 处理燕麦淀粉	$R_{1045/1022}$	0.8416	0.8627	0.8782	0.8821	0.8892	0.8977	0.9135	0.9206
	$R_{955/1022}$	0.8718	0.8780	0.8854	0.8904	0.8962	0.8989	0.9057	0.9105
燕麦淀粉/β-葡聚糖	$R_{1045/1022}$	0.8385	0.8558	0.8643	0.8674	0.8731	0.8874	0.8932	0.9123
	$R_{955/1022}$	0.8616	0.8674	0.8701	0.8789	0.8847	0.8991	0.9073	0.9141
500MPa 处理复配体系	$R_{1045/1022}$	0.8239	0.8470	0.8500	0.8558	0.8605	0.8701	0.8831	0.9058
	$R_{955/1022}$	0.8354	0.8528	0.8585	0.8616	0.8701	0.8816	0.8989	0.9121

从表 4-30 可以看出，随着老化时间的延长，$R_{1045/1022}$ 及 $R_{955/1022}$ 值均增加。这说明老化期间，淀粉分子有序结构及双螺旋结构增多。其原因是淀粉老化期间淀粉分子发生重排，相邻分子间的氢键又逐步恢复，分子链重组形成双螺旋结构。

与燕麦淀粉相比，超高压处理、β-葡聚糖的添加及燕麦淀粉/β-葡聚糖复配体系经超高压处理之后，$R_{1045/1022}$ 及 $R_{955/1022}$ 值均降低，说明超高压处理及 β-葡聚糖的添加能够抑制淀粉短程有序结构的生成，延缓老化。其中燕麦淀粉/β-葡聚糖复配体系经超高压处理之后，$R_{1045/1022}$ 及 $R_{955/1022}$ 值降低程度最大，说明超高压处理对燕麦淀粉/β-葡聚糖复配体系老化延缓效果最明显。超高压处理后，直链淀粉溶出较少，而 β-葡聚糖通过氢键与直链淀粉相互作用，二者均导致淀粉分子间的相互作用受到抑制，从而延缓淀粉的老化。

四、超高压处理和 β-葡聚糖添加后燕麦淀粉老化期间结晶结构的变化

老化过程中，淀粉分子发生重结晶，导致结晶度升高。因此，利用 X 射线衍射测定淀粉体系老化过程中相对结晶度的变化，可以揭示淀粉的老化程度（图 4-45）。

衍射峰峰型的高低和宽窄与结晶结构的含量有关：峰型越高、越窄，表明结晶结构越多、相对结晶度越高，老化程度也越高。4℃老化过程中，超高压处理和 β-葡聚糖添加后燕麦淀粉的 X 射线衍射图谱及相对结晶度见图 4-45、表 4-31。从图 4-45 中可以看出，老化的样品在 2θ 为 20°附近出现特征峰，表现为 V 型结晶结构。随着老化时间的延长，样品衍射峰变尖、变高，2θ 为 17°附近出现新的特征峰。据报道，B 型图谱在衍射角 2θ=17°附近有明显的衍射峰（朱碧骅，2020）。因此，老化后期淀粉样品的衍射图谱呈 B+V 型。衍射角 2θ 为 17°对应直链淀粉双螺旋结构，说明老化期间，分子结构重新变得有序，双螺旋结构增多，老化程度增大。

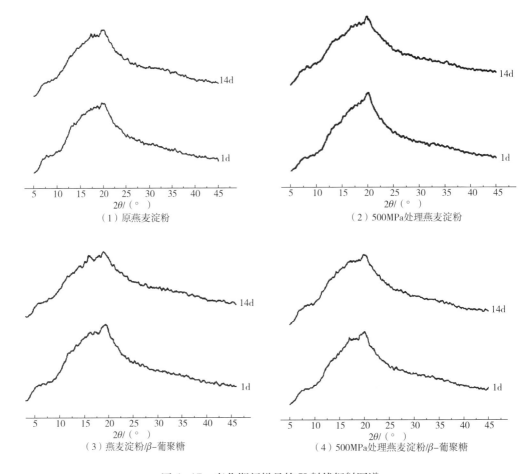

图 4-45　老化期间样品的 X 射线衍射图谱

表 4-31　　　　　　　　　　老化期间样品的 X 射线衍射图谱参数

样品	晶型	结晶峰面积	总面积	结晶度/%
燕麦淀粉-1d	V	2707.94	12313.75	21.99
燕麦淀粉-14d	B+V	3079.49	12980.68	23.72
500MPa 处理燕麦淀粉-1d	V	2734.31	12943.04	21.12
500MPa 处理燕麦淀粉-14d	B+V	3102	14152.91	21.91
燕麦淀粉/β-葡聚糖-1d	V	2808.69	12828.91	21.89
燕麦淀粉/β-葡聚糖-14d	B+V	3148.37	11502.22	27.37
500MPa 处理（燕麦淀粉/β-葡聚糖）-1d	V	1453.76	12710.94	11.43
500MPa 处理（燕麦淀粉/β-葡聚糖）-14d	B+V	1781.71	13024.93	13.67

　　表 4-31 为老化过程中样品的结晶度变化。贮藏初期，燕麦淀粉、500MPa 处理燕麦淀粉、燕麦淀粉/β-葡聚糖复配体系及 500MPa 处理后复配体系的结晶度分别为 21.99%、21.12%、21.89% 和 11.43%。与燕麦淀粉相比，500MPa 处理、β-葡聚糖的添加及复配体系经超高压处理后，相对结晶度降低。这说明超高压处理、β-葡聚糖的添加可以抑制燕麦

淀粉和复配体系的短期老化，其中超高压处理对复配体系短期老化的抑制作用最显著。

4℃贮藏 14d 后，燕麦淀粉、燕麦淀粉/β-葡聚糖复配体系及超高压处理后的燕麦淀粉/β-葡聚糖复配体系的结晶度分别为 23.72%、27.37%、21.91% 和 13.67%，明显高于老化 1d 的样品。这一结果证实了老化期间，分子结构重新变得有序，结晶结构增多。与燕麦淀粉相比，超高压处理燕麦淀粉及复配体系之后，结晶度较低。这说明超高压处理可抑制燕麦淀粉及燕麦淀粉/β-葡聚糖复配体系的长期老化；单独添加 β-葡聚糖可以抑制淀粉的短期老化，但对长期老化并无抑制作用。

后文利用固态核磁共振（NMB）技术分析，阐述不同处理方式对燕麦淀粉老化抑制的可能原因。

五、超高压处理和 β-葡聚糖添加后燕麦淀粉老化期间固态核磁的变化

图 4-46 为超高压处理后，燕麦淀粉和燕麦淀粉/β-葡聚糖复配体系老化期间的核磁共振波谱图。核磁共振波谱图中，C1 可以反映晶体类型；C2,3,5 区反映直链淀粉链的自由程度，振动强度越高，说明链自由程度越低；C4 区反映淀粉颗粒中的无定型程度，面积大小与双螺旋结构程度呈反比。

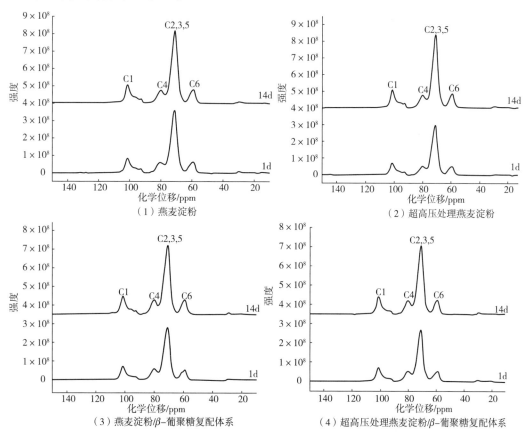

（1）燕麦淀粉　　　　　　　　　　（2）超高压处理燕麦淀粉

（3）燕麦淀粉/β-葡聚糖复配体系　　　（4）超高压处理燕麦淀粉/β-葡聚糖复配体系

图 4-46　样品老化期间的 ^{13}C CP/MAS 固体核磁共振波谱图

由 X 射线衍射结果可知，老化后期淀粉样品的衍射图谱呈 B+V 型，B 型结晶在双

螺旋结构中具有两个葡萄糖残基（Morgan et al.，1995），所以在图中 C1 区域具有双重峰。表 4-32 为不同方式处理后，老化期间凝胶的化学位移数值及 C4 峰的相对占比情况。

表 4-32　　　　　　　　　　　样品老化期间的化学位移及 C4 峰相对占比

样品	贮藏时间/d	C1	C4	C2,3,5	C6	C4 相对占比/%
燕麦淀粉	1	101.36	80.36	71.22	59.12	12.18
	14	101.36、96.28	80.01	70.93	58.97	12.01
500MPa 处理燕麦淀粉	1	101.36	80.01	71.22	59.22	13.31
	14	101.36、96.82	80.26	70.93	59.22	12.69
燕麦淀粉/β-葡聚糖	1	101.36	80.00	71.22	58.93	14.58
	14	101.36、96.27	80.00	70.93	59.22	12.48
500MPa 处理燕麦淀粉/β-葡聚糖	1	101.36	80.00	71.22	58.93	13.70
	14d	101.36、97.36	80.29	70.93	59.22	12.97

从表 4-32 可知，随着老化时间的延长，所有样品无定型区 C4 峰相对占比下降，表明无定型区减少，双螺旋结构增多。这一结果与红外测定的 $R_{1045/1022}$、$R_{955/1022}$ 值及 X 射线衍射分析的结果一致，因为老化过程中发生重结晶，导致有序结构增多。与燕麦淀粉组相比，老化期间，超高压处理和 β-葡聚糖添加后 C4 无定型区占比增加，说明在这些条件下，样品中双螺旋结构较少，即老化速度较慢。这表明超高压处理能够抑制燕麦淀粉和燕麦淀粉/β-葡聚糖复配体系的老化，与前文测定结果一致。

淀粉的老化分为短期老化阶段和长期老化阶段。短期老化发生在淀粉糊化后的初始阶段，这一阶段主要是直链淀粉分子通过氢键作用相互连接，形成三维凝胶网状结构。短期回生阶段中，直链淀粉所形成的晶核为长期老化提供了晶种源，使支链淀粉结晶区以该晶核为中心增长并形成晶体。贮藏初期，与燕麦淀粉相比，超高压处理、β-葡聚糖添加及燕麦淀粉/β-葡聚糖复配体系经超高压处理后，C2,3,5 区振动强度减弱，即直链淀粉自由程度增强。这说明在经过不同方式处理后，直链淀粉通过氢键形成晶核的过程被延缓。由于直链淀粉重排形成晶核过程延缓，进而导致整个老化过程受到抑制（Rosell et al.，2011）。

对于超高压处理，直链淀粉通过氢键形成晶核受到抑制。其原因在于超高压处理增强了淀粉颗粒中直链淀粉与支链淀粉的相互作用，导致糊化过程中溶出的直链淀粉较少，同时处理后颗粒结构更完整，抑制了直链淀粉之间的相互作用，导致直链淀粉自由程度增加，晶核形成受到抑制，从而老化过程也受到抑制；对于复配体系来说，β-葡聚糖与直链淀粉通过氢键连接，对结晶区有一定的保护作用，减少了直链淀粉分子之间的相互作用，且 β-葡聚糖具有较高的持水能力，使得体系内自由水含量减少、淀粉分子链的迁移受阻、重排过程延缓，最终导致老化受到抑制（Tian et al.，2009；张丹丹等，2020）。随着老化时间的延长，C2,3,5 区振动强度增强，说明直链淀粉自由程度减弱，其原因可能是在老化过程中，随着时间的延长，分子间相互作用增强，导致直链淀粉自由程度减弱。

　　结合 SEM、质构、红外、XRD 及固态核磁结果，我们得出以下结论：超高压处理和 β-葡聚糖添加对燕麦淀粉及复配体系老化的抑制主要是通过延缓老化初期直链淀粉分子间的相互作用，即晶核形成受到抑制。而不同的处理方式延缓直链淀粉相互作用的方式不同，超高压处理对燕麦淀粉老化的延缓与其处理后直链淀粉溶出较少有关；β-葡聚糖的添加对燕麦淀粉老化的抑制与 β-葡聚糖通过氢键与直链淀粉的相互作用及 β-葡聚糖的强持水性有关，二者均导致淀粉分子之间相互作用变得困难，进而导致老化过程受到抑制。

六、超高压处理和 β-葡聚糖添加后燕麦淀粉老化过程中水分子的迁移

　　低场核磁共振（low-field nuclear magnetic resonance，LF-NMR）是利用氢原子核在磁场中的自旋弛豫特性，通过弛豫时间的变化来解释样品中水分分布的变化和迁移（李娜等，2016）。由于它具有快速、高效、准确等优点，被广泛应用于食品科学领域。

　　H 质子受到外加脉冲激发后，与相邻质子发生能量交换达到平衡所需的时间为弛豫时间。不同性质的结合水具有不同的弛豫时间（T_2）。弛豫时间与水分子流动性成正比，T_2 越短，水分的自由度越低，不容易被排出；T_2 越长，水分的自由度越高，越容易被排出。在凝胶体系中，水分子与淀粉、蛋白质等大分子物质结合紧密，处于高度固定状态，弛豫时间较低；存在于淀粉、蛋白质等大分子之外的水为自由水，弛豫时间较高。弛豫时间在 0.1~10ms 范围内（T_{21}）的为结合水，30~100ms 范围内（T_{23}）为自由水，介于中间的峰（T_{22}）为流动性介于自由水与结合水之间的水分。

　　据报道，老化过程中，淀粉体系仅发生水分的迁移，而总含水量基本不变（Riva et al.，2000）。在贮藏过程中，由于重结晶作用，淀粉分子之间作用增强，与淀粉结合的水析出，成为自由水。因此，通过检测老化过程中水分分布状态的变化，可以分析老化过程的机理。老化期间，超高压处理、β-葡聚糖添加和复配体系经超高压处理后的反演图谱见图 4-47，不同状态水分弛豫时间、峰面积及所占比例见表 4-33。

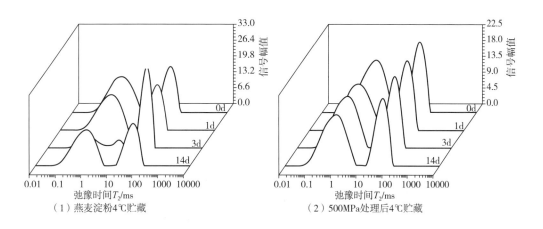

（1）燕麦淀粉4℃贮藏　　　　　　（2）500MPa处理后4℃贮藏

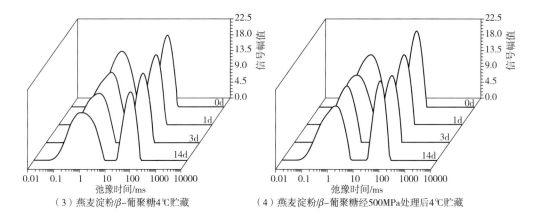

（3）燕麦淀粉/β-葡聚糖4℃贮藏　　　（4）燕麦淀粉/β-葡聚糖经500MPa处理后4℃贮藏

图4-47　老化期间样品的弛豫时间反演图谱

表4-33　　　　　　　　　　　老化期间样品的弛豫时间反演图谱参数

样品	贮藏时间/d	T_{21}/ms	M_{21}	S_{21}/%	T_{23}/ms	M_{23}	S_{23}/%
燕麦淀粉	0	0.87	275.759	60.639	65.793	178.995	39.361
	1	1	261.079	59.162	57.224	180.219	40.838
	3	1.376	204.243	58.593	75.646	144.161	41.357
	14	1	260.693	58.126	65.793	187.804	41.874
500MPa处理燕麦淀粉	0	1.322	261.132	58.078	65.793	188.492	41.922
	1	1	258.879	58.242	65.793	185.609	41.758
	3	1	277.253	58.055	65.793	200.315	41.945
	14	0.87	270.679	58.539	65.793	191.715	41.461
燕麦淀粉/β-葡聚糖	0	1.15	269.269	58.098	57.224	194.208	41.902
	1	1.15	274.349	58.295	65.793	196.272	41.705
	3	1	267.135	58.954	65.793	185.988	41.046
	14	0.756	274.793	59.518	65.793	186.903	40.482
500MPa处理燕麦淀粉/β-葡聚糖	0	1	252.254	55.964	57.224	198.493	44.036
	1	0.87	255.639	57.227	57.224	191.074	42.773
	3	0.87	241.716	56.408	65.793	186.798	43.592
	14	0.522	283.829	57.844	65.793	206.853	42.156

注：T_{21}、T_{23} 为结合水、自由水对应的弛豫时间；M_{21}、M_{23} 为结合水、自由水对应的峰值面积，表示各种状态水的信号幅值；S_{21}、S_{23} 为结合水、自由水对应的峰面积占总面积的比例。

从图4-47可以看出，随着老化时间的延长，样品弛豫时间反演图谱峰型并未发生改变，但弛豫时间和峰面积发生了改变。这说明老化期间，样品中水分的状态分布发生改变。弛豫时间 T_2 与水分流动性成正比，即 T_2 越小，水分流动性越小，越难被排除。

老化过程中，水分子一方面以自由水状态促进淀粉分子链的迁移，一方面以结合水状态参与重结晶（胡菲菲，2018）。随着老化时间的延长，燕麦淀粉 T_2 值增大，即不同状态水分流动性增强，导致老化速度较快。超高压处理、β-葡聚糖添加和复配体系经超高压处理后，T_2 值减少，各状态水分流动性减弱。这表明超高压处理及 β-葡聚糖的添加增强了淀粉凝胶体系对水分的束缚作用，这导致保水性增强，从而抑制了老化过程。此外 β-葡聚糖因其强持水性有效限制了水分的迁移，从而降低了水分的流动性。

从表4-33可以看出，随着贮藏时间的延长，燕麦淀粉凝胶体系中结合水含量下降，自由水含量增多，水分流动性增强。这说明贮藏期间，凝胶体系中水分从低流动性状态向高流动性状态转化，即 $S_{21} \rightarrow S_{23}$；水分流动性的增强加速了贮藏期间淀粉分子链间的相互作用，导致老化的发生。高压处理、β-葡聚糖添加和复配体系经超高压处理后，随着贮藏时间的延长，凝胶体系中结合水含量升高，自由水含量降低，水分流动性降低。这说明贮藏期间，凝胶体系中水分向低流动性转化，即 $S_{23} \rightarrow S_{21}$；自由水含量的减少与水分子流动性的减弱抑制了老化期间淀粉分子的迁移重排，重结晶过程减缓，从而老化过程受到抑制。

从水分子迁移角度来看，超高压处理和 β-葡聚糖添加对燕麦淀粉老化的抑制与水分向低流动性转化、流动性降低有关。

七、超高压处理和 β-葡聚糖添加后燕麦淀粉老化动力学模型的建立

淀粉的老化是指淀粉颗粒内部无序态分子重新排列、重结晶的过程。热焓值反映熔化结晶结构需要的能量，热焓值越大说明重结晶越多，回生程度越大。表4-34为超高压处理、β-葡聚糖添加和复配体系经超高压处理后，在4℃下贮藏不同时间后的老化焓值（等同于热焓值）。

表4-34　　　　　　　　　　　　老化期间样品的老化焓值

样品	老化焓值 ΔH_{retro} (J/g)						
	1d	3d	5d	7d	14d	21d	35d
燕麦淀粉	630.49	784.88	888.15	967.32	1080.00	1153.30	1260.50
500MPa 处理淀粉	597.27	684.48	778.70	837.55	963.80	1029.60	1209.10
燕麦淀粉/β-葡聚糖	624.16	764.89	872.76	960.47	1120.40	1196.70	1259.10
500MPa 处理燕麦淀粉/β-葡聚糖	627.00	736.34	822.87	905.79	1073.40	1169.80	1231.70

从表4-34可以看出，随着老化时间的增加，各样品老化焓值逐渐增大。焓值与破坏双螺旋结构所需的能量有关。老化期间，淀粉分子发生重排，相邻分子间的氢键逐步恢复，形成更为有序、致密的结构。这一过程导致破坏这些结构所需的能量增加，表现为老化焓值增大。

为了进一步探究超高压处理、β-葡聚糖添加对燕麦淀粉及其复配体系老化过程的影响规律，本研究利用 Avrami 方程对老化期间的热特性参数进行线性回归分析，建立了老化动力学模型。图4-48为老化动力学模型，表4-35为老化动力学方程及相关参数的具体数值。

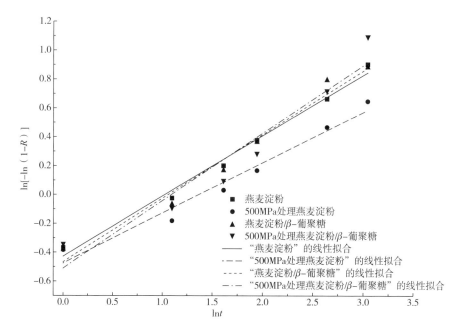

图 4-48　老化动力学 Avrami 方程

R^2 较高，说明 Avrami 方程可以很好地描述样品在贮藏期间的老化动力学。据文献报道，成核指数 n 值可以表征老化过程中结晶的成核方式；当 $n \leqslant 1$ 时，成核方式为瞬间成核；$1 < n < 2$ 时，则以自发成核为主（Xu et al.，2012）。

表 4-35　　　　　　　　　　老化动力学 Avrami 方程参数

样品	Avrami 方程	n	$\ln k$	k	R^2
燕麦淀粉	$y = 0.3477x - 0.4279$	0.3477	-0.4279	0.6518	0.9880
500MPa 处理燕麦淀粉	$y = 0.4177x - 0.4747$	0.4177	-0.4747	0.6220	0.9675
燕麦淀粉/β-葡聚糖	$y = 0.4407x - 0.4664$	0.4407	-0.4664	0.6272	0.9746
500MPa 处理燕麦淀粉/β-葡聚糖	$y = 0.4667x - 0.5103$	0.4667	-0.5103	0.6003	0.9254

从表 4-35 可以看出，Avrami 方程 n 值均小于 1，说明超高压处理、β-葡聚糖的添加和燕麦淀粉/β-葡聚糖复配体系经超高压处理后，在老化过程中，结晶成核方式均以瞬间成核为主。即结晶所需晶核主要集中在贮存前期形成，后期晶核形成数量较少。重结晶速率常数 k 反映的是重结晶速率，值越大表明重结晶速率越快。与燕麦淀粉相比，超高压处理、β-葡聚糖添加及复配体系经超高压处理之后，k 值降低，说明重结晶速率减小，老化受到抑制；n 值升高，说明成核方式由瞬间成核趋近于自发成核，这也导致了重结晶速率 k 的降低，即老化受到抑制。结合前文研究结果，超高压处理后直链淀粉溶出较少，颗粒结构更完整，抑制了直链淀粉之间的相互作用，导致 n 值升高。添加 β-葡聚糖后，一方面，β-葡聚糖与淀粉通过氢键相互作用，干扰了淀粉分子链间的相互作用；另一方面，β-葡聚糖持水能力较高，可降低体系中的自由水含量，从而延缓淀粉分子链的迁移速率，导致 n 值升高，k 值降低。

八、超高压处理和 β-葡聚糖的添加对燕麦淀粉老化抑制机制

根据前文研究结果，超高压处理、β-葡聚糖的添加及复配体系经超高压处理后，老化过程中相对结晶度降低，短程有序结构及双螺旋结构的形成减少，无定型区 C4 峰占比增加。老化初期直链淀粉自由程度增强，抑制了老化初期直链淀粉通过氢键形成晶核，降低重结晶速率，改变老化期间成核方式，促进老化期间水分向低流动性转化。结合超高压处理对燕麦淀粉微观结构的影响及 β-葡聚糖的添加对燕麦淀粉的影响结果，超高压处理可以减少直链淀粉的溶出，而 β-葡聚糖的添加通过氢键与直链淀粉相互作用。由此推断不同改性处理抑制燕麦淀粉老化的机制见图 4-49。

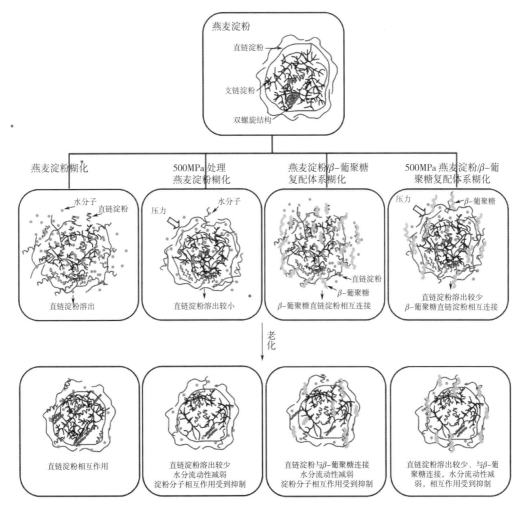

图 4-49　超高压处理抑制燕麦淀粉/β-葡聚糖复配体系老化机制

超高压处理一方面增强了燕麦淀粉颗粒内部直链淀粉分子的相互作用，减少了糊化过程中直链淀粉的溶出，使颗粒结构更完整；另一方面，它使凝胶老化期间各状态的水分流动性减弱，从而延缓了淀粉分子链的迁移速率和重结晶速率。这使直链淀粉之间的相互作

用受到抑制，从而延缓了老化初期直链淀粉相互作用瞬间形成晶核的过程，进而使支链淀粉以该晶核为中心形成晶体结构的过程延缓，最终导致老化过程受到抑制。

对于 β-葡聚糖的添加，一方面，β-葡聚糖与溶出的直链淀粉通过氢键相互作用，延缓了老化初期直链淀粉相互作用瞬间形成晶核的过程，进而延缓老化；另一方面 β-葡聚糖持水能力较高，导致体系中自由水含量减少，各状态水分流动性减弱，进而延缓淀粉分子链的迁移速率，使重排受到抑制，导致老化过程受到抑制（Rosell et al.，2011）。

对于超高压处理后的复配体系，超高压处理增强了燕麦淀粉颗粒内部直链淀粉分子的相互作用，减少了糊化过程中直链淀粉的溶出。β-葡聚糖添加后，通过氢键与直链淀粉相互作用，抑制了老化初期直链淀粉相互作用形成晶核的过程，从而使支链淀粉以该晶核为中心形成晶体结构的过程延缓。此外，超高压处理及 β-葡聚糖的添加增强了淀粉凝胶体系对水分的束缚作用，由于 β-葡聚糖持水性较高，导致体系中自由水含量减少，各状态水分流动性减弱，减缓了淀粉分子的迁移重结晶过程，从而抑制淀粉的老化。

📚 本章结论

（1）超高压对燕麦淀粉微观结构的改变经历结晶完善、结晶破坏和结晶解体糊化三个阶段。处理压力较小（100~300MPa 处理 15min）时，燕麦淀粉颗粒表面变化不明显，粒径减小；结晶结构仍为 A 型，相对结晶度升高；短程有序结构及双螺旋结构增多；C1 区域出现三重峰，无定型区占比变化不明显，直链淀粉自由程度增强。这是由于压力作用加强了分子之间的交互作用，支链淀粉分子链上的羟基通过氢键作用形成新的双螺旋结构，短程有序结构增多，为结构完善阶段。当处理压力适中（400MPa 处理 15min）、处理时间较短（500MPa 处理 5min）时，颗粒吸水膨胀，表面发生黏结，粒径变大；结晶结构仍为 A 型，但相对结晶度降低，无定型区域增大。这是由于水分子进入淀粉颗粒结晶区，部分分子间和分子内氢键断裂，双螺旋结构开始解体，结晶结构开始被破坏，为结晶破坏阶段。

随着压力的升高（500~600MPa 处理 15min）、处理时间的延长（500MPa 处理 15~30min）及不同浓度燕麦淀粉（5%~30%）经 500MPa 处理 15min 后，燕麦淀粉颗粒吸水膨胀，表面坍塌，大量黏结形成胶状连接区，颗粒粒径显著增大；结晶结构变为 V 型，相对结晶度显著降低；短程有序结构及双螺旋结构解体减少，无定型区占比增大。这是由于水分大量进入淀粉颗粒的结晶区，淀粉分子间的缔合状态遭到严重破坏，为结晶解体糊化阶段。

（2）燕麦淀粉中添加 β-葡聚糖后，β-葡聚糖后通过氢键与直链淀粉相互连接，形成了均匀、致密、相互交联的网络结构，并对淀粉结晶区有一定的保护作用。β-葡聚糖添加后，复配体系中淀粉溶解度、膨胀度、析水率、硬度、胶着度和咀嚼度降低，透光率升高；黏度、崩解值、回生值显著降低，糊化温度、峰值时间、糊化焓升高，复配体系有更好的热稳定性和抗老化性。复配体系仍表现出弱凝胶动态流变学特性，β-葡聚糖添加量为 5%~10% 的复配体系黏弹性增强，稠度系数增大，剪切变稀现象更明显；添加量为 15%~20% 时，复配体系黏弹性降低，稠度系数减小，剪切应力降低，触变环面积减小，剪切稳定性提高。

（3）燕麦淀粉/β-葡聚糖复配体系经 300~400MPa 超高压处理后，由于压力的压缩韧化作用，复配体系中淀粉颗粒表面变化不明显，粒径减少；相对结晶度升高，短程有序结构及双螺旋结构增加，无定型区占比减小，为结晶完善阶段，进而导致相变温度、糊化焓、成糊温度升高，黏度、崩解值降低。500~600MPa 处理后，大多数颗粒出现膨胀和变形，颗粒表面变得粗糙、黏结，粒径显著增加；相对结晶度降低，短程有序结构及双螺旋结构减少，无定型区占比增大，为结晶解体阶段，进而导致相变温度、糊化焓、成糊温度降低，黏度、崩解值升高。不同压力处理后，复配体系 SDS、RS 含量升高，水解率、RDS 含量降低。

（4）超高压处理能够抑制燕麦淀粉与燕麦淀粉/β-葡聚糖复配体系中淀粉的老化。老化期间，凝胶体系空腔变大，空腔壁变薄，硬度升高、弹性降低，短程有序结构、双螺旋结构增多，结晶度升高，无定型区占比减少；老化后期淀粉样品的衍射图谱呈 B+V 型；凝胶体系老化焓增大；老化动力学模型表明凝胶体系结晶成核方式均以瞬间成核为主。与燕麦淀粉相比，不同处理后，老化期间凝胶体系硬度降低，短程有序结构、双螺旋结构减少，相对结晶度降低。老化动力学模型表明，超高压处理及 β-葡聚糖添加后，凝胶体系 n 值升高，成核方式由瞬间成核趋近于自发成核，重结晶速率减小，这说明直链淀粉相互作用形成晶核的过程延缓。水分子迁移结果表明，超高压处理并添加 β-葡聚糖后，凝胶体系 T_2 值减少，体系中结合水含量升高，自由水含量降低，水分子流动性减弱。

（5）超高压处理和 β-葡聚糖的添加能有效抑制燕麦淀粉老化。具体机制为：超高压处理增强了燕麦淀粉颗粒内部直链淀粉分子的相互作用，减少了糊化过程中直链淀粉的溶出；β-葡聚糖添加后通过氢键与直链淀粉间相互作用，抑制了老化初期直链淀粉间相互作用形成晶核的过程，从而使支链淀粉以该晶核为中心形成晶体结构的过程延缓；此外，超高压处理及 β-葡聚糖的添加增强了淀粉凝胶体系对水分的束缚作用，导致体系中水分子流动性减弱，减缓了淀粉分子的迁移重结晶过程，从而抑制淀粉的老化。

参考文献

［1］ BAIK M Y, DICKINSON L C, CHINACHOTI P. Solid-state C-13 CP/MAS NMR studies on aging of starch in white bread ［J］. Journal of Agricultural and Food Chemistry, 2003, 51 (5): 1242-1248.

［2］ BANCHATHANAKIJ R, SUPHANTHARIKA M. Effect of different b-glucans on the gelatinisation and retrogradation of rice starch ［J］. Food Chemistry, 2009, 114: 5-14.

［3］ CABANILLASB, MALEKI S J, RODRIGUEZ J, et al. Allergenic properties and differential response of walnut subjected to processing treatments ［J］. Food Chemistry, 2014, 157 (1): 141-147.

［4］ CHARALAMPOPOULOS D, WANG R, PANDIELLA S S, et al. Application of cereals and cereal components in functional foods: A review ［J］. International Journal of Food Microbiology, 2002, 79 (1-2): 131-141.

［5］ CHRISTIANSON D D, HODGE J E, OSBORNE D, et al. Gelatinization of wheat starch as modified by xanthan gum, guar gum, and cellulose gum ［J］. Cereal Chemistry, 1981, 58: 729-734.

［6］ DAN, LIU, ZHI, et al. Effect of soybean soluble polysaccharide on the pasting, gels, and rheological properties of kudzu and lotus starches ［J］. Food Hydrocolloids, 2019, 89: 443-452.

［7］ DIAS L T, FERNANDO N J, BARRETTO P A L, et al. Effect of addition of different hydrocolloids on pasting, thermal, and rheological properties of cassava starch ［J］. Ciência E Tecnologia De Alimentos, 2012, 32 (3): 579-587.

［8］ FREDRIKSSON H, SILVERIO J, ANDERSSON, et al. The influence of amylose and amylopectin characteristics on gelatinization and retrogradation properties of different starches ［J］. Carbohydrate Polymers, 1998, 6: 345-346.

［9］ HU X P, ZHANG B, JIN Z Y, et al. Effect of high hydrostatic pressure and retrogradation treatments on structural and physicochemical properties of waxy wheat starch ［J］. Food Chemistry, 2017, 232 (10): 560-565.

［10］ KAUR L, SINGH J, MCCARTHY O J, et al. Physico-chemical, rheological and structural properties of fractionated potato starches ［J］. Journal of Food Engineering, 2007, 82 (3): 383-394.

［11］ LAZARIDOU A, BILIADERIS C G. Molecular aspects of cereal β-glucan functionality: Physical properties, technological applications and physiological effects ［J］. Journal of Cereal ence, 2007, 46 (2): 101-118.

［12］ LI S, WARD R, GAO Q. Effect of heat-moisture treatment on the formation and physicochemical properties of resistant starch from mung bean (*Phaseolus radiatus*) starch ［J］. Food Hydrocolloids, 2011, 25 (7): 1702-1709.

［13］ LIU H J, ESKIN N A M, CUI S W. Effects of yellow mustard mucilage on functional and rheological properties of buckwheat and pea starches ［J］. Food Chemistry, 2006, 95 (1): 83-93.

［14］ LIU H, WANG L, CAO R, et al. In vitro digestibility and changes in physicochemical and structural properties of common buckwheat starch affected by high hydrostatic pressure ［J］. Carbohydrate Polymers, 2016, 144: 1-8.

［15］ LOPEZ-RUBIO A, FLANAGAN B M, GILBERT E P, et al. A novel approach for calculating starch crystallinity and its correlation with double helix content: A combined XRD and NMR study ［J］. Biopolymers, 2010, 89 (9): 761-768.

[16] MIRMOGHTADAIE L, KADIVAR M, SHAHEDI M. Effects of cross-linking and acetylation on oat starch properties [J]. Food Chemistry, 2009, 116 (3): 709-713.

[17] MORGAN K R, FURNEAUX R H, LARSEN N G. Solid-state NMR studies on the structure of starch granules [J]. Carbohydrate Research, 1995, 276 (2): 387-399.

[18] RIVA M, FESSAS D, SCHIRALDI A. Starch retrogradation in cooked pasta and rice [J]. Cereal Chemistry, 2000, 77 (4): 678-684.

[19] ROSELL C M, YOKOYAMA W, SHOEMAKER C. Rheology of different hydrocolloids rice starch blends Effect of successive heating cooling cycles [J]. Carbohydrate Polymers, 2011, 84 (1): 373-382.

[20] SATRAPAI S, SUPHANTHARIKA M. Influence of spent brewer's yeast β-glucan on gelatinization and retrogradation of rice starch [J]. Carbohydrate Polymers, 2007, 67 (4): 500-510.

[21] SCHIRMER M, JEKLE M, BECKER T. Starch gelatinization and its complexity for analysis [J]. Starch-Stärke, 2015, 67 (1-2): 30-41.

[22] SHI X, BEMILLER J N. Effects of food gums on viscosities of starch suspensions during pasting [J]. Carbohydrate Polymers, 2002, 50 (1): 7-18.

[23] SINGH S, KAUR M. Steady and dynamic shear rheology of starches from different oat cultivars in relation to their physicochemical and structural properties [J]. International Journal of Food Properties, 2017, 20 (9-12): 3282-3294.

[24] SLADE L, LEVINE H. Beyond water activity: recent advances based on an alternative approach to the assessment of food quality and safety [J]. Critical Reviews in Food Science and Nutrition, 1991, 30 (2-3): 115-360.

[25] TIAN B, WANG C, WANG L, et al. Granule size and distribution of raw and germinated oat starch in solid state and ethanol solution [J]. International Journal of Food Properties, 2016, 19 (1-4): 709-719.

[26] VEREGIN R P, FYFE C A, Marchessault R H, et al. Characterization of the crystalline A and B starch polymorphs and investigation of starch crystallization by high-resolution carbon-13 CP/MAS NMR [J]. Macromolecules, 1986, 19 (4): 1030-1034.

[27] XU J, ZHAO W, NING Y, et al. Comparative study of spring dextrin impact on amylose retrogradation [J]. Journal of agrcultaral and food chemistry, 2012, 60 (19): 4970-4976.

[28] ZHANG J, ZHANG ML, BAI X, et al. Effect of high hydrostatic pressure on the structure and retrogradation inhibition of oat starch [J]. International Journal of Food & Technology, 2022, 2113-2125.

[29] ZHANG K, MA X, DAI Y, et al. Effects of high hydrostatic pressure on structures, properties of starch, and quality of cationic starch [J]. Cereal Chemistry, 2019, 96 (2): 338-348.

[30] ZHENG Y, TIAN J, KONG X, et al. Proanthocyanidins from Chinese berry leaves modified the physicochemical properties and digestive characteristic of rice starch [J]. Food Chemistry, 2021, 335: 123-128.

[31] 郭泽镔. 超高压处理对莲子淀粉结构及理化特性影响的研究 [D]. 福州: 福建农林大学, 2014.

[32] 胡菲菲. 基于超高压的改性技术对糙米理化特性的影响研究 [D]. 杭州: 浙江大学, 2018.

[33] 姜帅, 曹传爱, 康辉, 等. 燕麦 β-葡聚糖对肌原纤维蛋白乳化和凝胶特性的影响 [J]. 食品

科学技术学报，2019，37（5）：32-41.

[34] 李娜，李瑜.利用低场核磁共振技术分析冬瓜真空干燥过程中的内部水分变化［J］.食品科学，2016，37（23）：84-88.

[35] 李世杰.超高压处理对板栗淀粉结构及理化特性的影响［D］.秦皇岛：河北科技师范学院，2020.

[36] 刘培玲，张甫生，白云飞，等.高静压对淀粉结构及糊化性质的影响［J］.高压物理学报，2010，24（6）：472-480.

[37] 张晓宇，张丹丹，李荣芳，等.皂荚糖胶对玉米淀粉老化性质的影响及体系的水分分布［J］.食品科学，2021，42（12）：31-36.

[38] 张晶，张美莉.超高压处理对燕麦淀粉颗粒特性、热特性及流变学特性的影响［J］.食品科学，2020，41（23）：114-121.

[39] 赵精杰，刘培玲，张晴晴，等.高静压糊化木薯淀粉的重结晶性质［J］.中国食品学报，2019，19（3）：75-85.

[40] 朱碧骅.直链淀粉晶种的制备、表征及其干预淀粉长期回生机制［D］.无锡：江南大学，2020.

第五章

燕麦醪糟多糖的分离鉴定与功能活性

醪糟是一种传统的低酒精含量的饮品。传统的醪糟是由糯米、小麦等原料，通过麦曲发酵制成的。麦曲被称为"酒之骨"，自然培养的生麦曲中微生物种类繁多，这些微生物共同作用生成麦曲中丰富的水解酶和风味物质，同时这些微生物又是发酵醪糟中微生物的重要来源（谢广发等，2004）。在内蒙古鄂尔多斯地区，人们将醪糟称作"牧区醪糟"，它是当地居民的传统自然发酵食品。鄂尔多斯地区盛产糜米（*Panicum miliaceum* L.）与黄米（*Panicum miliaceum*），牧区醪糟主要以糜米面与黄米面以及水为原料，并且使用由玉米、小麦以及豆类发芽制成的麦曲进行自然发酵。其口味比传统的醪糟偏酸，风味独特（刘汇芳等，2015）。

醪糟可分为两大类：一类是经加热灭菌的熟醪糟，保存期较长，且质量相对稳定。另一类是不经加热灭菌的醪糟，保存期较短。其酒精度也会随着发酵时间的延长呈现上升的趋势，糖度也会慢慢下降，这类醪糟最后会成为带糟的米白酒。醪糟发酵是典型的双边发酵，即边糖化边发酵，发酵过程和糖化过程同时进行（傅金泉，1987）。醪糟的制作工艺一般分以下几步：浸泡、蒸、搅拌、发酵、挤压和贮藏等（Shen et al.，2015）。

为了改善醪糟传统的、单一的口感，很多人尝试在醪糟原料中添加其他的杂粮，一方面改变其风味，另一方面提高醪糟的营养价值。殷培蕾等在醪糟中添加一定量的苦荞，选择含酚类物质较多且易脱壳的"米荞1号"为原料，采用单因素、正交试验对醪糟发酵工艺进行了优化，并对醪糟发酵过程中各种功能性成分的变化进行了研究。吴素萍等（2010）采用半固态发酵工艺酿制薏米醪糟酒，以薏米和糯米为主料，甜酒曲和白糖为辅料，通过单因素实验优选出薏米醪糟酒的最佳发酵工艺条件。此外，开发的醪糟新品种还有桂花枸杞醪糟啤酒饮料、燕麦糯米复配醪糟、琼脂甜米酒、杏鲍菇醪糟汁、纯黑米醪糟、茉莉花醪糟、薏米醪糟、鹰嘴豆醪糟（何勇等，2018；赵慧君等，2017）等。

多糖（polysaccharide）也称聚糖，是由多个一种或多种单糖单位通过糖由糖苷键相连聚合而成的糖类物质。多糖是生命体组成的四大物质之一，与机体的生理活动高度相关（江霞等，2009）。由于多糖自身结构构成比较复杂，并且其种类繁多，其结构的测定和分离与纯化也有很大难度。某些多糖在天然植物中的含量较低，并且不容易被分离，而且其药理作用与诸多影响因素有关，这给它的研究和应用带来多方面的挑战。多糖对于医疗药品和保健产品的应用与发展具有重要的意义。

笔者所在实验室成员前期开展了传统牧区燕麦醪糟的工艺优化、不同谷物曲醪糟工艺优化等研究工作，本研究从燕麦醪糟中提取醪糟多糖，对多糖的结构进行鉴定。本研究从体外水平研究燕麦醪糟多糖的抗氧化性、对于肿瘤细胞生长的影响以及免疫调节活性，并以巨噬细胞和小鼠脾淋巴细胞为靶细胞，探讨燕麦多糖的免疫调节活性。该研究具有良好的原创性，研究结果可为燕麦醪糟多糖的应用提供理论依据，为燕麦发酵食品的进一步开发利用奠定基础。

第一节 燕麦醪糟多糖的分离纯化及结构鉴定

多糖为极性化合物，它在乙醇中溶解度小。基于这一特点，我们采用醇沉方法提取粗多糖。多糖样品的纯度是影响其结构鉴定、生物活性的重要因素，因此，必须对得到的粗多糖进行进一步的分离纯化，以获得质量均一、稳定的多糖样品，从进而进行活性检测和化学结构研究应用。

目前通用的多糖分离纯化方法主要包含清除杂质和分级纯化两个步骤。多糖常与蛋白质等物质结合成复合物，通过除杂，可以除去粗多糖中的小分子物质及游离的蛋白和糖蛋白等。常用的去蛋白方法有 Sevage 法、Sevage—酶法、三氯乙酸法等。随后再利用透析、膜分离技术清除小分子物质。纯化多糖的过程，就是将多糖混合物中的单一组分分离出来，并清除杂质的过程。常用步骤是先利用阴离子交换柱层析法进行分离，常用的离子交换剂，如二乙氨基乙基纤维素（diethylaminoethyl cellulose，DEAE-cellulose）、二乙基氨基乙基葡聚糖凝胶阴离子交换树脂（diethylaminoethyl-sephadex，DEAE-sephadex）、二乙基氨基乙基琼脂糖凝胶阴离子交换树脂（diethylaminoethyl-sepharose，DEAE-sepharose）等，吸附力通过活性多糖中酸性基团的增加而增强（梁乙川，2018）。其次，根据多糖分子质量大小及形状不同而进行凝胶柱层析。分离过程中由于大分子多糖经过路径短而先出柱，而小分子物质后出柱。多糖的分离纯化方法还包括絮凝法、离心沉淀色谱法、制备性区域电泳、制备性高压液相色谱、高效逆流色谱等。

多糖结构比蛋白质和核酸的结构更为复杂，可以说是最复杂的生物大分子。其结构的复杂性无疑给寡糖链的结构测定带来了很多困难。多糖的结构分析有化学法、酶学方法、免疫学方法与仪器分析法等。化学方法中常用的是水解法，将多糖链通过完全水解分解为各个单糖，是分析多糖链组成成分的主要手段。水解法包括完全酸水解、部分酸水解、乙酰解和甲醇解等。水解之后的单糖或寡糖经中和、过滤，可采用气相色谱法（GC）、液相色谱法（HPLC）和离子色谱法进行分析（赵丹等，2017）。

在本研究中采用醇沉法提取燕麦醪糟粗多糖，并对粗多糖进行脱蛋白，采用 DEAE-Sepharose Fast Flow 离子交换树脂进行第一步的离子交换层析分离，再利用交联葡聚糖 Superdex G-100 凝胶进行进一步分离。联合多种方法进行结构鉴定，包括高效凝胶渗透色谱 GPC 测量 LCPS-2 的纯度及分子质量，糖腈乙酸酯衍生物-气相色谱（GC）法测量单糖组成，溴化钾压片-傅里叶变换红外光谱法（FITR）测定功能团，甲基化分析糖苷键连接点，以及核磁共振（NMR）谱分析 LCPS-2 的结构。核磁共振分析包括一维核磁图谱（^{1}H-NMR 和 ^{13}C-NMR），以及二维核磁图谱（同核位移相关谱 ^{1}H-^{1}H COSY、异核单量子相关谱 HSQC、长程异核位移相关谱 HMBC），通过 NMR，对 LCPS-2 的一级结构进行研究分析，以确定其糖苷键的连接方式。

一、DEAE-sepharose 凝胶对燕麦醪糟粗多糖的分离纯化

（一）流速的确定

通过 DEAE-Sepharose Fast Flow 离子交换层析对燕麦醪糟多糖进行分离纯化，流速的控制是分离洗脱过程的一个重要环节，适当的流速可以提高层析的分离效果。在洗脱的过程中若流速过快，交换过程尚未达到平衡，组分就开始向下流动，导致交界层变厚，离子交换剂的利用率降低，分离效果不佳，甚至出现分离不开的情况；流速过慢，则影响分离速度，可能因扩散效应引起峰加宽，导致分离效果下降，同时造成时间上的浪费，延长了分离时间（Liu et al.，

2018)。该研究在加样量为10mL、加样样品浓度为10mg/mL时，摸索流速条件。

比较图5-1可以看出，同样条件下三种流速的洗脱效果。当流速为1.5mL/min时，由于流速过快，凝胶柱内压力增加，使凝胶受压变形、体积变小，凝胶面有比较明显的下沉，引起流速降低，造成洗脱不畅，并且由图可知分离不明显，两个峰基本连在一起。1.0mL/min和0.5mL/min两个流速分离效果无明显的区别，考虑到节约时间而选择1.0mL/min的流速进行实验。

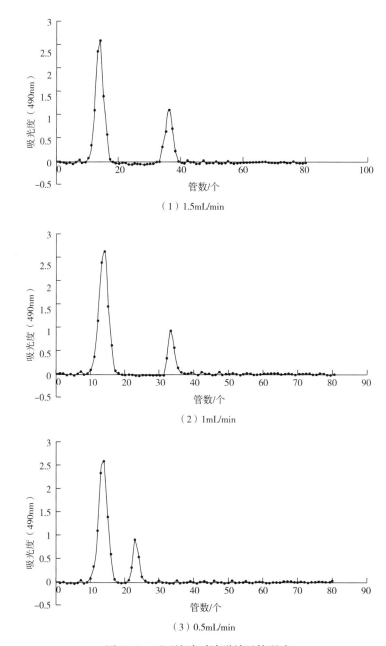

（1）1.5mL/min

（2）1mL/min

（3）0.5mL/min

图5-1　不同流速对洗脱效果的影响

（二）梯度洗脱浓度的确定

由图5-2可知，采用超纯水洗脱时，曲线分离效果不明显，得到的分离组分只有一种，表明超纯水对燕麦醪糟多糖的洗脱效果不佳。由于不同多糖组分所带电荷不同，它们和二乙基氨基乙基葡聚糖快速流柱填料（DEAE Sepharose FF）离子交换柱固定相中的离子交换能力有所差异，导致不同电荷的多糖被选择性的吸附在固定相上，并以不同浓度的洗脱液被先后洗脱出来。

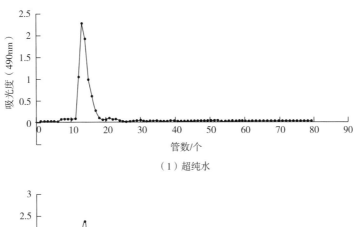

（1）超纯水

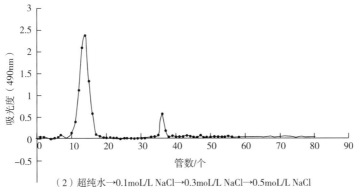

（2）超纯水→0.1moL/L NaCl→0.3moL/L NaCl→0.5moL/L NaCl

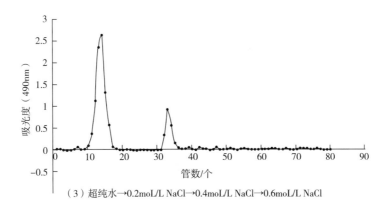

（3）超纯水→0.2moL/L NaCl→0.4moL/L NaCl→0.6moL/L NaCl

图5-2　不同洗脱液浓度梯度强度对洗脱效果的影响

因为超纯水的浓度一直保持不变，吸附在柱子上的多糖无法得到充分洗脱，所以洗脱效果较差。采用超纯水→0.1mol/L NaCl→0.3mol/L NaCl→0.5mol/L NaCl 等不同洗脱梯度对燕麦醪糟多糖洗脱。三种不同浓度 NaCl 溶液的洗脱效果与纯水洗脱相比效果基本一致，得到的分离组分只有一种。逐渐提高洗脱液的浓度，可以有效洗脱带电荷小、与固定相亲和力较小的大分子。当用超纯水→0.1mol/L NaCl→0.3mol/L NaCl→0.5mol/L NaCl 进行洗脱时［图 5-2（2）］，洗脱液中的离子将结合在固定相上的样品离子交换下来，由于不同分子量的多糖所带电荷不同，因而和离子交换剂对各种离子或离子络合物的结合能力不同，从而在不同的洗脱阶段将燕麦醪糟粗多糖分离开，达到纯化多糖的目的。图 5-2（3）中采用超纯水→0.2mol/L NaCl→0.4mol/L NaCl→0.6mol/L NaCl 的梯度洗脱，最先被离子水洗脱下来的燕麦醪糟多糖组分为不带电荷的中性多糖，第 10~20 管呈现先上升后下降的趋势，形成单一峰，对称且多糖含量高。随后的洗脱梯度中在第 32~34 管得到第二种组分，此时被分离下来的燕麦醪糟多糖为酸性多糖。从以上分析结果看，被分离出的燕麦醪糟多糖组分中组分 1 峰含量最高，组分 2 其次。根据吸收峰出现的位置合并收集洗脱液，经浓缩、透析和冷冻干燥处理，得到多糖样品。

综上所述，使用超纯水→0.2mol/L NaCl→0.4mol/L NaCl→0.6mol/L NaCl 的梯度洗脱对于燕麦醪糟多糖的洗脱效果最好，因此确定其为最佳洗脱条件。

（三）上样浓度的选择

由图 5-3（1）可知，以超纯水→0.2mol/L NaCl→0.4mol/L NaCl→0.6mol/L NaCl 为洗脱浓度，上样浓度为 10mg/mL 对燕麦醪糟多糖进行洗脱，结果表明，洗脱曲线峰形对称，分离效果较好。由图 5-3（2）、（3）可知，上样浓度为 20mg/mL 与为 30mg/mL 对燕麦醪糟多糖进行洗脱，洗脱曲线中出现的峰形对称性不好，有较小的波动，说明洗脱不完全。

综上所述，在考虑样品节约且洗脱效果好的基础上，洗脱峰呈单一、对称正态分布，选择上样浓度为 10mg/mL 为最佳上样浓度。

为了确保多糖组分被充分洗脱出来，将 NaCl 洗脱浓度也就是离子强度不断提高，从 0.8mol/L 不断增加至 2.0mol/L，以 0.2mol/L 为梯度，最终在 2.0mol/L NaCl 洗脱浓度下得到第三个组分，其含量极少。由于盐浓度较高，经过透析后含量将更少。

通过图 5-4 观察，可以得到 3 种糖类，分别命名为 LCPS-1、LCPS-2、LCPS-3。其中，水洗脱的组分最多，自动收集器分步收集，得到的样品经旋蒸、透析、冻干处理，最后发现水洗脱的组分有结晶，怀疑是单糖或者寡糖干扰，故保留进行凝胶渗透色谱（GPC）测定。其他两组分（LCPS-2、LCPS-3）也进行透析，透析的样品进行浓缩、干燥。

二、高效液相凝胶渗透色谱法分析相对分子质量

高效凝胶渗透色谱法是根据凝胶色谱柱中不同分子质量的多糖与其保留时间呈关联的特性，先以已知分子质量多糖绘制标准曲线，再以样品的保留时间（RT）从曲线中求得相应的分子质量，根据不同分子质量多糖的保留时间与分子质量之间存在的线性关系分析

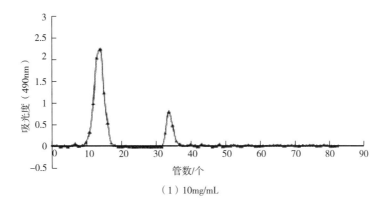

（1）10mg/mL

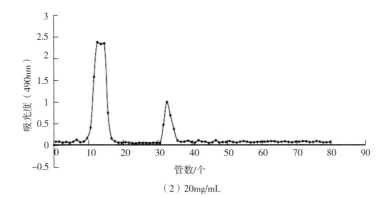

（2）20mg/mL

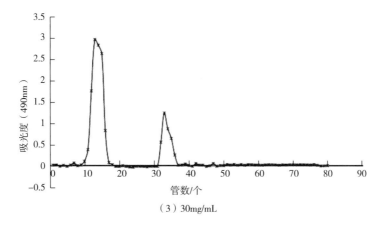

（3）30mg/mL

图 5-3　上样浓度对洗脱效果的影响

多糖分子质量。根据标准曲线方程 $y = -0.1741x + 11.505$（其中 $R^2 = 0.9913$，x 为保留时间，y 为分子质量的对数），可以通过样品的保留时间（RT）来计算其分子质量。这里的方程是通过对数转换后的线性关系，因此，实际计算时方程为 $\log(y) = -0.1741x + 11.505$。分子质量如表 5-1 所示。

经过高效凝胶渗透色谱法将 LCPS-1、LCPS-2、LCPS-3 进行分子质量的检测，在 LCPS-1 得到两个成分，分子质量为 562.05ku 和 0.89ku；LCPS-2 中含有一个成分，分子质量为 49.99ku；在 LCPS-3 组分测得的两个成分分子质量都比较小，分别为 2.95ku 与 1.85ku。

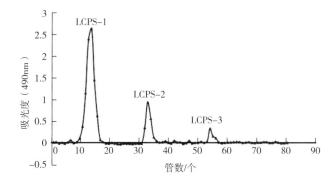

图 5-4 DEAE-Sepharose Fast Flow 凝胶分离多糖

表 5-1 燕麦醪糟多糖相对分子质量的测定结果

组分	RT/min	y	m/ku
LCPS-1	33.1	5.75	562.05
LCPS-1	49.1	2.95	0.89
LCPS-2	39.1	4.70	49.99
LCPS-3	46.2	3.48	2.95
LCPS-3	47.3	3.27	1.85

三、燕麦醪糟多糖的 Superdex G-100 凝胶分离纯化

根据 LCPS-1 与 LCPS-2 的抗氧化实验预实验结果得知，LCPS-2 抗氧化性高于 LCPS-1，因此选择 LCPS-2 进行后续研究。

经过半自动凝胶纯化系统，对经过 DEAE-sepharose Fast Flow 凝胶纯化得到的 LCPS-2 进行 Superdex G-100 凝胶纯化，得到一个左右对称的峰（图 5-5），表明样品纯度较高。对于 31、32 管进行大量收集后，将其浓缩、透析，冷冻干燥后用于下一步检测。

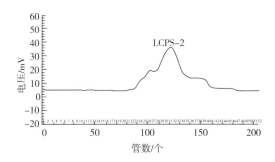

图 5-5 燕麦醪糟多糖的 Superdex G-100 凝胶分离纯化结果

图 5-6 显示的 GPC 结果证实了经过两步纯化后的 LCPS-2 多糖具有高纯度和均一性，其分子质量确定为 49.99ku。这样的多糖适合用于进一步的结构分析和生物活性研究。

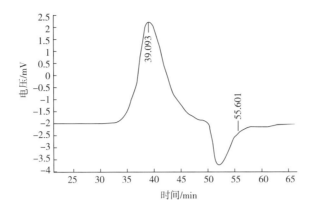

图 5-6　纯化后 LCPS-2 的高效凝胶过滤色谱图

四、 LCPS-2 的红外光谱分析

红外光谱分析是分析多糖结构的一种重要手段。红外光谱可根据多糖结构的特性吸收峰，分析多糖特征官能团、判断糖苷键的构型及糖环的类型等。LCPS-2 经过红外光谱扫描后得到结果如图 5-7 所示，在 $3415cm^{-1}$、$2930cm^{-1}$、$1711cm^{-1}$、$1611cm^{-1}$、$1421cm^{-1}$、$1099cm^{-1}$、$886cm^{-1}$、$830cm^{-1}$、$760cm^{-1}$、$690cm^{-1}$ 等处均有峰出现。其中，$3415cm^{-1}$ 处是—OH 的伸缩振动吸收峰（Liu et al.，2018），$2930cm^{-1}$ 处是 C—H 伸缩振动吸收峰，LCPS-2 的特征峰在 $3400\sim2800cm^{-1}$（Capek et al.，2013）。$1600\sim1680cm^{-1}$ 为—OH 弯曲的振动峰，在 $1711cm^{-1}$ 处的峰表明存在 C＝O，$1200\sim1400cm^{-1}$ 有特征峰，可能为 O—H 的伸缩振动引起的；在 $1421cm^{-1}$ 处存在一个吸收峰，因此判断此处有 O—H 的伸缩振动。$1200\sim1000cm^{-1}$ 区域内的峰是由两种 C—O 伸缩振动引起的。吡喃糖苷在 $1120\sim1010cm^{-1}$ 有 1 个吸收峰，出现在 $1009cm^{-1}$ 处。$896cm^{-1}$ 左右的吸收峰用于判别 β-糖苷键的存在，而 $885.21cm^{-1}$ 处的确有一个 β-糖苷键的特征峰（Li et al.，2017），$830cm^{-1}$ 处的峰说明存在 α-糖苷键。

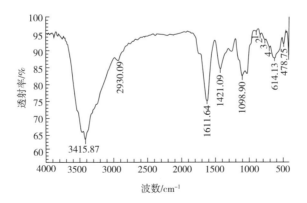

1—$885.21cm^{-1}$；2—$829.28cm^{-1}$；3—$759.85cm^{-1}$；4—$690.43cm^{-1}$。

图 5-7　LCPS-2 的红外光谱分析

五、单糖组成分析

标准单糖经过糖腈乙酸酯衍生后，在检测条件下测得的各标准样品气相色谱如图5-8所示，保留时间（RT）从19.265min至33.211min的峰依次为：L-鼠李糖（Rha）、L-岩藻糖（Fuc）、L-阿拉伯糖（Ara）、D-木糖（Xyl）、D-甘露糖（Man）、D-葡萄糖（Glu）、D-半乳糖（Gal）。

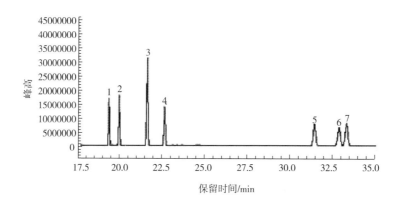

1—鼠李糖；2—岩藻糖；3—阿拉伯糖；4—木糖；5—甘露糖；6—葡萄糖；7—半乳糖。

图5-8　标准单糖的气相色谱图

燕麦醪糟多糖纯化产品LCPS-2单糖组成的气相色谱图如图5-9所示，表5-2中列出了7种单糖的保留时间，各个单糖的物质的量比如表5-3中所示。

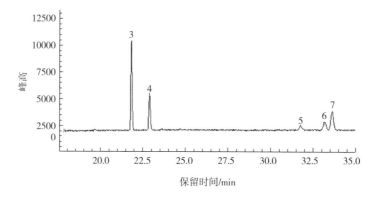

3—阿拉伯糖；4—木糖；5—甘露糖；6—葡萄糖；7—半乳糖。

图5-9　燕麦醪糟多糖纯化组分LCPS-2单糖组分的气相色谱图

表5-2　　　　　　　　　　　混合标准单糖的保留时间

单糖组成	保留时间/min	峰面积	峰面积比	峰高	峰高比	A/H
鼠李糖	19.27	66292802	11.80	15102277	16.61	4.39
岩藻糖	19.86	73748591	13.13	16199415	17.81	4.55

续表

单糖组成	保留时间/min	峰面积	峰面积比	峰高	峰高比	A/H
阿拉伯糖	21.52	157235213	27.91	28071330	30.87	5.59
木糖	22.56	72264555	12.86	12500886	13.75	5.78
甘露糖	31.32	71733177	12.77	7094399	7.80	10.11
葡萄糖	32.77	45798146	8.15	4830707	5.31	9.48
半乳糖	33.21	75197287	13.38	7142878	7.85	10.53

表 5-3 　　　　　　　　　LCPS-2 的单糖组成及比例 　　　　　　单位：mol%

单糖组成分析					
Fraction	Ara	Xyl	Man	Glu	Gal
LCPS-2	35.66	25.31	3.63	9.96	26.60

从表 5-3 中看出：在纯化组分 LCPS-2 中有五种单糖组成，主要单糖为阿拉伯糖（Ara）、半乳糖（Gal）以及木糖（Xyl），说明 LCPS-2 的主链主要由阿拉伯糖、半乳糖以及木糖构成，分别占 35.66%、26.60% 和 25.31%，葡萄糖的摩尔比例为 9.96%，甘露糖的含量最少，约占 3.63% 的摩尔比例。

六、多糖甲基化分析

甲基化分析中，我们得到 9 个甲基化片段，气相色谱结果如图 5-10 所示，甲基化分析如表 5-4 所示。由于图中第二个、第三个峰面积极小，我们未对其做统计分析。→3,6)-Galp-(1→糖苷键含量在所有糖苷键中含量最高，单糖中甘露糖含量最少，且一次甲基化后几乎不含有甘露糖的糖苷键。因此，我们初步判断多糖 LCPS-2 的主链中含有→3,6)-Galp-(1→糖苷键，而→3)-Glcp-(1→糖苷键的含量较少，更可能存在于支链中。

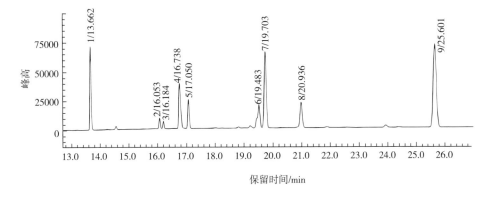

图 5-10　燕麦醪糟多糖纯化组分 LCPS-2 甲基化的气相色谱图

表5-4 燕麦醪糟多糖纯化组分 LCPS-2 甲基化结果

保留时间/min	甲基化糖[1]	质谱碎片	物质的量比[2]	连接方式
13.66	2,3,4-Me$_3$-Araf	43,71,87,101,117,129,145,161	0.22	Araf-(1→
16.73	2,3-Me$_2$-Araf	43,71,87,99,101,117,129,161,189	0.14	→5)-Araf-(1→
17.05	2,3-Me2-Xylp	43,71,87,101,117,129,145,161,189	0.10	→4)-Xylp-(1→
19.48	2,4,6-Me$_3$-Glcp	43,43,71,87,99,101,117,129,159,161	0.07	→3)-Glcp-(1→
19.70	2,4-Me2-Xylp	43,85,87,99,101,117,129,189	0.16	→3)-Xylp-(1→
20.93	2,3,6-Me$_3$-Glcp	43,71,87,99,101,117,129,161,173,189,233	0.03	→6)-Glcp-(1→
25.60	2,4-Me$_2$-Galp	43,71,87,99,101,117,129,139,159,189	0.28	→3,6)-Galp-(1→

注:1 表示 2,3,5-三甲氧基阿拉伯糖=2,3,5-3-O-甲基阿拉伯醇醋酸酯;

2 表示 O-甲基糖醇醋酸酯的峰面积占总面积的百分比,通过气相色谱-质谱(GC-MS)测定。

样品在甲基化分析之前通过羧基还原剂(卡巴肼法)进行处理。

七、 LCPS-2 的核磁分析

(一) LCPS-2 的 ^{1}H-NMR 与 ^{13}C-NMR 结果

通过图 5-11 (1) ^{1}H-NMR 谱观察到,LCPS-2 样品氢谱信号主要集中在 3~5.3ppm 之间。同时在 4.3~5.3ppm 区域内,可以观察到 5 个端基质子氢,主要异头氢 δ_H4.36~4.45ppm,δ_H4.88~4.89ppm,δ_H4.99ppm,δ_H5.15ppm,δ_H5.30ppm 五个异头氢,信号峰集中分布在 4.4~5.3ppm 区域内。信号峰的积分比为 3.37∶0.69∶1.20∶2.07∶1,其中 δ_H4.99ppm 与 δ_H5.15ppm 的信号与文献所报道一致。δ_H5.15ppm 的信号可能属于 α-构型糖,而 δ_H4.99ppm 的信号可能属于 β-构型糖。在核磁共振(NMR)谱图中,异头氢(anomeric hydrogens)是指糖分子中与碳原子 1(C1)相连的氢原子,它们位于糖环的端部。异头氢的位置和积分值可以提供有关糖分子的构型和相对数量的重要信息。图 5-11 (2) 所示的 ^{13}C-NMR 碳谱分析显示,信号主要集中在 δ_C60~120ppm 之间,其中 7 个主要的异头碳信号峰分别位于 δ_C96.8ppm、δ_C97.8ppm、δ_C100ppm、δ_C103.3ppm、δ_C103.5ppm、δ_C107.6ppm 和 δ_C109.3ppm 左右。

如图 5-12 所示,这些信号峰分布在 δ_C95~110ppm 范围内,反映了多糖分子中不同糖单元的 C1 碳原子环境。通过与文献报道的理论值进行对比,发现本实验结果与之相符,证明了实验结果的可靠性。此外,δ_C84.8ppm、δ_C84.1ppm、δ_C84.0ppm、δ_C82.5ppm、δ_C81.4ppm、δ_C81.3ppm、δ_C81.0ppm、δ_C80.9ppm、δ_C80.2ppm、δ_C77.4ppm、δ_C76.7ppm 等 11 个主要信号峰分布在 δ_C76~86ppm 区域,提示 C2、C3、C4 位的碳原子可能发生了取代反应,导致化学位移向低场迁移。C6 的信号吸收峰在 δ_C60~70ppm 区域内有显著信号峰,且在 δ_C61.07ppm、δ_C61.32ppm、δ_C65.7ppm、δ_C66.7ppm、δ_C69.3ppm 处也有吸收峰,表明 C6 位也可能发生了取代,且这些取代导致化学位移向低场迁移。δ_C99.28ppm 可以归属到→3)-α-D-Glcp-(1→片段的 C1,意味着在多糖链中存在一个特定连接方式的葡萄糖单元。综上所述,^{13}C-NMR 数据分析为多糖的结构鉴定提供了重要信息,有助于理解其功能和性质。

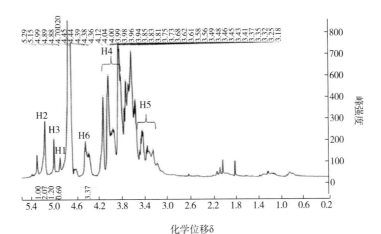

（1）LCPS-2 ^{1}H-NMR谱

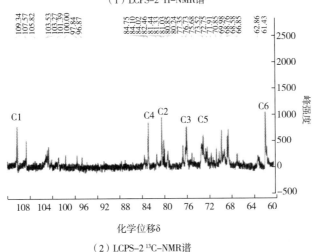

（2）LCPS-2 ^{13}C-NMR谱

图5-11 LCPS-2 ^{1}H-NMR谱和^{13}C-NMR谱图

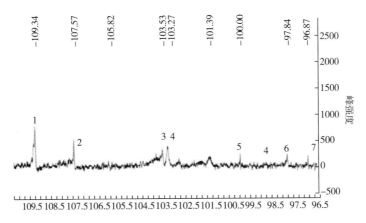

图5-12 LCPS中C1的^{13}C-NMR谱图

（二） LCPS-2 的二维核磁分析

在前期的实验中，我们已经完成了对 C1 和 C6 信号峰的归属。为了进一步确定异头碳及 C6 对应的氢原子的化学位移，我们观察了 HSQC 图谱。结合甲基化数据和 HSQC 图谱（图 5-13），我们发现阿拉伯糖的糖苷键中，α-L-Araf-（1→糖苷键的比例最大，如表 5-5 所示，其异头碳信号位于 δ110.74ppm。在 HSQC 图谱中，对应的异头氢信号为 δ5.17ppm。

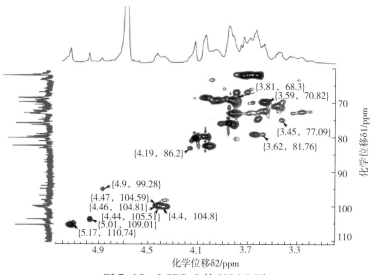

图 5-13　LCPS-2 的 HSQC 图

表 5-5　　　　　　　　　　　LCPS-2 甲基化片段信号归属

糖基残基	H1 / C1	H2 / C2	H3 / C3	H4 / C4	H5a / C5	H5b/H6a / C6	H6b
α-L-Araf-（1→	5.17 / 109.3	4.16 / 81.4	3.82 / 78.1	4.05 / 84.0	3.65 / 62.72	3.75 / ND	ND
→5）-α-L-Araf-（1→	5.01 / 107.6	4.03 / 85.4	3.83 / 78.72	4.07 / 83.6	3.81 / 68.3	3.78 / ND	ND
→4）-β-L-xylp-（1→	4.44 / 105.5	3.6 / 74.1	3.86 / 75.03	3.62 / 81.7	3.3 / 64.3	4.01 / ND	ND
→3,6）-β-D-Galp-（1→	4.47 / 104.5	3.59 / 71.3	4.19 / 86.2	3.83 / 78.6	ND / 75.03	3.59 / 83.82	3.97
→4）-β-D-Galp-（1→	4.4 / 104.8	3.5 / 72.5	3.6 / 74.8	3.82 / 71.1	3.71 / 75	3.85 / 70.57	3.97
→3）-β-L-xylp-（1→	4.46 / 104.8	3.3 / 74.5	3.45 / 77.09	3.62 / 81.7	3.3 / 64.11	4.01 / ND	ND

续表

糖基残基	H1 C1	H2 C2	H3 C3	H4 C4	H5a C5	H5b/H6a C6	H6b
→3)-α-D-Glcp-(1→	4.9 99.28	3.48 72.7	3.45 77.09	3.91 70.8	ND ND	3.65 62.72	3.75

注：ND 表示未检测到。

通过分析图 5-14 中的 1H-1H COSY 结果，我们可以观察到以下信号相关：H1-2 的信号为 δ5.17ppm/δ4.15ppm，H2-3 的信号为 δ4.15ppm/δ3.78ppm，H3-4 的信号为 δ3.78ppm/δ4.05ppm，H4-5a 的信号为 δ4.05ppm/δ3.65ppm，以及 H4-5b 的信号为 δ3.65ppm/δ3.75ppm。根据这些数据，我们可以推断出 H1、H2、H3、H4、H5a、H5b 的化学位移分别为 δ5.17ppm、δ4.15ppm、δ3.78ppm、δ4.05ppm、δ3.65ppm、δ3.75ppm。通过 HSQC 图谱，我们可以进一步推断出这些氢原子对应的碳信号分别为 δ109.3ppm、δ82.8ppm、δ78.1ppm、δ85.4ppm、δ62.72ppm。

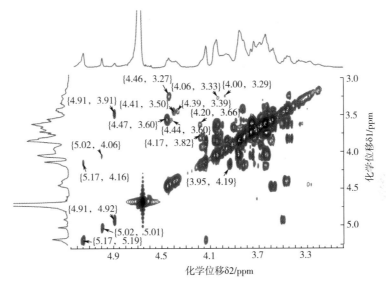

图 5-14　LCPS-2 的 1H-1H COSY 图

在核磁共振波谱学中，异核多键相关（HMBC）技术是一种关键的解析工具，用于揭示分子中不同碳和氢原子之间的远程连接。根据图 5-15 的 HMBC 图谱分析，我们可以观察两个显著的相关峰：一是→5)-α-L-Araf-(1→的异头氢 δ5.01ppm 与 α-L-Araf-(1→的 C5 δ62.7ppm 之间的相关峰，二是-α-L-Araf-(1→的异头氢 δ5.85ppm 与→3,6)-β-D-Galp-(1→的 C6 δ83.8ppm 之间的相关峰。这些相关峰的存在表明，多糖链中含有→5)-α-L-Araf-(1→α-L-Araf-(1→的结构片段，以及-α-L-Araf-(1→3,6)-β-D-Galp-(1→的连接方式。这些信息对于确定多糖的一级结构至关重要，它们不仅揭示了糖苷键的连接顺序和构型，而且为理解多糖的生物活性、功能和作用机制提供了重要的结构基础。

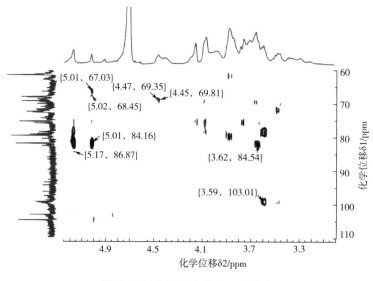

图 5-15　LCPS-2 的 HMBC 图

综上所述，LCPS-2 中含有→5）-α-L-Araf-（1→α-L-Araf-（1→3,6）-β-D-Galp-（1→的多糖片段。其结构式如图 5-16 所示。由于 HMBC 图中的其他位点无法根据甲基化实验结果所得的糖片段的 C、H 信号进行准确归属，因此，其他单糖片段糖苷键的连接方式在目前的实验数据范围内无法准确定位。

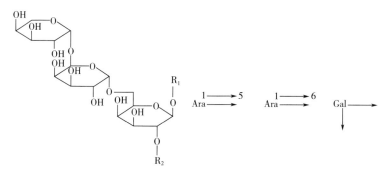

图 5-16　多糖片段结构式

第二节　燕麦醪糟多糖的体外抗氧化与抗肿瘤活性

多糖具有很多生理功能，如抗氧化、降血糖、降血脂、调节免疫活性、抗肿瘤等生物活性。然而，是否每一种多糖都有这样的生物活性，或者多糖结构与生物活性之间有什么内在的关联，是值得深入研究的问题。研究表明，多糖具有清除自由基和抗氧化活性的作用，因此，深入研究多糖的生物活性具有重要意义。本节将对从燕麦醪糟中分离得到的两个多糖组分 LCPS-1 与 LCPS-2 以及纯化前的粗多糖进行体外抗氧化活性以及抗肿瘤活性检测，为燕麦醪糟多糖的生物活性的研究提供理论依据。

一、燕麦醪糟多糖清除 DPPH·能力

DPPH·是一种稳定的有机自由基，其溶液在波长 517nm 处具有特征的紫红色团吸收峰。当存在自由基清除活性的物质时，其电子配对导致吸收逐渐消失，其褪色程度与其所接受的电子数成定量的关系，因而可用分光光度法进行定量分析。DPPH·清除活性经常被用于评估天然有机化合物抗氧化性的强弱。从图 5-17 可以看出，LCPS-2 有很强的清除 DPPH·的能力。当多糖浓度在 600μg/mL 时，清除率可达到 90%。清除率随着多糖溶液浓度的提高而不断增大。并且，LCPS-2 的 DPPH·清除率远远高于 LCPS-1 以及粗多糖。其中粗多糖的清除率最低。

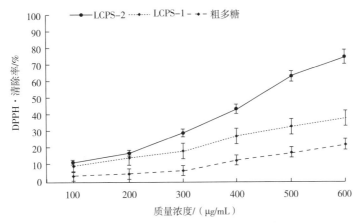

图 5-17　燕麦醪糟多糖对 DPPH·的清除能力

二、燕麦醪糟多糖总抗氧化力

燕麦醪糟多糖的总抗氧化能力测得结果如图 5-18 所示。在实验浓度范围内，两个多糖组分 LCPS-1、LCPS-2 及粗多糖总抗氧化力与样品浓度均呈量效关系，LCPS-2 呈现良好的抗氧化性。在 100~300μg/mL 浓度范围内，抗氧化性由强到弱的顺序分别是：LCPS-2>LCPS-1>粗多糖。在 300~400μg/mL LCPS-1 与粗多糖总抗氧化能力基本相近。LCPS-2 质量浓度在 600μg/mL 时总抗氧化力达到最大，为 20.6U/mL。LCPS-2 质量浓度在 100μg/mL 时，总抗氧化力仅为 6.21U/mL。

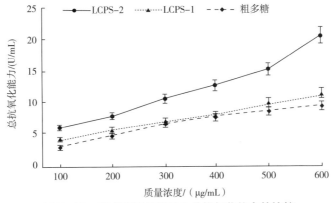

图 5-18　燕麦醪糟多糖组分总抗氧化能力的比较

三、燕麦醪糟多糖羟自由基清除能力

羟自由基是已知的氧化能力最强的氧化剂，几乎会和所有的细胞发生反应，对机体危害性很大。它可以通过很多方式与生物体内的各种分子进行相互作用，使糖类、氨基酸以及脂类物质受到损伤。

多糖组分的羟自由基清除能力顺序与 DPPH·清除能力以及总抗氧化力的趋势基本相同，见图 5-19。在实验浓度范围内，LCPS-2 的羟自由基清除率高于 LCPS-1 和粗多糖，羟自由基在 600μg/mL 清除率最高，达 31%。而 LCPS-2 以及粗多糖的羟自由基清除能力较低，仅在 1.2%~10.7%。

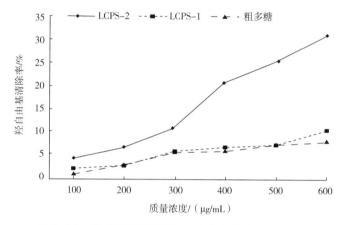

图 5-19　燕麦醪糟多糖组分对羟自由基清除率的比较

四、燕麦醪糟多糖组分体外抗肿瘤活性

MTT 法是目前比较常用的一种评价细胞毒性的方法。在一定的细胞范围内，MTT 结晶形成量与细胞数成正比。探讨燕麦醪糟多糖中组分 2（LCPS-2）对结肠癌细胞（Lovo 细胞）生长的体外抑制作用，在 LCPS-2 浓度为 100~600μg/mL 观察了 24h、48h 以及 72h 时 Lovo 细胞的增殖率，见图 5-20。

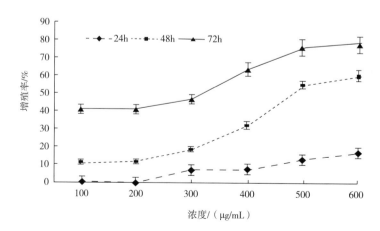

图 5-20　LCPS-2 对 Lovo 细胞增殖的影响

实验结果表明，在实验浓度下燕麦醪糟多糖组分 LCPS-2 对体外培养的 Lovo 细胞没有抑制作用，相反，在 24h、48h、72h 内对于 Lovo 细胞有促进增殖的效果。并且对于 Lovo 细胞的增殖率与样品浓度之间有一定的量效关系，随着时间延长增殖率也在增加。100~200μg/mL 的浓度范围内，增殖率基本不变，300~500μg/mL 的 Lovo 细胞增殖速度明显加快，质量浓度为 500~600μg/mL 时增殖率缓慢升高。在 LCPS-2 多糖组分浓度 600μg/mL 的溶液与 Lovo 细胞共同培养 72h 后其增殖率可达到 78.9%。研究表明，人参多糖对人结肠癌细胞（HCT-116）、人肝癌细胞（HepG-2）和人乳腺癌细胞（MCF-7）三种癌细胞都有最佳的细胞毒活性，但是对于细胞的毒性低于阳性对照（刘姚等，2013）。

第三节　燕麦醪糟多糖对小鼠免疫细胞增殖的影响及体外激活作用

巨噬细胞是一种重要的免疫细胞，具有免疫调节、抗感染、抗肿瘤等生理功能。巨噬细胞存在于机体的几乎所有组织中，巨噬细胞可以对病原体进行吞噬、杀伤及降解。对病原体胞吞降解后，相关的抗原成分及分子可以递呈至 T 淋巴细胞并激活宿主的获得性免疫（段文明，2014）。此外，巨噬细胞能够递呈抗原、分泌生物活性物质，如分泌细胞因子来调控局部微环境，抵御外界不良因素的侵害。在体液免疫调节中，通过促进巨噬细胞趋化、黏附、浸润和吞噬的过程，而促进了 T 细胞和 B 细胞之间的作用，刺激 B 细胞的增殖，调节体液免疫应答（章海燕等，2009）。

多糖是醪糟的主要活性成分，具有多种生物功能，包括抗肿瘤、增强免疫力、降血糖、抗衰老、抗炎、抗凝血、降血脂等生理功能（Sun et al.，2012）。本实验室从燕麦醪糟中分离纯化得到一种多糖，命名为 LCPS-2，经高效渗透凝胶色谱检测纯度>99.8%，同时测得其平均分子质量为 49.99ku，经气相色谱法测得多糖主要由甘露糖、半乳糖、阿拉伯糖、木糖和葡萄糖组成。本节主要讨论醪糟多糖 LCPS-2 对体外培养的小鼠脾淋巴细胞、自然杀伤细胞（natural killer cell，NK 细胞）和腹腔巨噬细胞增殖与功能的影响。以不同浓度 LCPS-2 作用于体外培养的上述细胞 48h，采用中性红吞噬实验及一氧化氮（NO）释放实验检测巨噬细胞功能，MTT 法检测脾淋巴细胞增殖及 NK 细胞杀伤活性，流式细胞术检测脾淋巴细胞，分别检测 T 细胞表面的分化抗原簇 3（CD3[+]）群分化抗原、T 细胞表面的分化抗原簇 4（CD4[+]）、T 细胞表面的分化抗原簇 8（CD8[+]）亚群。采用酶联免疫法（ELISA 法）检测小鼠脾淋巴细胞培养上清液中白介素 2（interleukin 2，IL-2）和干扰素-γ（interferon-gamma，缩写为 IFN-γ）水平。

一、 LCPS-2 对 NO 含量以及小鼠腹腔巨噬细胞吞噬活性的影响

如图 5-21 结果显示，LCPS-2 在 50~200μg/mL 范围内，NO 含量随 LCPS-2 质量浓度的升高而升高，呈良好的剂量效应关系；当 LCPS-2 质量浓度升高至 400μg/mL 时，腹腔巨噬细胞的吞噬活性反而下降。LCPS-2 质量浓度为 50、100、200、400μg/mL 的 4 个质量浓度组 NO 释放水平均显著高于空白对照组（$P<0.01$）。

图 5-22 结果显示，LCPS-2 在 50~200μg/mL 范围内，腹腔巨噬细胞的吞噬活性随

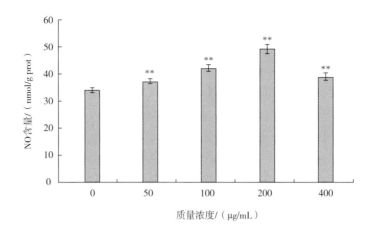

图 5-21　LCPS-2 对体外培养小鼠腹腔巨噬细胞 NO 含量的影响　($n=5$, $x\pm s$)

注：与空白对照组相比较，$*$ 表示 $P<0.05$，$**$ 表示 $P<0.01$。

LCPS-2 质量浓度的升高而升高，呈良好的剂量效应关系，当 LCPS-2 质量浓度至 400μg/mL 时，腹腔巨噬细胞的吞噬活性反而下降。LCPS-2 质量浓度为 50、100、200、400μg/mL 4 个的浓度组小鼠腹腔巨噬细胞中性红吞噬活性均显著高于空白对照组（$P<0.01$）。

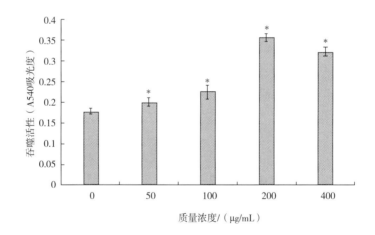

图 5-22　LCPS-2 对体外培养小鼠腹腔巨噬细胞吞噬活性的影响　($n=5$, $x\pm s$)

注：与空白对照组相比较，$*$ 表示 $P<0.05$，$**$ 表示 $P<0.01$。

二、　LCPS-2 对小鼠脾淋巴细胞体外增殖活性的影响

MTT 检测结果显示，LCPS-2 各浓度组与空白对照组比较，小鼠脾淋巴细胞刺激指数在样品质量浓度 50~200μg/mL 时，均高于空白对照组（$P<0.05$）。LCPS-2 质量浓度在 50μg/mL~200μg/mL，淋巴细胞增殖率随 LCPS-2 质量浓度的升高而增大，在 200μg/mL 的刺激指数最高，为 1.25。当 LCPS-2 多糖质量浓度至 400μg/mL 时，淋巴细胞增殖率反而显著下降（$P<0.05$）（图 5-23）。

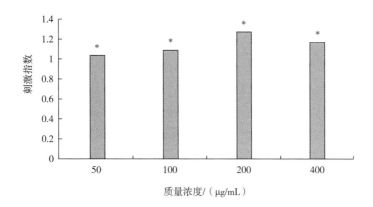

图5-23　LCPS-2对体外培养小鼠脾淋巴细胞增殖水平的影响（$n=5$，$x±s$）

注：与空白对照组相比较，＊表示$P<0.05$，＊＊表示$P<0.01$。

三、　LCPS-2对小鼠NK细胞杀伤活性的影响

MTT检测结果显示，LCPS-2各质量浓度组小鼠NK细胞杀伤活性均高于空白对照组（$P<0.05$），其中LCPS-2中质量浓度为200μg/mL组小鼠NK细胞杀伤活性显著高于其他组，达到0.36。随着样品质量浓度的增高，NK细胞杀伤活性出现先升高后降低的趋势（图5-24）。

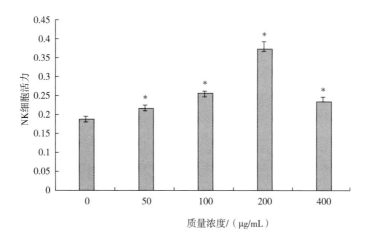

图5-24　LCPS-2对小鼠NK细胞杀伤活性的影响　（$n=5$，$x±s$）

注：与空白对照组相比较，＊表示$P<0.05$，＊＊表示$P<0.01$。

四、　LCPS-2对小鼠脾淋巴细胞分泌IFN-γ和IL-2的影响

ELISA检测结果显示，LCPS-2多糖对腹腔巨噬细胞IFN-γ水平分泌的影响见图5-25。LCPS-2多糖样品使小鼠脾淋巴细胞培养上清INF-γ水平先升高后降低。浓度为200μg/mL时，INF-γ水平明显高于其他组（$P<0.05$），LCPS-2浓度在50μg/mL时，对于IFN-γ的影响相对于空白组升高并不显著，而100μg/mL、200μg/mL、400μg/mL时LCPS-2显著高于空

白组（$P<0.05$）。

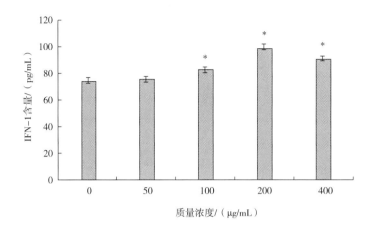

图5-25　LCPS-2对小鼠脾淋巴细胞分泌 IFN-γ 的影响（$n=5$, $x\pm s$）

注：与空白对照组相比较，∗表示 $P<0.05$，∗∗表示 $P<0.01$。

如图 5-26 所示，LCPS-2 对小鼠脾淋巴细胞培养上清 IL-2 水平的影响实验组均显著高于空白组（$P<0.05$），样品质量浓度 200μg/mL 组小鼠脾淋巴细胞培养上清 IL-2 水平，明显高于其他浓度组（$P<0.05$）。

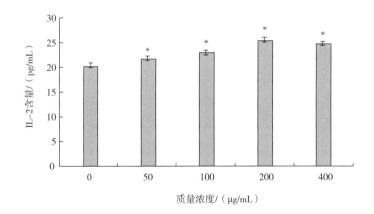

图5-26　LCPS-2对小鼠脾淋巴细胞分泌 IL-2 的影响（$n=5$, $x\pm s$）

注：与空白对照组相比较，∗表示 $P<0.05$，∗∗表示 $P<0.01$。

在 50～400μg/mL 范围内，小鼠脾淋巴细胞 IL-2、INF-γ 分泌量都随 LCPS-2 浓度的升高而先升高后降低，LCPS-2 质量浓度在 200μg/mL 时，小鼠脾淋巴细胞 IL-2 以及 INF-γ 分泌量达到最大。干扰素 γ（IFN-γ）属于 Th1 型细胞因子，主要来自 T 细胞及 NK 细胞分泌，主要作用是增强细胞毒性作用，介导和参与多种不同的免疫应答。大多研究认为活性多糖的免疫调节作用主要是活化了巨噬细胞，促进了巨噬细胞中某些免疫刺激因子（1L-1、IL-6、IL-12、TNF-a）的释放，抑制了免疫抑制因子（IL-10）的产生。

五、 LCPS-2 对小鼠脾淋巴细胞亚群的影响

流式细胞仪检测结果显示，随着 LCPS-2 质量浓度的升高对 CD3$^+$ 亚群的含量影响也是呈先增大后降低的趋势（图 5-27）。LCPS-2 中浓度组（200μg/mL）中 CD3$^+$ 亚群的含量最高并且显著高于空白组（$P<0.05$）。但是 50μg/mL 的实验组 CD 亚群的含量低于空白组，CD8$^+$ 含量变化趋势与 CD3$^+$ 相同。但不同的是质量浓度在 100μg/mL 后升高不显著。对于 CD4$^+$ 淋巴细胞亚群的影响不同于其他组，CD4$^+$ 亚群的分布也与样品浓度呈现一定的量效关系，但是与空白组相比含量均不显著，并且在 LCPS-2 质量浓度为 50μg/mL 时 CD4$^+$ 亚群含量还有所降低。CD4$^+$/CD8$^+$ 比例的变化是随着浓度升高不断增高，在 400μg/mL 时达到最大。

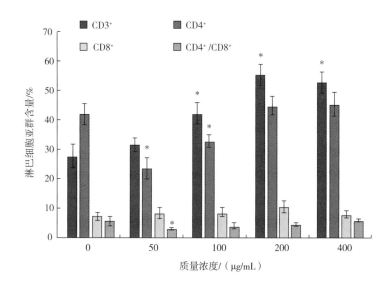

图 5-27　LCPS-2 对体外培养小鼠脾淋巴细胞亚群的影响（$n=5$, $x\pm s$）

注：与空白对照组相比较，＊表示 $P<0.05$，＊＊表示 $P<0.01$。

🗇 本章结论

（1）燕麦醪糟多糖 LCPS-2 的分子质量为 49.99ku，与燕麦 β-葡聚糖的分子质量相差很大。燕麦 β-葡聚糖的分子质量随品种、产地、提取法和测定方法不同而不同，通常在 4.4×10^4 到 3.0×10^6。燕麦醪糟多糖的组成为五种不同的单糖，因此为杂多糖，而燕麦 β-葡聚糖是由 D-葡萄糖以 β-(1→4) 和 β-(1→3) 糖苷键连接而成的线性多糖。因此，可推断燕麦醪糟多糖由燕麦 β-葡聚糖经过发酵后降解的可能性较小。由于燕麦醪糟主要原料为黄米，然而关于黄米多糖的报道很少，因此发酵前后多糖的结构发生的变化需进一步研究。

（2）对于粗多糖、LCPS-1、LCPS-2 的抗氧化性的研究主要是在体外进行的，因此多糖碳链上的氧原子与自由基结合而产生抗氧化性的可能性较大。由于粗多糖纯度较 LCPS-1 和 LCPS-2 相对低，因此碳链上氧原子含量少，抗氧化性也是三者中最低的。本章所述

研究中 LCPS-2 对于结肠癌细胞无毒副作用，对其没有抑制生长的活性。相反，在实验浓度下的 24h、48h、72h 内对于 Lovo 细胞有促进增殖的效果。此外，是否会通过提高宿主免疫功能在机体中起到抗肿瘤作用，这些问题有待更深入的研究。

（3）多糖的免疫调节活性与其分子质量有一定的关系，分子质量过大的多糖免疫调节活性较弱，Liqin Sun 对比了大分子质量（100.2ku）紫球藻多糖 ESP6 与小分子量（6.53ku）ESP1 的免疫活性，发现 ESP1 可以有效增强腹腔巨噬细胞的增殖，增强腹腔巨噬细胞吞噬中性红的能力而释放 NO。本章所述研究中的多糖片段 LCPS-2 分子质量 49.99ku 介于 ESP1 与 ESP6 之间，也可以促进腹腔巨噬细胞的增殖。

参考文献

［1］CAPEK P, MATULOV Á M, NAVARINI L, et al. Molecular heterogeneity of arabinogalactan-protein from Coffea arabica instant coffee［J］. International Journal of Biological Macromolecules, 2013, 59: 402-407.

［2］LI Q, FENG Y, HE W, et al. Post-screening characterisation and, *in vivo*, evaluation of an anti-inflammatory polysaccharide fraction from, *Eucommia ulmoides*［J］. Carbohydrate Polymers, 2017, 169: 304-314.

［3］LIU Y, ZHOU Y, LIU M, et al. Extraction optimization, characterization, antioxidant and immunomodulatory activities of a novel polysaccharide from the wild mushroom *Paxillus involutus*［J］. International Journal of Biological Macromolecules, 2018, 112: 326-332.

［4］Rong A, ZHANG M L, LU Y, et al. The structural studies of a polysaccharide purified from Oat Lao-Chao［J］. International Journal of Food Science & Technology, 2020, 12: 3563-3573.

［5］SHEN C, MAO J, CHEN Y, et al. Extraction optimization of polysaccharides from Chinese rice wine from the Shaoxing region and evaluation of its immunity activities［J］. Journal of the Science of Food and Agriculture, 2015, 95 (10): 1991-1996.

［6］SUN L, LING W, YAN Z. Immunomodulation and antitumor activities of different-molecular-weight polysaccharides from *Porphyridium cruentum*［J］. Carbohydrate Polymers, 2012, 87 (2): 1206-1210.

［7］段文明. 玉郎伞多糖抗衰老作用及机制研究［D］. 南宁: 广西医科大学, 2014.

［8］傅金泉. 传统的发酵食品——甜酒酿［J］. 酿酒, 1987 (5): 13-14.

［9］何勇, 易晓成, 赵彬, 等. 纯黑米醪糟发酵工艺优化［J］. 食品与机械, 2018, 34 (7): 204-210.

［10］江霞, 徐铭, 殷彦君, 等. 多糖的生物活性及其在动物生产中的应用［J］. 中国畜牧兽医, 2009, 36 (1): 31-34.

［11］梁乙川. 中药材多糖的提取、分离纯化研究进展［J］. 辽宁中医杂志, 45 (8): 1774-1777.

［12］刘汇芳, 张美莉. 牧区醪糟二次发酵燕麦和糯米复配醪糟工艺的研究［J］. 食品工业, 2015, 36 (11): 135-138.

［13］刘姚, 欧阳克蕙, 葛霞, 等. 植物多糖生物活性研究进展［J］. 江苏农业科学, 2013, 41 (1): 1-4.

［14］吴素萍. 薏米醪糟酒的工艺条件研究［J］. 粮食与饲料工业, 2010 (2): 26-28; 37.

［15］谢广发, 戴军, 赵光鳌, 等. 科学认识黄酒的保健养生功能［J］. 中国酿造, 2004 (1): 30-31.

［16］章海燕, 张晖, 王立, 等. 燕麦研究进展［J］. 粮食与油脂, 2009 (8): 7-9; 142.

［17］赵丹, 聂波, 宋昆, 等. 离子色谱法测定不同产地葛根多糖中的单糖组成［J］. 分析试验室, 2017 (7): 745-749.

［18］赵慧君, 潘亚丽. 响应面法优化茉莉花醪糟的发酵工艺［J］. 食品工业, 2017 (3): 78-81.

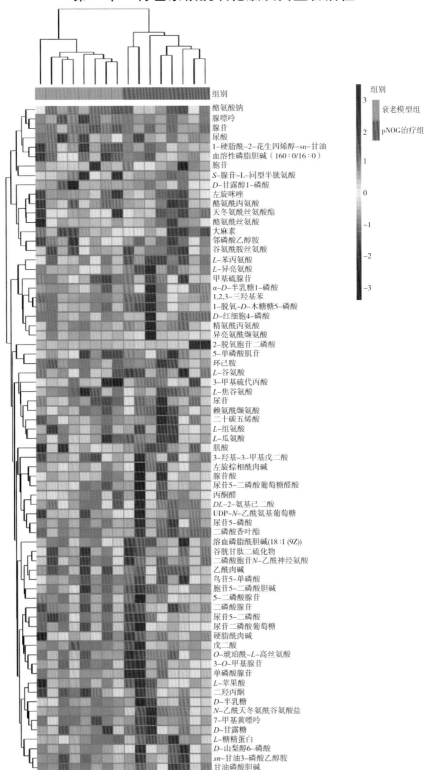

图1-35 裸燕麦球蛋白多肽治疗组对比衰老模型组小鼠脑样本显著性差异代谢物层次聚类结果

第二章　预处理技术在燕麦麸皮健康效应中的应用

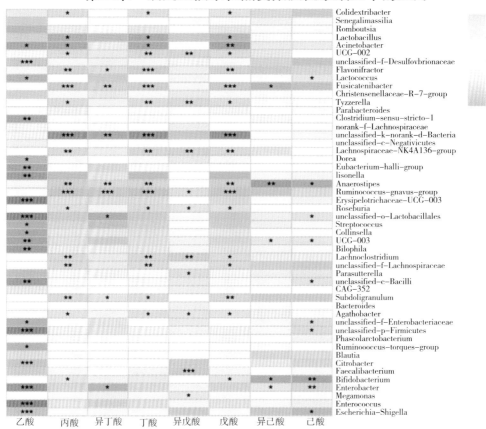

图 2-11　肠道关键菌群和短链脂肪酸的相关性热图

第三章　超微粉碎技术在燕麦麸皮健康效应中的应用

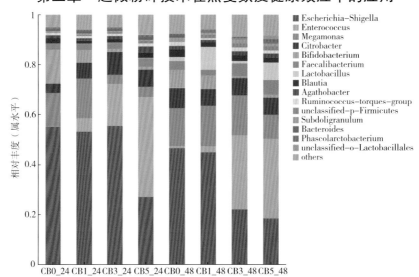

Escherichia-Shigella—埃希-志贺菌属；*Enterococcus*—肠球菌属；*Megamonas*—巨噬单胞菌属；
Citrobacter—柠檬酸杆菌属；*Bifidobacterium*—双歧杆菌属；*Faecalibacterium*—普拉梭菌属；*Lactobacillus*—乳酸杆菌属；
Blautia—布劳特氏菌属；*Agathobacter*—无中文名称，属真杆菌科；*Ruminococcus-torques-group*—瘤胃球菌属；
unclassified-p-*Firmicutes*—未分类厚壁菌属；*Subdoligranulum*—罕见小球菌属；*Bacteroides*—拟杆菌属；
Phascolarctobacterium—考拉杆菌属；unclassified-o-*Lactobacillales*—未分类乳酸杆菌属；*others*—其他菌属。
图 3-16　燕麦麸皮体外发酵对正常人群肠道微生物群落组成的影响（属水平）

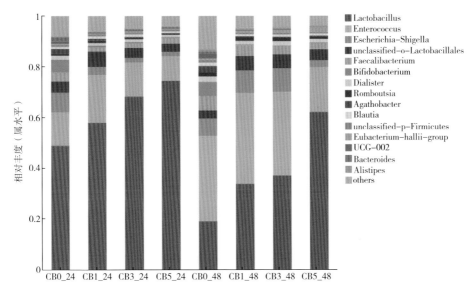

Lactobacillus—乳酸杆菌属；*Enterococcus*—肠球菌属；*Escherichia-Shigella*—埃希-志贺菌属；
unclassified-o-*Lactobacillales*—未分类乳酸杆菌属；*Faecalibacterium*—普拉梭菌属；*Bifidobacterium*—双歧杆菌属；
Dialister—小杆菌属；*Romboutsia*—罗姆布茨菌；*Agathobacter*—无中文名称，属真杆菌科；*Blautia*—布劳特氏菌属；
unclassifed-p-*Firmicutes*—未分类厚壁菌属；*Eubacterium-hallii-group*—真杆菌；UCG-002—无中文名称，
属瘤胃球菌科；*Bacteroides*—拟杆菌属；*Aistipes*—另枝菌属；*others*—其他菌属。

图 3-18　燕麦麸皮体外发酵对肥胖人群肠道微生物群落组成的影响（属水平）

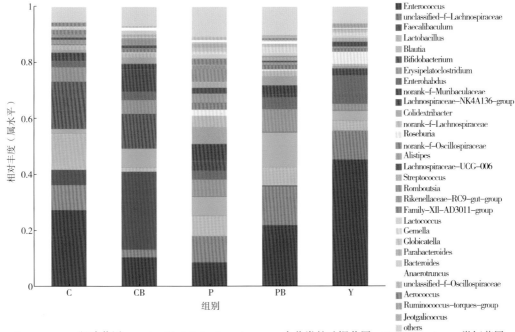

Enterococcus—肠球菌属；unclassified-f-*Lachnospiraceae*—未分类的毛螺菌属；*Faecalibaculum*—粪杆菌属；
Lactobacillus—乳酸杆菌属；*Blautia*—布劳特氏菌；*Bifidobacterium*—双歧杆菌属；*Erysipelatoclostridium*—丹毒杆菌属；
Enterorhabdus—肠杆菌属；norank-f-*Muribaculaceae*—无中文名称，属 Muribaculaceae 科；*Lachnospiraceae-NK4A136 -*
group—无中文名称，属毛螺菌属；*Colidextribacter*—大肠埃希菌属；norank-f-Lachnospiraceae—未命名的毛螺菌科；
Roseburia—罗氏菌属；norank-f-*Oscillospiraceae*—未命名的颤螺菌科；*Alistipes*—另枝菌属；*Lachnospiraceae-UCG-006*—
无中文名称，属毛螺菌科；*Streptococcus*—链球菌属；*Romboutsia*—罗姆布茨菌属；*Rikenellaceae-RC9-gut-group*—
理研菌科 RC9 肠道群；Family-Xll-AD3011-group—无中文名称；*Lactococcus*—乳球菌属；*Gemella*—孪生球菌属；
Globicatella—格鲁比卡氏菌属；*Parabacteroides*—副拟杆菌属；*Bacteroides*—拟杆菌属；*Anaerotruncus*—厌氧菌属；
unclassified-f-*Oscillospiraceae*—未分类的颤螺菌科；*Aerococcus*—气球菌属；*Ruminococcus-torques*-group—瘤胃球菌组；
Jeotgalicoccus—嗜冷咸海鲜球菌；*others*—其他菌属。

图 3-27　燕麦麸皮对小鼠肠道微生物群落组成的影响（属水平）

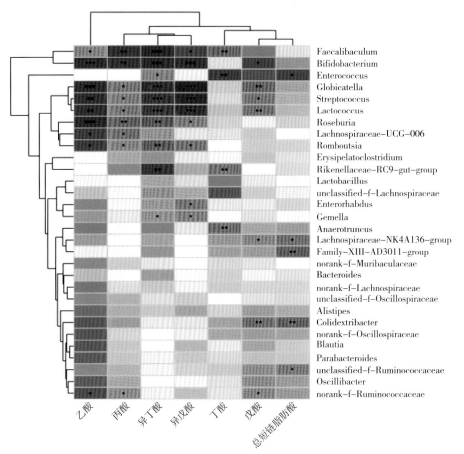

Faecalibaculum—粪杆菌属；*Bifidobacterium*—双歧杆菌属；*Enterococcus*—肠球菌属；*Globicatella*—格鲁比卡氏菌属；
Streptococcus—链球菌属；*Lactococcus*—乳球菌属；*Roseburia*—罗氏菌属；Lachnospiraceae-UCG-006—无中文名称，
属毛螺菌科；*Romboutsia*—罗姆布茨菌属；*Erysipelatoclostridium*—丹毒杆菌属；Rikenellaceae-RC9-gut-group—
理研菌科 RC9 肠道群；*Lactobacillus*—乳酸杆菌属；unclassified-f-Lachnospiraceae—未分类，属毛螺菌属；
Enterorhabdus—肠杆菌属；*Gemella*—孪生球菌属；*Anaerotruncus*—厌氧棍状菌属；Lachnospiraceae-NK4A136-group—
无中文名称，属毛螺菌属；*Family-Xll-AD3011* group—无中文名称；norank-f-Muribaculaceae—无中文名称；
Bacteroides—拟杆菌属；norank-f-Lachnospiraceae—未命名的毛螺菌科；unclassified-f-Oscillospiraceae—
未分类，属颤螺菌科；*Alistipes*—另枝菌属；*Colidextribacter*—大肠杆菌属；norank-f-Oscillospiraceae—未命名，
属颤螺菌科；*Blautia*—布劳特氏菌属；Parabacteroides—副拟杆菌属；unclassified-f-Ruminococcaceae—未分类，
属瘤胃球菌科；Oscillibacter—颤螺菌属；norank-f-*Ruminococcaceae*—未命名，属瘤胃球菌科。

图 3-30　短链脂肪酸与属水平下肠道微生物（丰度前 30）之间的相关性分析

注：* 表示 $P<0.05$，** 表示 $P<0.01$，*** 表示 $P<0.001$，颜色代表相关性性数值的正负和强度。